해양수산부 주관
한국산업인력공단 시행

최신판

1 수산물품질관리사

자격증series ; 사마만의 證시리즈
證 ; [증거 증],
밝히다. 깨닫다.
최고의 실력을 證明하다.

수산물
유통론

윤희복 편저

- 2단편집(내용&TIP)
- 포인트 **TIP**으로 쏙집게 적중!
- 밑줄표시;
  중요한 부분 밑줄표시!

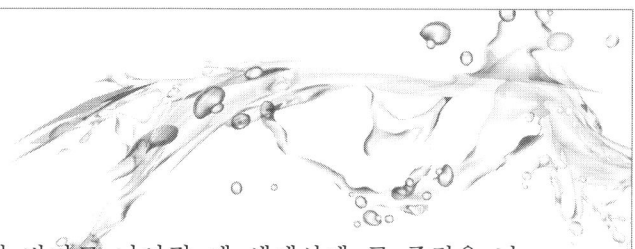

　21세기는 해양주권의 시대이다. 유사 이래 바다로 나아갈 때 세계사에 큰 족적을 남긴 민족들이 많다. 우리나라는 대륙을 등에 업고 바다를 향해 가슴을 펼친 지정학적인 위치로 하여 운명적으로 해양국가일수 밖에 없다. 1990년대 이후 참치를 중심으로 세계 어업의 중심국가로 성장해온 우리나라가 그에 걸맞은 해양수산입국의 정책과 비전을 가지고 있는 지 반문할 때이다.

　더욱이 1982년 유엔해양법협약에서 타결된 200해리 배타적경제수역에 대한 연안국의 배타적 주권이 인정됨으로써 타국 어선이 배타적 경제수역(EEZ) 안에서 조업을 하기 위해서는 연안국의 허가를 받아야 하게 되었고, 자국의 어업자원을 보호하고 국력의 자원으로 삼으려는 국제적 움직임이 활발해지고 있다.

　2015년 새롭게 발족하게 된 해양수산부는 그 정체성을 확보했는지도 아직은 의구심이 드는 이때 제1회 수산물품질관리사 시험이 시작되었다.

　식량자원은 농업분야 뿐만 아니라 어업분야에서도 그 중요성이 높으며, 자원의 고갈이라는 지구의 문제와 맞서면서도 자국 이익의 보호를 우선시하는 국제적 흐름을 어떻게 하면 슬기롭게 헤쳐 나갈 것인가가 당면의 과제로 떠올랐다.

　본 편저자는 새롭게 닻을 올린 수산물품질관리사 제도가 우리나라의 어업발전에 기여하고, 국제간 힘의 싸움에서 슬기롭게 대처할 수 있는 인력의 양성이라는 측면에서 꼭 성공하는 제도가 되어주길 기대해 마지 않는다.

　아직 수산물 분야의 학문적 성과나 그 결과가 사회 곳곳에서 나타나고 있지 못한 현실 앞에서, 나름대로 본서를 사용하는 학습자들에게 최선의 지침서가 되도록 심혈을 기울이긴 했지만 나름 아쉬운 부분이 한 두가지가 아니다. 향후 본서에 대한 여러 고언을 받아들여 더 향상된 교재가 될 수 있도록 최선을 다해 나갈 것을 약속드리면서 본서를 사용하는 모든 이에게 행운이 있기를 바랍니다.

편저자 일동

차 례

✓ 제 1장 | 수산물유통 총론 / 11
01 유통의 의의 / 11
02 수산물유통의 의의 / 11
03 수산물의 특성 / 12
04 수산물 생산과 소비의 특성 / 14
05 수익성을 높일 수 있는 어업경영을 위한 합리적 의사결정시 유의 사항 / 15
실전문제 / 16

✓ 제 2장 | 수산물유통의 기능 / 22
01 소유권이전기능(소유효용) / 22
02 물적 유통기능 / 23
03 유통조성기능 / 24
04 유통의 3대 기능 / 27
05 수산물유통의 효율화 방안 / 27
06 수산물 유통정보 / 28
07 유통정보화의 기술 / 30
08 전자상거래 / 32
09 수산물 전자상거래 실시를 통한 수산물유통의 개선안 / 35
실전문제 / 36

✓ 제 3장 | 수산물유통기구 / 47
01 수산물유통기구의 개념 / 47
02 유통기구의 구분 / 48
03 수산물유통기구의 특화와 통합 / 49
04 유통기구의 집중화와 분산화 / 50
05 수산물 유통경로 / 50
06 유통기관의 유형 / 53
07 수산물 거래 / 57
실전문제 / 72

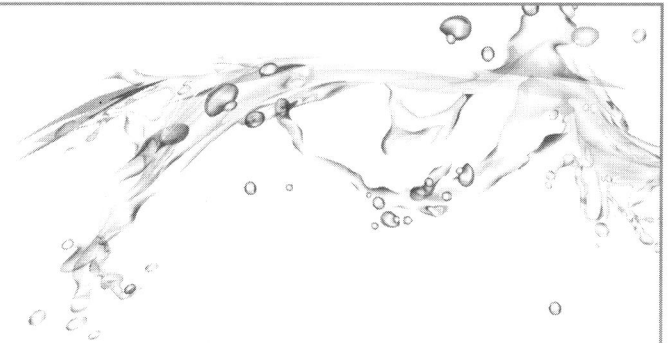

✔ **제 4장** | 수산물 경제이론 / 89
　　　01 수산물의 수요와 공급 / 89
　　　02 농산물 수요.공급의 탄력성 / 96
　　　03 균형가격 / 104
　　　04 수산물의 유통비용 / 112
　　　05 수산물 시장 / 116
　　　실전문제 / 119

✔ **제 5장** | 수산물 마케팅 / 125
　　　01 마케팅 일반 / 125
　　　02 마케팅 전략 / 140
　　　03 STP 전략 / 142
　　　04 마케팅 믹스 / 148
　　　05 포장과 상표화 / 150
　　　06 수산물 광고 / 163
　　　실전문제 / 182
　　　마케팅 집중 문제 / 203

✔ **제 6장** | 수산물 무역 / 211

✔ **제 7장** | 수산물 유통의 법과 제도 / 220
　　　수산물 무역 / 수산물 유통의 법과 제도 실전문제 / 224

✔ **부록** | 기출분석 / 253

✔ **부록** | 기출문제 / 305

제1회 수산물품질관리사 시험시행 안내

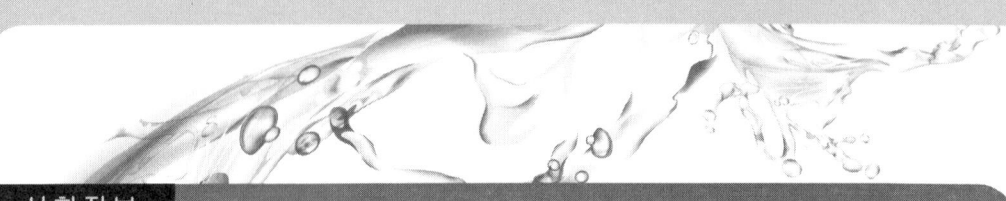

✓ 자격정보

- **자 격 명** : 수산물품질관리사(Fishery Products Quality Manager)
- **자격개요** : 수산물의 적절한 품질관리를 통하여 안정성을 확보하고, 상품성을 향상하며 공정하고 투명한 거래를 유도하기 위한 전문인력을 확보하기 위함
- **수행직무**
  - 수산물의 등급판정
  - 수산물의 생산 및 수확 후 품질관리 기술지도
  - 수산물의 출하 시기 조절 및 품질관리 기술지도
  - 수산물의 선별 저장 및 포장시설 등의 운영관리
- **검정절차**

  ① 시험시행공고 → ② 1차 원서접수 → ③ 1차 시험 → ④ 1차시험 발표

  ⑤ 2차시험원서접수 → ⑥ 2차시험 시행 → ⑦ 2차 발표 → ⑧ 자격증발급

- **소관부처** : 해양수산부 수출가공진흥과
- **시행기관** : 한국산업인력공단
- **관계법령** : 농수산물품질관리법

❶ 시험과목 및 시험시간

구 분	시험과목	문항수	시험시간	시험방법
제1차 시험	① 수산물품질관리 관련법령* ② 수산물유통론 ③ 수확후 품질관리론 ④ 수산일반	100문항	120분	객관식 4지 택일형
제2차 시험	① 수산물품질관리실무 ② 수산물등급판정실무	30문항	100분	단답형, 서술형

※ 주1) 수산물품질관리 관련법령은 농수산물품질관리법령, 농수산물유통 및 가격안정에 관한 법령, 농수산물의 원산지 표시에 관한 법령, 친환경농어업 육성 및 유기식품 등의 관리·지원에 관한 법령이 포함됨

❷ 출제영역

○ 수산물품질관리사 1차 시험 출제영역

시험과목	주요영역
수산물품질관리 관련법령	1. 농수산물품질관리 법령
	2. 농수산물 유통 및 가격안정에 관한 법령
	3. 농수산물의 원산지 표시에 관한 법령
	4. 친환경농어업 육성 및 유기식품 등의 관리·지원에 관한 법률
수산물유통론	1. 수산물유통 개요
	2. 수산물 유통기구 및 유통경로
	3. 주요 수산물 유통경로
	4. 수산물 거래
	5. 수산물 유통경제
	6. 수산물 마케팅
	7. 수산물 유통정보와 정책
수확 후 품질관리론	1. 원료 품질관리 개요
	2. 저장
	3. 선별 및 포장
	4. 가공
	5. 위생관리
수산일반	1. 수산업 개요
	2. 수산자원 및 어업
	3. 선박운항
	4. 수산 양식관리
	5. 수산업 관리제도

○ 수산물품질관리사 2차 시험 출제영역

시험과목	주요영역
수산물품질관리실무	1. 농수산물품질관리 법령
	2. 수확 후 품질관리 기술
	3. 수산물 유통관리
수산물등급판정실무	1. 수산물 표준규격
	2. 품질검사

❸ 응시자격

○ 응시자격 : 제한 없음[농수산물품질관리법시행령 제40조의4]
  - 단, 수산물품질관리사의 자격이 취소된 날부터 2년이 지나지 아니한 자는 응시할 수 없음[농수산물품질관리법 제107조]

❹ 합격자 결정

○ 제1차 시험[농수산물품질관리법시행령 제40조의4]
  - 각 과목 100점을 만점으로 하여 각 과목 40점 이상의 점수를 획득한 사람 중 평균점수가 60점 이상인 사람을 합격자로 결정
○ 제2차 시험[농수산물품질관리법시행령 제40조의4]
  - 제1차 시험에 합격한 사람을 대상으로 100점을 만점으로 하여 60점 이상인 사람을 합격자로 결정

❺ 응시수수료 및 접수방법

■ 응시수수료[농수산물품질관리법시행규칙 제136조의2]
  ○ 제1차 시험 : 20,000원
  ○ 제2차 시험 : 33,000원
■ 접수방법
  ○ 인터넷 온라인접수만 가능하며 전자결재(신용카드, 계좌이체, 가상계좌)이용

❻ 합격자발표 및 자격증발급

- 합격자발표
  ◦ 한국산업인력공단 큐넷 수산물품질관리사 홈페이지와 자동안내전화로 합격자 발표
- 자격증 발급
  ◦ 국립수산물품질관리원에서 자격증 신청 및 발급업무 수행

★ 기타 시험세부사항은 추후 공지되는 「수산물품질관리사 자격시험공고문」을 참고하시기 바라며, 궁금하신 사항은 한국산업인력공단 HRD고객만족센터(☎1644-8000)으로 문의하시기 바랍니다.

MEMO

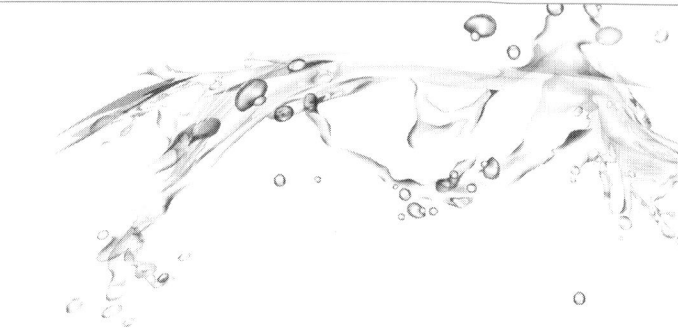

제 1장 | 수산물유통 총론

01 유통의 의의

① 유통이란 생산과 소비를 연결하는 큰 영역인데 흔히는 상품유통을 가리킨다.
② 유통은 생산물의 이동을 목적으로 하는 교섭인 거래활동과, 그 결과로서 나타나는 생산물의 이동 그 자체를 포함한다. 이러한 유통을 가능하게 해주는 기관을 유통기구라 한다.
③ 유통은 구체적으로 매매거래인 교환을 통해 이뤄지며 넓은 의미로 재화의 보관 및 수송활동을 포함한다.
④ 유통은 수요와 공급을 예측하여 생산을 유도 내지 결정하는 판매 전 관리와 생산된 생산물을 판매하는 판매관리, 판매된 제품에 대하여 책임을 지는 판매 후 서비스 관리까지를 포함한다.
⑤ 유통에서 마케팅의 역할이 중요해지면서 이론이 발전되고 있다.

02 수산물유통의 의의

① 수산물 유통은 수산물이 생산자인 어업인으로부터 소비자나 사용자에게 이르기까지의 모든 경제활동을 의미한다.
② 수산물의 생산과정은 일반적으로 유통과정에 종속되어 있다.
③ 수산물 유통은 생산과 소비를 연결하여 효용을 증대시킨다.
④ 어업인과 상인 간의 관계는 경쟁적이면서 동시에 보완적인 관계이다.
⑤ 다수의 비조직적인 생산자와 소비자가 분산적이며 유통과정이 복잡하고 경로가 길다.
이것은 유통마진이 공산품보다 높은 이유이다.
⑥ 수산물유통은 생산자와 소비자 간에 존재하는 시간적, 공간적, 소유권적 간격을 좁혀주는 역할을 수행한다.

1회 기출문제

수산물 유통의 특성에 관한 설명으로 옳은 것은?

① 품질관리가 쉽다.
② 가격변동성이 크다.
③ 규격화 및 균질화가 쉽다.
④ 유통경로가 단순하다.

▶ ②

6회 기출문제

다음은 국내 양식 어류의 생산량(톤, 2018년)을 나타낸 것이다. ( )에 들어갈 어종은?

| 참돔 < 숭어 < ( ) < 넙치 |

① 민어   ② 조피볼락
③ 방어   ④ 고등어

▶ ②

제1장 | 수산물유통 총론

03 수산물의 특성

(1) 계절적 편재성

① 수산물은 자연적 환경에 영향을 받으므로 그 수확기가 제한적이며 계절적으로 편재되어 있다.
② 수확기가 편재되면 일시출하, 홍수출하가 발생한다.
③ 출하시기를 조절하기 위한 기술적, 자본적 비용이 과다하고 시기를 조절한다고 하여도 품질을 적정하게 유지하는 것이 어렵다.
④ 출하시기가 제한적이기 때문에 가격의 급등, 급락이 빈번하게 발생한다.

(2) 부피와 중량성

① 수산물은 가격에 비하여 부피와 중량이 크다.
② 가격대비 부피와 중량이 크므로 수송비용의 절감을 위하여 유통거리가 짧아진다.

(3) 어류의 사후경직과 자기소화 및 부패성

① 사후경직
   어류는 회유성이고 운동량이 많은 어종, 포획 시 힘을 많이 써 근육의 유산생성이 빠른 생선, 어획 후 실온방치가 긴 것일수록 사후경직이 빠르다.
② 자기소화
   사후경직이 끝나면 자기소화에서 바로 부패가 일어나는데 어육은 수육에 의해 사후 경직이 심해 자기소화가 빠르다. 자기소화가 진행된 생선은 조직이 연해지고 풍미가 떨어져서 회로는 적합지 않고 열을 가해 조리함이 바람직하다.
③ 부패성
   자기소화가 끝나면 pH가 중성으로 되어 세균번식이 용이한 환경이 된다. 첫 반응으로 trimethylamineoxide(TMAO)가 세균에 의해 thrimethylamine(TMA)으로 환원되는데 이것은

수산물의 특성
(1) 계절적 편재성
(2) 부피와 중량성
(3) 어류의 사후경직과 자기소화 및 부패성
(4) 양과 질의 불균일성
(5) 품목의 다양성
(6) 수요와 공급의 비탄력성
(7) 유통경로의 복잡성

3회 기출문제

일반적인 수산물의 상품적 특성으로 옳지 않은 것은?

① 품질과 크기가 균일하다.
② 생산이 특정한 시기에 편중되는 품목이 많다.
③ 가치에 비에 부피가 크고 무겁다.
④ 상품의 용도가 다양하며, 대체 가능한 품목이 많다.

▶ ①

4회 기출문제

'선어'에 해당하는 것을 모두 고른 것은?

| ㄱ. 생물고등어 | ㄴ. 활돔 |
| ㄷ. 신선갈치 | ㄹ. 냉장조기 |

① ㄱ, ㄴ, ㄷ   ② ㄱ, ㄴ, ㄹ
③ ㄱ, ㄷ, ㄹ   ④ ㄴ, ㄷ, ㄹ

▶ ③

4회 기출문제

냉동상태로 유통되는 비중이 가장 높은 수산물은?

① 명태   ② 조피볼락
③ 고등어   ④ 전복

▶ ①

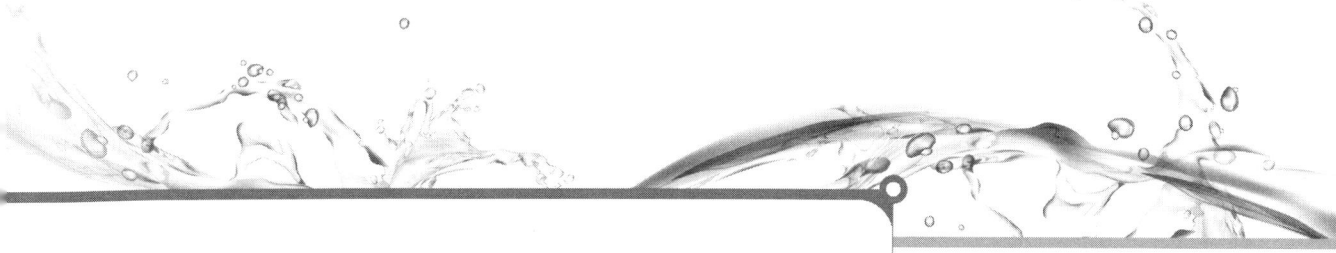

좋지 못한 비린내의 주요성분이다.
④ 부패를 막고 신선도를 유지하는 기술이 요구된다.
⑤ 출하 후 판매까지의 유통경로를 단축할 필요가 있다.

(4) 양과 질의 불균일성

① 생산자가 다수의 비조직적 어업을 하고, 공급이 해황이라는 자연조건에 지배받으므로 동일품목이나 품종이라 하더라도 생산량과 품질이 균일하지 못하다.
② 생산자들이 동일한 생산기술을 사용하는 것은 아니다.
③ 수산물의 표준화와 등급화를 어렵게 하는 원인이다.

(5) 품목의 다양성

① 수산물은 활어, 선어, 냉동, 건어물, 패류, 해조류에다가 어종별까지 다양하다.
② 출하시기나 수요처에 따라 품목의 대체가 가능하다. 이는 수확기의 상품가격 예측을 어렵게 만드는 원인이 된다.

(6) 수요와 공급의 비탄력성

① 생산자 입장에서는 종묘이식 또는 출항으로부터 수확까지 시간이 걸리므로 공급을 조절할 수가 없다.
② 생산자는 공급측면에서 시장가격 순응자가 된다.
③ 생산자는 출하시기나 출하장소를 탄력적으로 조절할 수가 없다.
④ 수요자는 수요측면에서 가격변화에 변화하기 어려우므로 시장가격 순응자이다.

(7) 유통경로가 복잡하다.

① 다수의 비조직적 생산자가 분산되어 수산물을 출하한다.
② 공산품에 비하여 중계단계에 많은 수의 유통기구가 개입한다.
③ 품목에 따라서 중계유형이 다양하다.(신선성을 요하는가에 따라서)

4회 기출문제

최근 연어류 수입이 급증하고 있는데, 이에 관한 설명으로 옳은 것은?

① 국내에 수입되는 연어류는 대부분 일본산이다.
② 국내에 수입되는 연어류는 대부분 자연산이다
③ 최근에는 냉동보다 신선냉장 연어류 수입이 많다.
④ 국내에서 연어류는 대부분 통조림으로 소비된다.

▶ ③

6회 기출문제

수산물 유통 특징 중 가격변동성의 원인에 해당되지 않는 것은?

① 생산의 불확실성
② 어획물의 다양성
③ 높은 부패성
④ 계획적 판매의 용이성

▶ ④

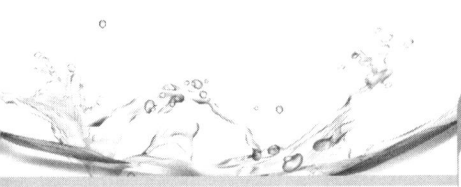

04 수산물 생산과 소비의 특성

(1) 수산물 생산의 특성

① 생산수역에 따라 생산물이나 생산량에 영향을 받는다.
② 계절적 편재성을 가지므로 출하시기가 제한되며 생산의 조절이 쉽지 않다.
③ 공급의 불안정성과 변동성 때문에 가격변동이 크고 시황이 불안정하다.
④ 자본의 유동성이 느리다(자본회전이 느리다).
  * 수산물은 거래에 있어서 시간적 수량적 제한을 받는다
⑤ 생산의 영세성과 어업인의 판매가격결정 참여가 곤란한다.

(2) 수산물 소비의 특성

① 지리적, 풍토적, 생물학적 요인 등 자연적 요인에 영향을 받는다.
② 사회적 요인(인구구성, 관습, 기호 등)에 영향을 받는다.
③ 경제적 요인(인구수, 소득, 가격 등)에 영향을 받는다.
④ 수요의 가격탄력성이 비탄력적(상대적으로)이다.
⑤ 고소득사회에 비하여 저소득사회가 전체소득에서 차지하는 수산물 소비비중이 더 높다(엥겔계수가 높다.)
⑥ 수산물의 한계소비성향이 고소득사회보다 저소득사회가 더 높다.
⑦ 수산물은 가격의 평준화가 곤란하다.

(5) 우리나라의 수산물 소비경향

① 국산, 활어, 생물, 자연산을 선호한다.
② 핵가족화, 1인가구의 등장으로 인한 1회용 즉석식품이 선호되고 외식문화가 정착
③ 소포장 규격품과 표준화, 등급화된 식품의 증가
④ 제철상품에 대한 선호도가 높다.(전어, 쭈꾸미 등)
⑤ 원물 소비보다는 가공식품의 소비 증가

Tip

수산물 생산의 특성
① 생산수역에 따라 생산물이나 생산량에 영향을 받는다.
② 계절적 편재성을 가지므로 출하시기가 제한되며 생산의 조절이 쉽지 않다.
③ 공급의 불안정성과 변동성 때문에 가격변동이 크고 시황이 불안정하다.
④ 자본의 유동성이 느리다(자본회전이 느리다).
⑤ 생산의 영세성과 어업인의 판매가격결정 참여가 곤란한다.

Tip

수산물 소비의 특성
① 지리적, 풍토적, 생물학적 요인 등 자연적 요인에 영향을 받는다.
② 사회적 요인(인구구성, 관습, 기호 등)에 영향을 받는다.
③ 경제적 요인(인구수, 소득, 가격 등)에 영향을 받는다.
④ 수요의 가격탄력성이 비탄력적(상대적으로)이다.
⑤ 고소득사회에 비하여 저소득사회가 전체소득에서 차지하는 수산물 소비비중이 더 높다(엥겔계수가 높다.)
⑥ 수산물의 한계소비성향이 고소득사회보다 저소득사회가 더 높다.
⑦ 수산물은 가격의 평준화가 곤란하다.

⑥ 대형마트나 창고형 할인점의 등장으로 유통구조가 변화
⑦ 콜드체인시스템(cold chain system)의 일반화
⑧ 식품의 소비구조가 고급화, 다양화
⑨ 쌀을 포함한 곡류소비는 줄고 육류나 수산물의 소비가 증가

05 수익성을 높일 수 있는 어업경영을 위한 합리적 의사결정시 유의 사항

① 어떤 수산물을 생산할 것인가?
② 언제, 어떤 장소에서 판매할 것인가?
③ 어업인이 농산물 시장활동을 얼마나 수행하여야 할 것인가?
④ 수산물의 판매를 확대하기 위하여 어떤 일을 해야 할 것인가?
⑤ 어떠한 시장활동 방법이 바람직한 것일까?
⑥ 수산물의 공정한 거래를 위하여 어떠한 일을 해야 할 것인가?

4회 기출문제

국내산 고등어 유통에 관한 설명으로 옳지 않은 것은?
① 주 생산 업종은 근해채낚기어업이다.
② 총허용어획량(TAC) 대상 어종이다.
③ 대부분 산지수협 위판장을 통해 유통된다.
④ 크기에 따라 갈사, 갈고, 갈소고, 소소고, 소고, 중고, 대고 등으로 구분한다.
▶ ①

4회 기출문제

수산물 유통의 일반적 특성으로 옳은 것은?
① 생산 어종이 다양하지 않다.
② 공산품에 비해 물류비가 낮다.
③ 품질의 균질성이 낮다.
④ 계획 생산 및 판매가 용이하다.
▶ ③

수산물유통 총론

Point! 실전문제

1. 수산물 유통의 개념으로 가장 적절한 것은?
① 다양한 유통참여자들의 각종 사회, 문화 활동의 종합적인 개념
② 산지에서 도매시장까지의 실물흐름에 대한 개념
③ 생산자재의 조달물류와 수산물의 반품물류가 핵심개념
④ 생산자에서 소비자까지의 모든 경제활동의 종합적 개념

> **정답 및 해설** ④
> 좁은 의미에서 수산물 유통이란 생산자에서 소비자까지의 실물흐름이지만 넓은 의미에서 수산물유통이란 생산 전 단계의 의사결정으로부터 각종 물류 흐름, 판매 후 책임과 다음 생산단계에 Feed Back 반영까지 모든 경제활동의 종합적 개념으로 볼 수 있다.

2. 수산물 유통에 대한 설명으로 틀린 것은?
① 수산물 유통은 수산물이 생산자인 어업인으로부터 소비자나 사용자에게 이르기까지 모든 경제활동을 의미한다.
② 수산물 유통은 생산과 소비를 연결하여 효용을 증대시킨다.
③ 사회가 분화되고 비농업 인구의 비율이 높아짐에 따라 수산물의 유통량은 점차 감소하는 경향이 있다.
④ 어업인과 상인 간의 관계는 경쟁적이면서 동시에 보완적인 관계이다.

> **정답 및 해설** ③
> 사회가 분화되고 비농업인구의 비율이 높아지는 도시화, 산업화 시장에서는 수산물의 생산지와 소비지가 달라지게 된다. 수산물 유통의 개념을 수산물을 생산자에서 소비자까지 전달하는 물류흐름으로 볼 때 유통량은 더욱 늘어나게 된다.

3. 수산물 유통의 사회적 역할을 가장 적절히 설명한 것은?
① 수산물 유통은 생산기반을 구축하여 지역 내 자급자족을 가능하도록 한다.
② 수산물 유통이 생산과 소비를 연결시켜 줌으로써 수산물의 사회적 순환을 통해 어업발전에 기여한다.
③ 수산물 유통은 유통마진을 축소하고 생산자와 소비자 간의 직거래를 확대한다.
④ 수산물 유통은 생산자의 역할과 이익을 도모한다.

정답 및 해설 ②

① 유통의 기능하지 못하는 고립사회에서 자급자족이 이뤄진다.
③ 유통의 결과 유통마진이 축소될 수도 있고 증가할 수도 있다. 유통마진은 유통경로의 장단, 물류비용의 다소, 유통기구의 역할에 따라서 달라지며 유통이 존재한다고 해서 유통마진이 축소되는 것은 아니다. 직거래는 중계기구의 역할을 없애고 생산자와 소비자가 직접 만나는 형태인 바 유통의 기능이 활발해 지면 직거래보다는 간접거래가 활성화 된다.
④ 수산물유통의 역할이 활성화되면 생산자에게 적정 이윤을 보장해주고 소비자에게는 상대적으로 저렴한 가격으로 구매할 수 있는 기회를 제공한다. 즉 불필요한 유통과정을 생략하여 불요불급한 유통마진을 제거하는 기능이 수행될 수 있다.

4. 수산물의 특성에 관한 설명으로 옳은 것은?

① 표준화 및 등급화가 쉽다.
② 수요와 공급이 탄력적이다.
③ 용도가 다양하다.
④ 운반 및 보관비용이 적다.

정답 및 해설 ③

① 영세한 다수의 비조직 생산자가 통일되지 않은 생산기술을 적용하여 생산한 수산물의 표준화 및 등급화가 어렵다.
② 수산물은 필수재 성격이 있어서 소비가 비탄력적이며 생산의 측면에서도 육종 및 출항에서 수확까지 일정시간이 소요되므로 공급량을 조절하기가 쉽지 않고, 일시출하 또는 홍수출하가 계절적 영향으로 반복되므로 비탄력적이다.
③ 수산물은 식용, 원재료, 사료용 등의 용도전환이 가능하고 품목간 대체소비가 가능하므로 용도가 다양하다고 할 수 있다.
④ 부피와 중량성은 수송, 저장비용의 증가를 초래한다.

5. 다음 설명 중 수산물의 상품적 특성과 관계가 먼 것은?

① 가격에 비하여 부피가 큰 편이다.
② 부패성이 강하여 유통 중 손실이 많이 발생한다.
③ 품종과 품질이 다양하여 표준규격화가 어렵다.
④ 수요와 공급이 탄력적이다.

정답 및 해설 ④

6. 수산물 물류에 콜드체인시스템이 필요하다는 것은 다음 중 수산물의 어떠한 특성과 관계가 깊은가?(1회)
① 지역적 특화, 산지 분산
② 최종 소비단위가 개별적이고 규모가 작다.
③ 부패, 손상하기 쉽다.
④ 품질차이에 의한 가격차가 크다.

> **정답 및 해설** ③
> 콜드체인시스템(Cold Chain System)
> 산지 수확 → 저온창고 저장 → 저온수송차량 출고 → 소매점 저온냉장 진열

7. 수산물의 일반적인 특성에 관한 설명으로 옳지 않은 것은?
① 단위가격에 비해 부피가 크고 무거워 운반과 보관에 비용이 많이 발생한다.
② 생산은 계절적이지만 소비는 연중 발생하여 보관의 중요성이 크다.
③ 품질이나 크기가 균일하지 않기 때문에 표준화, 등급화가 용이하다.
④ 소득변화에 따른 수요의 변화가 작고, 경지면적의 고정성으로 공급조절이 어렵다.

> **정답 및 해설** ③
> 품질이나 크기가 균일하지 않기 때문에 표준화, 등급화가 어렵다. 농산물은 필수재로서 소득변화에 따른 수요변화가 크지 않다.
> ④ 공급이 비탄력적인 이유 중 하나로 가격변동에 따라서 생산면적을 자유롭게 조정할 수 없는 점을 지적하고 있다.

8. 다음 설명 중 수산물의 상품적 특성과 관계가 먼 것은?
① 가격에 비하여 부피가 큰 편이다.
② 부패성이 강하여 유통 중 손실이 많이 발생한다.
③ 품종과 품질이 다양하여 표준규격화가 어렵다.
④ 수요와 공급이 탄력적이다.

> **정답 및 해설** ④

9. 수산물 유통과 관련된 설명으로 옳지 않은 것은?(6회)
① 수산물은 공산품에 비해 유통경로가 복잡하다.
② 수산물의 생산은 계절적 편재성이 있어 보관 및 저장의 중요성이 크다.
③ 수산물의 수요는 비탄력적이므로 가격변화에 따른 수요의 변화가 크다.
④ 수산물은 품질이나 크기가 균일하지 않아 표준화 및 등급화가 어려운 편이다.

> **정답 및 해설** ③
> 수산물의 수요는 비탄력적이므로 가격변화에 따른 수요의 변화가 작다.
> 수요가 비탄력적이라는 것은 독립변수인 가격이 변화하더라도 종속변수인 수요량의 변화(수요량의 변화율)가 가격의 변화율보다 작다는 의미이다.

10. 최근 식생활의 고급화 및 다양화로 나타난 식품소비행태 변화 추세가 아닌 것은?
① 소포장 선호, 외식 증가
② 쌀소비량 감소, 육류 및 수산물 소비량 증가
③ 유기가공식품 수요 및 수입물량 증가
④ 신선식품구매 증가, 가공식품구매 감소

> **정답 및 해설** ④
> 도시화의 진전과 인구감소, 맞벌이 부부의 증가는 즉석식품, 신선편이식품, 가공식품의 구매 증가 원인이 되고 있다.

11. 경제발전과 소득수준의 상승에 따른 국민의 식품 소비 및 구매 형태의 변화에 대한 설명으로 틀린 것은?
① 세척, 커팅 등 전처리 수산물의 수요가 증가하고 있다.
② 상품구매의 편리성을 위해 재래시장 이용 비중이 증가하고 있다.
③ 소포장, 친환경, 유기 수산물의 수요가 증가하고 있다.
④ 주곡인 쌀을 포함한 곡류의 소비는 감소하고 육류와 수산물의 소비는 증가하고 있다.

> **정답 및 해설** ②
> 유통경로 변화의 핵심으로 등장한 것이 창고형 할인점과 대형마트이다.
> 상품 신뢰성 및 안전성과 사후 A/S, 가격차별성, 시장접근성(차량이용), 다양성 등을 획기적으로 개선한 대형 유통업체의 등장으로 재래시장의 경쟁력은 점점 약화되고 있다.

12. 소비자의 생활수준이 향상되고 식품소비 구조가 고급화·다양화되고 있는 추세이다. 이것이 수산물유통에 주는 의미 중 가장 알맞은 것은?

① 친환경 유기농산물의 수요가 증가함에 따라 새로운 유통 문제가 발생할 수 있다.
② 대형소매업체는 고품질 농산물을 대포장으로 판매하는 경향이 커진다.
③ 수산물 소비패턴의 고급화·다양화는 수산물유통 대상품목을 가공 수산물 중심으로 집중시킨다.
④ 수요 및 공급의 가격탄력성이 낮은 품목은 시장가격의 변동이 상대적으로 작다.

> **정답 및 해설** ①
> ① 건강과 기능성을 강조한 식품소비구조의 고급화, 다양화는 생산기술, 저장기술, 수송방법, 판매방식에서 기존의 농산물 유통방식을 탈피하여 새로운 유통기법을 요구받게 된다.
> ② 소포장 다품종 판매의 증가.
> ③ 곡류중심에서 가공식품, 육류, 수산물의 소비를 증가시키고 있다.
> ④ 수산물의 수요·공급이 비탄력적이라 해서 시장가격의 변동이 적다는 의미는 아니며 공산품에 비하여 수요·공급의 조절이 어려운 농산물의 경우 공급량의 자연적 영향 때문에 시장가격 변동의 위험성을 항상 가지고 있다.

13. 수산물시장 및 유통시장의 개방 등 국제환경의 변화가 농산물유통 부문에 미치는 영향 중 가장 적절한 것은?

① 국내보조금이 감축됨으로써 해당 수산물의 가격변동이 완화된다.
② 수입대체 수산물의 개발이 가속화되면 국내수산물 가격이 안정된다.
③ 외국의 대형 유통업체 및 청과 메이저의 국내 진출로 인해 국내 어업 생산 및 유통부문의 확대가 더욱 촉진된다.
④ 국내시장 진입장벽 뿐만 아니라 외국의 수산물 수입규제도 완화되므로 국내산 수산물의 수출 가능성이 확대된다.

> **정답 및 해설** ④
> ① 국내 보조금의 감축은 생산어가의 공급여력을 축소시켜 가격의 상승을 일으킬 수 있다.
> ② 예를 들어 수입산 고등어 대신 국산 기능성 또는 친환경 고등어의 대체개발이 이뤄졌다고 하자. 그러면 수입산 보다는 국내산 고등어의 가격이 우월하게 시장에서 거래되게 되고 결국 가격인상의 원인이 될 수 있다. 또한 기존의 경쟁력 없는 고등어 생산 어가는 도태되게 될 것이다.
> ③ 가격경쟁이나 자본집적도에서 열악한 국내 유통업체는 몰락의 길을 걷게 된다.

14. 다음은 수입수산물의 증가가 국내 수산물 유통에 미치는 영향을 설명한 내용이다. 이 중에서 가장 크게 직접적으로 영향을 미치는 분야를 든다면?

① 국내산 수산물의 고급화, 편의성, 건강추구 경향이 가속화 될 것이다.
② 국내산 수산물의 가격하락이 지속될 것이다.
③ 국내산 수산물의 직거래 비중이 높아질 것이다.
④ 국내산 수산물의 수급조절을 위한 정부의 시장개입정책이 강화될 것이다.

정답 및 해설 ①

수입수산물의 증가가 ①②③ 모두의 현상을 불러오지만 수산물 유통시장에 등장하는 국내수산물의 경우 먼저 수입수산물과의 경쟁력을 높이는 데 집중할 수 밖에 없기 때문에 가장 직접적인 영향으로 정답은 ①이다.

○ 수산물유통론

제 2장 | 수산물유통의 기능

농산물 유통이란 농산물이 생산자로부터 소비자까지 이르는 과정에서 이루어지는 경제적 활동의 종합적 개념이다. 유통의 기능을 세분하면 구매와 판매로 이루어지는 교환기능을 1차적이며 본질적 기능이라 볼 수 있는데 이를 소유권이전기능, 상적거래 등으로 말한다.

농산물은 생산물의 물리적 이동과정을 거친다. 이 이동과정 중 장소적 효용가치의 창조(수송기능), 시간적 효용가치의 창조(저장기능), 형태적 효용가치의 창조(가공기능)가 이뤄지는데 이를 물적유통기능이라 한다.

이러한 교환거래와 물적유통을 보완, 지원, 조성해 주는 기능이 유통조성기능이다. 이는 물류분야의 표준화, 등급화, 금융분야의 유통금융과 위험부담, 공정거래와 시장활성화를 위한 시장정보기능으로 세분할 수 있다.

4회 기출문제

다음 사례에 나타난 수산물의 유통기능이 아닌 것은?

① 장소효용 ② 소유효용
③ 시간효용 ④ 품질효용

➡ ④

4회 기출문제

수산물의 상적 유통기관에 해당하는 것은?

① 운송업체 ② 포장업체
③ 물류정보업체 ④ 도매업체

➡ ④

6회 기출문제

강화군의 A영어법인이 봄철에 어획한 꽃게를 저장하였다가 가을철에 노량진 수산물도매시장에 판매하였을 때, 수산물 유통의 기능으로 옳지 않은 것은?(단, 주어진 정보로만 판단함)

① 운송기능 ② 선별기능
③ 보관기능 ④ 거래기능

➡ ②

01 소유권이전기능(소유효용, 상적유통기능)

(1) 구매기능(수집기능)

① 유통업자가 생산자로부터 물건을 구매하고 대금을 지불하는 과정이다
② 유통업자는 최종 소비자로서가 아닌 재판매 목적으로 물건을 구매한다.
③ 다른 유통업자로부터 물건을 구매하여 재판매하는 과정을 포함한다.
④ 산지수집상, 중개인의 위탁대리인, 산지조합, 유통업체의 바이어 등이 이 기능을 수행한다.

(2) 판매기능(분배기능)

① 가격별 판매단위의 결정 : 상품의 규격과 포장단위를 결정한다.

② 유통경로의 결정 : 입지선정 활동을 통하여 소비자와 만나는 접점을 결정한다.
③ 판매시점과 가격의 결정 : 재고관리, 일시적 저장 등을 통하여 판매시점을 결정하고 최종소비자의 적정가격을 결정하는 기능
④ 상품의 진열, 광고, 관계마케팅 등 소비자의 구매의욕을 자극하는 역할을 한다.

02 물적 유통기능

(1) 장소적 효용가치의 창조 : 수송

생산자와 소비자 사이에 존재하는 장소적 불일치를 물적 이동수단을 통하여 효용가치를 창조한다. 수송은 시장 확장과 관련되며 시장의 크기를 결정하는 요소이다. 이동수단으로 철도, 선박, 자동차, 항공 등이 있다.

① 철도 : 안전성·신속성·정확성이 있으나 융통성이 적고 제한된 통로에만 가능하다.
장거리 수송에 유리하며 단거리 수송의 경우 오히려 비용효율이 떨어진다.
② 선박 : 장거리에 유리하며 대량수송이 가능하나 시간효율이 떨어지고 융통성이 적다.
③ 자동차 : 기동성이 우수하며 단거리 수송에 효율적이다. 도로망의 확대로 융통성이 뛰어나며 수송수단에서 차지하는 비중이 가장 높다.
④ 비행기 : 신속, 정확하다는 장점이 있으나 비용이 많이 들고 항로와 공항의 제한성에 구애받을 뿐만 아니라 오히려 기다리는 시간이 길다는 단점이 있다. 최근 국제 화훼유통과 신선함이 요구되는 고가 농산물 유통에 그 활용도가 높아지고 있다.

(2) 시간적 효용의 창조 : 저장
① 가격조절기능 : 수산물의 계절적 편재성을 극복하기 위한 수

3회 기출문제

수산물 유통기능의 설명으로 옳은 것을 모두 고른 것은?

ㄱ. 보관기능 : 수산물 생산시점과 소비시점의 차이 문제를 해결한다.
ㄴ. 정보전달기능 : 수산물 생산지와 소비지의 차이 문제를 해결한다.
ㄷ. 상품구색기능 : 시장 수요의 다양성에 대응하기 위하여 다양한 수산물을 수집하여 구색을 갖춘다.
ㄹ. 선별기능 : 대량으로 생산된 수산물을 각 시장의 규모에 맞추어 소량으로 분할한다.

① ㄱ, ㄴ ② ㄱ, ㄷ
③ ㄴ, ㄹ ④ ㄷ, ㄹ

➡ ②

6회 기출문제

수산물 유통의 상적 유통기능은?

① 운송기능 ② 보관기능
③ 구매기능 ④ 가공기능

➡ ③

단으로서 농산물의 홍수출하 등으로 인한 가격폭락의 위험을 조절하는 기능을 한다.
② 부패성 방지 : 수확과 판매시기의 불일치를 조절하기 위하여 저온저장창고가 널리 활용되고 있다.
③ 수요의 조절 기능 : 수산물 수요시기를 연중 고르게 유지하는 기능을 한다.
④ 저장의 유형
ⓐ 운영적 저장 : 중계상이나 판매처에서 적정 재고물량을 확보하기 위한 일시적 저장
ⓑ 계절적 저장 : 홍수출하시 생산물량의 공급을 조절하기 위한 저장
ⓒ 비축적 저장 : 정부가 정책적으로 하는 저장으로서 시장 물가의 안정을 위한 저장이다.
ⓓ 투기적 저장 : 오로지 공급시기별 가격차이만을 목적으로 한 저장

(3) 형태적 효용의 창조 : 가공

① 장소적 효용의 지원 : 농산물의 부피와 중량성 약점을 보완하기 위하여
② 시간적 효용의 지원 : 가공을 통한 형태변경으로 저장기간을 연장할 수 있다.
③ 기능성의 지원 : 자연물에 형태변경을 통하여 새로운 생물학적 기능을 추가할 수 있다.

03 유통조성기능

(1) 표준화

표준화란 유통과정에 참여하는 각 기구 간에 공적으로 합의된 척도를 말한다.
유통시장에서 공정한 거래가 이뤄지는 환경을 조성하여 준다.

Tip

저장의 유형
ⓐ 운영적 저장
ⓑ 계절적 저장
ⓒ 비축적 저장
ⓓ 투기적 저장

5회 기출문제

수산물 유통활동에 관한 설명으로 옳은 것은?
① 상적 유통활동과 물적 유통활동의 두 가지 유형이 있다.
② 물적 유통활동은 상거래활동, 유통금융활동 등으로 세분화할 수 있다.
③ 상적 유통활동은 운송활동, 보관활동 등으로 세분화할 수 있다.
④ 소유권 이전에 관한 활동은 물적 유통활동이다.

▶ ①

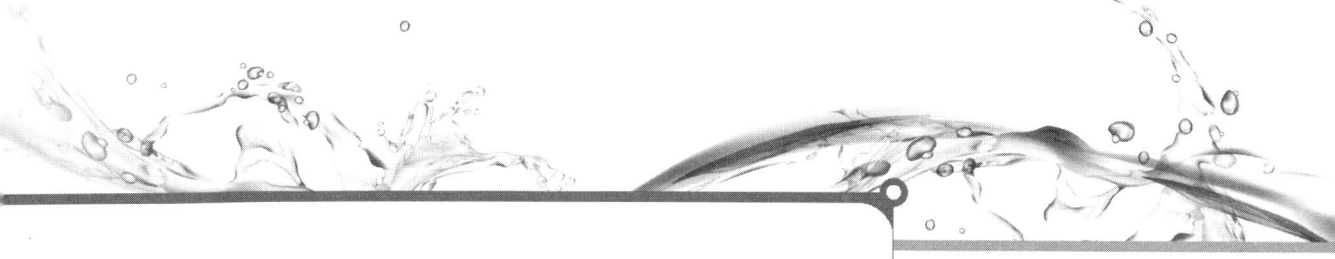

· 항목 : 포장, 등급, 보관, 하역, 정보 등
- **단위화물적재시스템(Unit Load System)**
  단위 적재란 수송, 보관, 하역 등의 물류 활동을 합리적으로 하기 위하여 여러 개의 물품 또는 포장 화물을 기계, 기구에 의한 취급에 적합하도록 하나의 단위로 정리한 화물을 말한다. 단위 적재를 함으로써 하역을 기계화하고 수송, 보관 등을 일괄해서 합리화하는 체계를 단위적재 시스템이라 하며, 단위적재 시스템에는 팰릿(pallet)을 이용하는 방법 및 컨테이너를 이용하는 방법이 있다. 우리나라에서 사용하는 표준 팰릿(pallet) T11의 규격은 1100mm × 1100mm 이다.

(2) 등급화
등급화란 상품의 크기나 품질, 상태 등의 기준에 따라서 상품을 분류하는 것
농산물의 등급규격은 품목 또는 품종별로 그 특성에 따라 형태, 크기, 색택, 신선도, 건조도 또는 선별상태 등에 따라 정한다.
① 등급화의 효과
  ⓐ 견본거래, 통명거래의 실현 : 물류비용 절감
  ⓑ 자본집적 및 상품의 공동화 실현 : 공동수송, 공동저장, 공동판매, 공동계산 등
  ⓒ 공정거래의 실현 : 등급 간 적정한 가격차별 가능
  ⓓ 소비자의 욕구반영 : 소비자 판단에 따라 등급차별화에 따라 생산정보에 반영
② 등급화가 어려운 이유
  ⓐ 바람직한 등급의 단계가 명확하지 않다. 등급의 차이는 구매하는 소비자가 가격 차이를 인정할 수 있는 정도의 차이를 부여해야 한다.
    - **등급단계가 많다** : 등급별 차별화가 불분명할 수 있다. (소비자선호)
    - **등급단계가 적다** : 물류비용의 절감을 이룰 수 있다.(생산자선호)
  ⓑ 등급을 결정할 수 있는 공정한 제3자 필요하다.
  ⓒ 정당한 등급 기준을 정하기가 쉽지 않다.

ip

단위화물적재시스템
Unit Load System

3회 기출문제

수산물 표준화 및 등급화에 관한 설명으로 옳지 않은 것은?
① 소비자의 상품신뢰도를 향상시킨다.
② 품질에 따른 가격차별화를 가능하게 한다.
③ 물류비용 절감으로 유통 효율성을 높일 수 있다.
④ 현재 수산물 표준화 및 등급화는 모든 생산자의 의무도입사항이다.

▶ ④

3회 기출문제

냉동 수산물의 단위화물 적재시스템(unit load system)에 관한 설명으로 옳지 않은 것은?
① 일정한 중량 또는 체적으로 단위화하여 수송하는 방법이다.
② 기계를 이용한 하역·수송·보관이 가능하다.
③ 저장 공간을 많이 차지하는 단점이 있다.
④ 포장비용을 절감하는 효과를 기대할 수 있다.

▶ ③

제2장 | 수산물유통의 기능

5회 기출문제

수산물 산지 유통정보에 해당하지 않는 것은?

① 수산물 시장별 정보(한국농수산식품유통공사)
② 어류양식동향조사(통계청)
③ 어업생산동향조사(통계청)
④ 어업경영조사(수협중앙회)

➡ ①

ⓓ 수산물은 물적 위험에 노출되어 있어서 등급판정 후 최종 소비까지 등급기준을 유지하기가 쉽지 않다.

(3) 유통금융
유통기구에 참여하는 자에게 자금을 조달해주는 것

(4) 위험부담
수산물 유통과정 중에 발생할 수 있는 손실을 보전해 주는 것. 유통기구의 한 주체가 떠안아야 할 위험을 제3의 주체에게 전가시키는 것을 위험부담이라 한다.
　① 물적 위험 : 수산물의 물적 유통과정 중 발생하는 손실
　　예〉 부패, 파손, 감모, 열상, 동해, 풍수해, 화재 등
　② 경제적 위험 : 시장가격의 하락으로 인한 손실
　　예〉 소비자 기호의 변화, 시장축소, 대체상품, 농산물 가치의 하락

(5) 시장정보
유통과정 중 각 유통기구에 제공되는 정보의 수집, 분석, 분배활동
　① 정보의 조건
　　ⓐ 완전성 : 필요한 정보가 빠짐없이 구비되어야 한다.
　　ⓑ 종합성 : 개개의 정보가 개념적으로 연결되 의미있게 구현된 것
　　ⓒ 실용성 : 정보는 활용이 가능하여야 한다.
　　ⓓ 신뢰성 : 정보는 믿을 수 있어야 한다.
　　ⓔ 적시성 : 정보는 적기에 제공되어야 한다.
　　ⓕ 접근성 : 정보는 원하는 주체에게 제공될 수 있어야 한다.
　② 정보의 효과
　　ⓐ 생산자 : 생산자의 의사결정(품종선택, 생산량, 출하시기, 출하장소 등)에 도움을 준다
　　ⓑ 유통업자 : 저장계획, 수송계획, 판매계획(구매와 재판매), 시장운영 형태 등을 결정하는 데 도움을 준다.
　　ⓒ 소비자 : 합리적인 소비에 대한 의사결정을 도와 준다.

04 유통의 3대 기능

(1) 시간유통 : 소비자가 원하는 시기에 상품을 공급하는 기능

수산물은 공급은 불안정하지만 소비는 상대적으로 안정적이다. 수산물의 계절적 편재성은 소비자가 원하는 시기에 공급이 이뤄지지 못하게 하는 원인이 된다. 이는 상품의 수요를 감소시키고 때로는 상품성 자체를 상실시키기도 한다.

- **시간유통의 활성화 방안**
  ① 자연적 환경을 극복할 수 있는 생산기술의 개발
  ② 출하시기를 조절할 수 있는 보관 및 저장기술의 개발
  ③ 산지직거래, 계약재배 등 소비자가 원하는 시기에 수확할 수 있는 제동의 지원
  ④ 유통경로의 단순화 등 유통체계의 개선

(2) 공간유통 : 소비자가 원하는 장소에 상품을 공급하는 기능

물류기능을 통하여 소비자나 2차 가공업자 들이 원하는 장소에 상품이 도달할 수 있게 하는 기능

(3) 대량유통 : 소비자가 원하는 다양한 상품을 공급할 수 있는 기능

05 수산물유통의 효율화 방안

(1) 견본거래 또는 통명거래의 정착
  ① 도매시장 등에서 대량거래로 발생하는 물류비용의 절감
  ② 상품에 대한 신뢰감을 보증하는 제도의 필요
  ③ 수확 후 소비까지의 시간을 단축시키는 효과
  ④ 어업 규모의 자본집적화 (생산의 전문화)
  ⑤ 표준규격화
  ⑥ 정보조건을 만족하는 시장정보의 제공

⑦ 수확 후 품질관리기술의 발전을 통한 품질의 유지

(2) 유통비용의 감소

유통경로의 단순화 작업을 통하여 복잡성을 제거하고 산지유통센터의 활용 등 생산자가 가격순응자로 기능하던 방식에서 탈피 유통구조 내에서 주도적 역할을 수해하도록 하면 유통마진의 축소를 이룰 수가 있다.

(3) 효율적 정부정책의 지원

시장의 자율적 기능을 최대한 유지하면서 어업생산구조를 생산성 있게 재편하고 적절한 지원책을 개발하여 개방화된 세계수산물 시장에 대처할 필요가 있다. 정부는 지금의 도매시장제도 장단점을 보완, 제거하여야 한다. 이러한 노력을 통해 궁극적으로 생산자의 소득과 소비자의 이익을 담보 할 수 있을 것이며 물가안정에도 기여할 수 있다.

06 수산물 유통정보

(1) 수산물 유통정보의 개념

① 수산물 유통과 관련된 데이터(data)의 의미있는 결합으로 제공된 자료.
② 수산물 유통시장에서 활동하는 주체들의 의사결정을 도와주는 자료
③ 수산물 유통시장의 각 주체들이 보유하고 있는 유통지식
④ 정보를 획득개념으로 본다면 정보의 비대칭성을 활용한 이윤추구를 위한 자료
⑤ 관찰이나 측정을 통하여 수집한 자료가 시장에서 활용될 수 있도록 가공된 지식

(2) 수산물 유통정보의 역할

① 수산물의 적정가격을 제시해 준다.
② 유통비용을 감소시켜 준다.
③ 시장내에서 효율적인 유통기구를 발견해 준다.
④ 생산계획과 관련된 의사결정을 지원해 준다.
⑤ 유통업자의 의사결정을 지원해 준다.
⑥ 소비자의 합리적 소비를 지원해 준다.
⑦ 수산물 유통정책을 입안하는 데 도움을 준다.

> **6회 기출문제**
>
> 수산물 유통정보의 조건이 아닌 것은?
>
> ① 신속성 ② 정확성
> ③ 주관성 ④ 적절성
>
> ▶ ③

(3) 유통참가인의 의사결정 요인

① 사회적 요인 : 인구, 성별, 연령, 소득, 계층 등
② 문화적 요인 : 종교, 사상, 지역, 언어, 관습 등
③ 제도적 요인 : 법, 규칙, 고시 등

■ 의사결정 과정

| 문제인식 | ➡ | 정보의 탐색 | ➡ | 문제의 해결 | ➡ | 검토 |

수산물 유통정보의 조건

정확성 : 유통정보는 사실에 입각한 있는 그대로 전달해야 한다.
객관성 : 자료의 수집이나 분석에 있어서 개인 주관이 개입되어서는 아니 된다.
유용성 및 간편성 : 정보는 사용자의 욕구가 최대한 충족될 수 있어야 하며, 내용이 구체적이고 용이하게 사용할 수 있어야 한다.
신속성 및 적시성 : 정보는 적절한 시기에 빠르게 전달되어야 한다.
계속성 및 비교 가능성 : 유통정보는 장기적으로 계속 제공되어야 하며, 여러 정보들 간에 비교 가능하도록 표준화되어야 한다.

제2장 | 수산물유통의 기능

07 유통정보화의 기술

(1) POS 시스템(point of sales system, 판매시점정보관리 시스템)

① 팔린 상품에 대한 정보를 판매시점에서 즉시 기록함으로써 판매정보를 집중적으로 관리하는 체계이다.

② 매장의 주문처리시스템과 관리자의 메인컴퓨터를 온라인으로 연결하여 판매시점의 정보를 실시간으로 통합, 분석, 평가하여 미래의 고객대응능력을 배가시키기 위한 종합적인 판매관리 시스템이다.

③ 상품에 바코드(barcode)나 OCR 태그(광학식 문자해독 장치용 가격표) 등을 붙여놓고 이를 스캐너로 읽어서 가격을 자동 계산하는 동시에 상품에 대한 모든 정보를 수집, 입력시키는 방식이다.

④ 상품 회전율을 높이고 적정 재고량을 유지할 수 있는 등의 이점이 있다.

⑤ 수집된 POS 데이터에 의해 신제품 및 판촉상품의 판매경향, 인기상품 및 무매출 사멸품의 동향, 유사품 및 경합품과의 판매경향, 구입 고객별 분석, 시간대별 분석, 판매가격과 판매량의 상관분석, 그 밖에 진열상태, 대중매체 광고 효과 등을 파악하여, 생산계획 판매계획 광고계획을 세울 수 있다.

바코드

상품의 포장지나 꼬리표에 표시된 희고 검은 줄무늬로 그 상품의 정체를 표시한 것
외국어 표기 bar code(영어)
바코드는 제조 또는 그 유통 업체가 제품의 포장지에 8~16개의 줄로 생산국, 제조업체, 상품 종류, 유통 경로 등을 저장해 놓음으로써, 판매될 때 계산기에 설치된 스캐너(감지기)를 통과하면 즉시 판매량, 금액 등 판매와 관련된 각종 정보를 집계할 수 있다. 오늘날 전 산업계에서 널리 이용되고 있는 바코드는 슈퍼마켓의 관리 효율을 높이기 위해 고안되었으며, 고객이 계산대 앞에서 기다리는 시간을 줄이고 판매와 동시에 재고기록 갱신을 자동적으로 이루고자 하는 목적이었다. 바코드를 사용하면 상품의 판매시점 정보 관리, 즉 POS(point of sales)와 재고 관리가 쉽다. 바코드 체계는 유럽과 아

2회 기출문제

상품, 가격 등의 유통정보를 전달하는 매체는?

① RFID ② VAN
③ EDI ④ CRM

➡ ①

3회 기출문제

마트에서 생굴을 판매할 때, 판매정보수집에 이용되는 도구가 아닌 것은?

① POS 단말기
② 바코드
③ 스토어 컨트롤러
④ IC 카드

➡ ④

시아 지역에서 사용되는 EAN(유럽상품코드)와 미국과 캐나다에서 사용하는 UPC(통일상품코드)로 나누어진다. 한국은 1988년부터 EAN으로부터 국별 코드인 KAN(한국상품코드)를 부여받아 사용하고 있다.

한편, 바코드 아래에는 13개의 숫자가 있는데, 그 중 앞쪽 3자리 숫자는 국가별 식별코드로 우리나라는 항상 880으로 시작된다. 다음의 4자리 숫자는 업체별 고유코드, 그 다음의 5자리 숫자는 제조업체 코드를 부여받은 업체가 자사에서 상품에 부여하는 코드이다. 마지막의 한 자리 숫자는 바코드가 정확히 구성되어 있는가를 보장해 주는 컴퓨터 체크디지트로, KAN의 신뢰도를 높여 주게 된다. 한편 가격은 별도로 표시된다.
(시사상식사전, pmg 지식엔진연구소)

1회 기출문제

생산자 측면에서 수산물 전자상거래의 장애요인을 모두 고른 것은?

```
ㄱ. 미흡한 표준화
ㄴ. 어려운 반품처리
ㄷ. 짧은 유통기간
ㄹ. 낮은 운송비
```
① ㄱ, ㄷ   ② ㄴ, ㄷ
③ ㄱ, ㄴ, ㄷ   ④ ㄱ, ㄴ, ㄷ, ㄹ

▶ ③

(2) EDI(Electronic Data Interchange)

기업 간 거래에 관한 데이터와 문서를 표준화하여 컴퓨터 통신망으로 거래 당사자가 직접 전송·수신하는 정보전달 시스템이다. 주문서·납품서·청구서 등 무역에 필요한 각종 서류를 표준화된 상거래서식 또는 공공서식을 통해 서로 합의된 전자신호로 바꾸어 컴퓨터 통신망을 이용하여 거래처에 전송한다. 데이터를 교환하기 위해서는 표준 포맷으로 공유 프로토콜이 필요하다.

2회 기출문제

수산물전자상거래에 관한 설명으로 옳은 것은?

① 영업시간과 진열공간의 제약이 있다.
② 상품의 표준규격화가 쉽다.
③ 짧은 유통기간으로 인해 반품처리가 어렵다.
④ 상품의 품질 확인이 쉽다.

▶ ③

(3) RFID(Radio Frequency Identification)

생산에서 판매에 이르는 전 과정의 정보를 초소형 칩(IC칩)에 내장시켜 이를 무선주파수로 추적할 수 있도록 한 기술로서, '전자태그' 혹은 '스마트 태그' '전자 라벨' '무선식별' 등으로 불린다. 기존의 바코드는 저장용량이 적고, 실시간 정보 파악이 불가할 뿐만 아니라 근접한 상태(수 cm이내)에서만 정보를 읽을 수 있다는 단점이 있다.

3회 기출문제

수산물 전자상거래 활성화의 제약요인이 아닌 것은?

① 수산물의 소비량이 적다.
② 운송비 부담이 크다.
③ 생산 및 공급이 불안정하다.
④ 반품처리가 어렵다.

▶ ①

(4) 로지스틱스(logistic)

유통 합리화의 수단으로 채택되어 원료준비, 생산, 보관, 판매에 이르기까지의 과정에서 물적 유통을 가장 효율적으로 수행하는 종

합적 시스템을 말한다. 예를 들어 원료준비의 측면에서만 물적 유통의 합리화를 생각하면 그 후의 과정에서 합리화를 방해하는 요인이 생기기 때문에 전체를 토털시스템으로 구성하려는 것이다.

(5) TPL(Third Party Logistics)
① 생산자와 판매자의 물류를 제3자를 통해 전문적으로 처리하는 것으로 기업이 물류관련 분야 전체업무를 특정 물류전문업체에 위탁하는 것을 말한다.
② 생산자가 내부에서 직접 행하는 물류는 first party logistics, 생산자와 판매자 양자가 직접 행하는 물류는 second party logistics라고 한다.

(6) EOS(Electronic Ordering System)
자동발주시스템(EOS ; Electronic Ordering System)은 판매에 따라 재고량이 재주문점에 도달하게 되면 컴퓨터에 의해 자동발주가 이루어지는 시스템으로서, 도·소매업자 모두에게 효과가 있다. 컴퓨터 통신망으로 주문을 받아 처리하고 납품 일정까지 짜주는 시스템이다

08 전자상거래

(1) 전자상거래의 개념
① 협의의 전자상거래란 인터넷상에 홈페이지로 개설된 상점을 통해 실시간으로 상품을 거래하는 것을 의미한다.
② 광의의 전자상거래는 소비자와의 거래뿐만 아니라 거래와 관련된 공급자, 금융기관, 정부기관, 운송기관 등과 같이 거래에 관련되는 모든 기관과의 관련행위를 포함한다.

(2) 전자상거래의 특징

① 유통거리가 짧다
② 거래대상지역에 제한이 없다.
③ 시간제약이 없다.
④ 고객정보수집이 쉽다.
⑤ 소자본창업이 가능하다.
⑥ 장소의 제약이 없다.
⑦ 거래인증·거래보안·대금결재 등의 제도보완이 필요하다.

(3) 전자상거래의 유형([출처] 다양한 전자상거래 유형 정리|작성자 jgangel)

① B2C(Business to Customer) : 기업과 소비자간의 거래
　이 유형은 기업과 소비자간의 전자상거래로 현재 가장 많은 비중을 차지하는 유형이다. 사전적으로는 기업이 전자적 매체를 통신망과 결합하여 소비자에게 재화나 용역을 거래하는 행위로, 초기에는 전자제품, 의류, 가구 등의 물리적인 제품이 주를 이루었으나, 최근 들어서는 게임, 동영상 등의 디지털 상품을 비롯, 그 거래 물품 영역은 점점 확대/파괴되고 있다.

② B2G(Business to Government) : 기업과 정부간의 거래
　이 유형은 기업과 정부간의 전자상거래 유형으로, 정부가 조달예정 상품을 인터넷가상 상점에 공시하고 기업들이 가상상점을 통하여 공급할 상품을 확인하고 주요 거래를 성사하는 과정이 전형적인 업무를 이룬다.

③ B2B(Business to Business) : 기업들간의 거래
　이는 기업들간의 전자상거래 유형으로, 기업간의 업무 처리를 사람의 이동과 종이서류가 아니고 디지털 매체로 하는 제반 과정을 의미한다. 즉, 불특정 기업들이 공개된 네트워크를 이용하여 이루어지는 마케팅 활동으로, B2B 거래에서는 거래의 주체에 따라 판매자 중심, 구매자 중심, 중개자 중심의 거래로 구성된다고 한다.

④ B2E(Business to Employee) : 기업 내에서의 전자상거래
　기업 내의 경영자와 사원간의 유대감과 신뢰감의 향상을 목적으로 하는 것으로, 전자 우편, 게시판 등을 통한 노사간의

5회 기출문제

수산물 전자상거래에 관한 설명으로 옳은 것을 모두 고른 것은?

> ㄱ. 거래방법은 다양하게 선택할 수 있다.
> ㄴ. 소비자 정보를 파악하기 어렵다.
> ㄷ. 소비자 의견을 반영하기 쉽다.
> ㄹ. 불공정한 거래의 피해자 구제가 쉽다.

① ㄱ, ㄴ　② ㄱ, ㄷ
③ ㄴ, ㄷ　④ ㄷ, ㄹ

▶ ②

제2장 | 수산물유통의 기능

대화를 통하여 서로에 대한 신뢰감을 강화하고, 경영 지표, 경영의 투명성 등을 제공하는 것에서 출발한 유형이다. 최근에는 사원들이 기업이 운영하는 혹은 위탁한 인터넷 쇼핑몰을 통해 필요함 물품도 구매할수 있게 만든 시스템으로 발전하고 있다.

⑤ G2C(Government to Customer) : 정부와 소비자간의 거래

주요 정부 기관과 소비자간에 전자상거래이다. 이는 정부의 행정서비스를 어디서나 온라인으로 서비스를 받게 되는 것으로 각종 증명서의 발급이나 세금 부과, 납부 업무, 사회복지 급여의 지급 업무 등이 여기에 해당된다. 인터넷을 통한 여러 가지 민원 서비스 등도 점차 확대되고 있는 실정이지만, 중요한 정보가 범죄에 악용되는 사례가 늘면서 최근에는 다소 주춤한 상황이다.

⑥ G2B(Government to Business) : 정부와 기업간의 전자상거래

이 유형은 정부와 기업간에 이루어지는 전자 상거래를 의미하는 것으로, 정부와 기업이 온라인 회선을 이용하여 각종 세금 또는 조달 업무 등을 수행하는데 활용하고 있다.

⑦ C2C(Customer to Customer) : 소비자와 소비자간의 거래

이 유형은 소비자와 소비자간의 전자상거래로, 소비자끼리 서로 인터넷을 이용하여 일대일의 거래를 하는 것을 의미한다. 주로 경매나 벼룩시장 등을 이용한 중고품 매매가 일반적이며, 대표적인 모델은 미국의 eBay나 우리나라의 옥션(Auction) 등이 있다.

⑧ C2B(Customer to Business) : 소비자와 기업 간의 전자상거래

기존의 B2C 거래는 기업이 거래 주체가 되는 반면, C2B 거래는 소비자가 거래의 주체가 되는 것이 다르다. 소비자 중심의 전자상거래를 의미하는 것으로 공동 구매, 역경매 등이 여기에 속한다. 소비자가 기업에게 원하는 상품의 가격과 조건을 제시 하는 거래 방식으로 최근 들어 많은 각광을 받고 있다. 고객 유치 경쟁이 치열해짐에 따라 최근 대부분의 쇼핑몰에서도 C2B 거래를 도입하고 있기도 하다.

⑨ P2P(Peer – to – Peer) : 개인과 개인간의 전자상거래

이는 기존의 server to client와 상반되는 개념으로, 개인 대 개인이라는 뜻의 네트워크 용어에서 비롯되었다. 즉, 개인

PC와 PC간에 이루어지는 전자상거래를 의미한다. 자료를 중앙 서버에 등록하여 공유하는 것이 아니라 개인의 PC에서 바로 교환 하는 방식으로, 대표적인 서비스에는 미국의 냅스터(Napster)와 우리나라의 소리바다 등이 있다.

09 수산물 전자상거래 실시를 통한 수산물유통의 개선안

(서재영 : 수산물 전자상거래의 활성화방안에 관한 연구)

항목	전통상거래의 문제점	전자상거래를 통한 개선안
유통구조	5~6단계의 복잡한 유통구조	쇼핑몰을 통한 직거래 형태의 단순한 유통구조
물류비	등급화.규격화 미비로 물류비용 증가	정부의 지원아래 등급화. 표준화 도입으로 물류비 개선
마진율	마진율의 55% 이상이 소매단계에서 발생 (소비자부담)	유통구조 개선으로 적정 마진율
마케팅 활동	거의 전무한 상태	다양한 컨텐츠를 통한 마케팅 및 판매전략 수립
상품화 전략	대량판매위주로 특별한 상품화 전략이 필요 없음	고부가가치 상품의 개발.홍보
고객 서비스	서비스보다는 판매위주 활동으로 서비스 마인드 부재	실시간 고객정보의 획득으로 소비자욕구충족 가능

Point! 실전문제 — 수산물유통의 기능

1. 수산물유통 과정에서 일어나는 유통기능 중 물적기능에 해당되는 것은?
① 구 매
② 표준화
③ 유통금융
④ 수 송

정답 및 해설 ④
① 소유권이전기능(교환기능, 상적유통)
②③ 유통조성기능

2. 수산물 유통활동에 관한 일반적인 개념으로 옳은 것을 모두 고른 것은?

ㄱ. 상적유통은 상품의 소유권 이전과 관련된 것으로 판촉, 가격결정을 포함한다.
ㄴ. 물적유통은 재화의 물리적 흐름과 관련된 것으로 수송, 보관을 포함한다.
ㄷ. 정보유통은 상품 및 소비자 정보흐름과 관련된 것으로 상품의 포장을 포함한다.

① ㄱ, ㄴ
② ㄱ, ㄷ
③ ㄴ, ㄷ
④ ㄱ, ㄴ, ㄷ

정답 및 해설 ①
상품의 포장은 판촉활동이며 소유권이전기능에 해당한다.

3. 산지유통의 기능과 효용이 옳게 연결된 것은?(6회)
① 저장기능 - 장소효용
② 수송기능 - 시간효용
③ 가공기능 - 형태효용
④ 선별기능 - 소유효용

정답 및 해설 ③
① 시간효용 - 저장
② 장소효용 - 수송
④ 소유효용 - 교환

4. 유통의 기능으로 소유효용과 관계가 있는 기능은?
① 거래
② 수송
③ 저장
④ 가공

정답 및 해설 ①

5. 수송거리와 수송비용의 관계를 나타내는 수송비용함수의 여러 가지 형태에 대한 설명 중 가장 적합한 것은?
① 수송거리와 관계없이 수송비용이 일정한 수직선 형태의 수송비용함수
② 일정한 지대 내에서는 동일 요금을 적용하고 멀리 위치한 지대에 대해서는 높은 요율을 적용하는 수평선 형태의 수송비용함수
③ 수송거리가 멀수록 한계수송비가 체감적으로 증가하는 형태의 수송비용함수
④ 수송비 중 고정비용이 X축 절편에 표시되는 직선형의 수송비용함수

정답 및 해설 ②

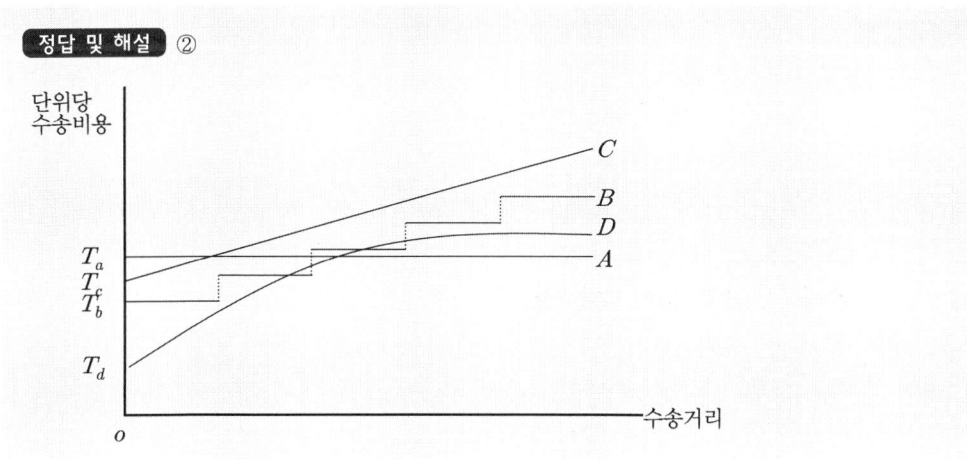

A(국내우편요금), B(철도), C(자동차), D(선박)
① 수평선 A ② 체감적으로 감소 D ④ Y축 절편에 표시(T의 위치)

Point 실전문제

6. 수산물 수송을 효율화하기 위한 단위화물적재시스템(unit load system)의 설명으로 틀린 것은?

① 우리나라에서 사용하는 표준 팰릿(pallet) T11의 규격은 1000mm × 1000mm 이다.
② 물류관리의 시스템화가 용이하여 하역과 수송의 일관화를 가져 올 수 있다.
③ 팰릿(pallet), 컨테이너(container) 등을 이용하여 일정한 중량과 부피로 단위화할 수 있다.
④ 운송수단의 이용 효율성을 제고할 수 있다.

정답 및 해설 ①

T11의 규격은 1100mm × 1100mm

7. 단위화물적재시스템(Unit Load System)의 장점에 대한 설명 중 관계가 먼 것은?

① 하역 작업 시 파손과 오손, 분실 등을 방지할 수 있다.
② 포장이 간소화 되고 포장비용이 절감된다.
③ 저장 공간 및 운송의 효율성을 높일 수 있다.
④ 소액의 자본 투자로 최대의 효율을 달성할 수 있다.

정답 및 해설 ④

② 단위화물적재시스템을 적용하기 위해서는 규격화된 포장이 전제되어야 한다.
④ 이 시스템을 적용하려면 규격화된 팰릿과 콘테이너, 지게차 및 크레인, 체계화된 상하차시스템이 필요하다. 따라서 적정한 자본투자가 필수적이다.

8. 수산물 가공의 경제적 효과로 옳지 않은 것은?

① 해당 수산물의 부가가치가 증대된다.
② 어가소득 증대에 기여할 수 있다.
③ 가공비용은 증가하지만 유통마진은 감소한다.
④ 해당 수산물의 총수요가 증가된다.

정답 및 해설 ③

③ 유통마진은 최종 소비자 가격과 최초 생산자 수취가격의 차액을 말한다. 원물 판매에 비하여 가공은 추가적인 비용을 발생시키므로 최종 소비자 가격은 상승하게 된다. 따라서 유통마진은 증가하는 것이다.
④ 총수요란 국민 경제의 모든 경제주체들이 소비와 투자의 목적으로 사려고 하는 재화와 용역을 모두 합한 것이다. 가공을 하려면 투자가 이뤄져야 하고 투자를 위한 지출도 총수요의 합계에 포함되므로 총수요는 증가한다.

9. 수산물저장에 관한 설명으로 옳지 않은 것은?
① 부패성이 강하여 특수저장시설이 필요하다.
② 투기를 목적으로 저장하는 경우도 있다.
③ 유통금융기능을 수행할 수도 있다.
④ 소유적 효용을 창출한다.

> **정답 및 해설** ④
> ③ 저장창고에 있는 상품을 담보로 대출이 가능함으로 옳은 지문이다.
> ④ 저장은 물적유통기능을 수행한다.

10. 물적유통 기능 중 가공에 관한 설명으로 틀린 것은?
① 수산물의 부가가치를 증대시켜 농업소득 증대에 기여한다.
② 산지가공은 어가 단위로 이루어지는 것이 효율적이다.
③ 원료수산물의 형태와 질을 변화시킴으로써 소비자의 효용을 높여 준다.
④ 소비자의 소득 증가와 식생활수준 향상에 따라 가공 식품에 대한 수요도 증가한다.

> **정답 및 해설** ②
> 산지가공을 하기 위해 자본집약적인 경영이 필요하므로 소규모 어가방식의 가공은 효율성이 떨어진다.

11. 유통조성 기능을 가장 적절히 설명한 것은?
① 유통조성 기능은 소유권 이전 기능과 물적 유통기능이 원활히 수행되기 위한 표준화, 등급화, 위험부담 등이다.
② 유통조성 기능은 상품이 생산자로부터 소비자로 넘어가는 가격 결정 과정을 도와주는 기능이다.
③ 유통조성 기능은 고객의 구매욕구를 일으킬 수 있도록 하는 진열, 포장 등의 기능이다.
④ 유통조성 기능은 대금을 주고 구입하는 일체의 활동이다.

> **정답 및 해설** ①
> ② 물적유통기능 ③ 소유권이전기능 중 판매기능
> ④ 금융활동외에도 표준화, 등급화, 위험부담 등이 있다.

12. 수산물표준규격화의 필요성에 대한 설명 중 관계가 먼 것은?

① 품질에 따른 가격차별화로 공정거래 촉진
② 수송, 상하역 등 유통효율을 통한 유통비용의 절감
③ 신용도 및 상품성 향상으로 어가소득 증대
④ 다양한 품종, 재배지역 등의 일원화

정답 및 해설 ④

13. 농산물 표준규격화에 대한 설명으로 옳지 않은 것은?

① 농산물의 상품성 제고, 유통능률의 향상 및 공정한 거래실현에 기여할 수 있다.
② 표준규격의 거래단위는 각종 포장용기의 무게를 포함한 내용물의 무게 또는 개수를 말한다.
③ 유닛로드시스템 중 컨테이너화 방식은 국제복합운송에 적합하다.
④ 우리나라의 표준으로 제정하여 사용하는 팰릿(pallet) 규격은 1,100mm X 1,100mm와 1,200mm X 1,000mm이다.

정답 및 해설 ②

표준규격의 거래단위란 수산물의 거래시 포장에 사용되는 각종 용기 등의 무게를 제외한 내용물의 무게 및 개수를 말한다.

14. 표준규격화가 아직까지 큰 성과를 보이지 않은 이유 중 가장 알맞은 것은?

① 어가 출하규모의 규모화·집합화
② 생산자의 자기 수산물에 대한 강한 주관적 의식 작용
③ 산지에 과잉 노동력의 존재
④ 소비자의 표준규격화 규정 완전 숙지

정답 및 해설 ②

15. 수산물 등급화의 효과가 아닌 것은?
① 품질에 따른 가격차별화를 촉진한다.
② 견본거래를 가능하게 한다.
③ 수산물의 공동출하를 용이하게 한다.
④ 영어다각화를 촉진한다.

> **정답 및 해설** ④
> 영어의 다각화란 어업발전과 위험을 회피하기 위하여 단일 품목 위주의 영어방식을 탈피, 특화된 수산물을 생산하거나 원물생산에 더하여 가공, 저장, 포장, 브랜드화 등 수익구조를 다각화한다는 것이다.

16. 수산물 등급화와 관련된 설명으로 옳지 않은 것은?
① 이미 정해진 표준에 따라 상품을 적절히 구분하여 분류하는 과정이다.
② 지나치게 세분화된 등급은 등급간 가격차이가 미미하여 의미가 없게 된다.
③ 잠재적인 판매자나 구매자의 참여를 감소시켜 시장에서 경쟁수준을 저하시킨다.
④ 수산물의 공동출하를 용이하게 한다.

> **정답 및 해설** ③
> ② 세분화된 등급화는 등급의 수가 많다는 의미이며 소비자 입장에서는 선택의 폭을 넓힐 수 있는 장점이 있지만 지나치게 세분화된 등급은 등급간 차별을 모호하게 하여 가격차이를 분별할 수 없게 만든다.
> ③ 정당한 기준에 따른 등급화는 등급간 차별을 소비자에게 인식시키고 시장에서의 등급간 경쟁을 제고시킨다.

17. 수산물 등급화의 내용을 설명한 것 중 가장 적절한 것은?
① 등급화는 통일된 기준에 의해 선별된 상품을 규격포장에 담는 것이다.
② 등급화의 등급측정 기준은 등급화 주체의 임의적 척도를 적용하여 차별화하는 것이 좋다.
③ 동일 등급내의 상품은 가능한 이질적이며, 등급구간이 클수록 좋다.
④ 등급 간에는 구입자가 가격차이를 인정할 수 있도록 이질적이어야 한다.

> **정답 및 해설** ④
> ③ 동일 등급 내 상품은 동질적이어야 하며 등급구간은 적정한 등급수를 유지하도록 설정되어서 등급 간에 구입자가 가격차이를 인정할 수 있어야 한다.

18. 수산물 등급화의 경제적 영향에 대한 설명으로 틀린 것은?
① 소비자 만족 증대
② 시장경쟁력의 제고와 가격효율의 향상
③ 등급화에 따른 비용발생으로 생산자 수익 감소
④ 물류기능의 효율화로 유통비용 절감

> **정답 및 해설** ③
> 등급화를 위하여 비용은 발생하지만 그보다 더 큰 부가가치가 발생하므로 생산자 수익은 증가한다.

19. 수산물 등급제도의 문제점을 설명한 것 중에서 적절하지 않은 것은?
① 지나치게 세분화된 등급은 각 등급에 속하는 충분한 거래량이 부족할 때 가격 차이가 나타나지 않아 의미가 없게 된다.
② 등급화 기준은 감각적, 물리적, 화학적, 생물학적 기준이나 경제적 기준에 의해 이루어진다.
③ 등급화는 생산자, 소비자, 상인의 일반적이고 공통적인 욕구를 충족시킬 수 있는 기준이 설정되어야 하지만 이들의 합의에 의한 등급 설정이 어렵다.
④ 등급별 명칭은 정부가 정한 기준이 지나치게 단순화되어 어민들에게 맡겨야 하고 비용이 많이 들어 경제성 문제가 발생한다.

> **정답 및 해설** ④
> 등급의 기준이나 명칭 등은 객관적 제3자가 결정하는 것이 옳다.

20. 수산물 유통금융에 관한 설명으로 옳은 것을 모두 고른 것은?

> ㄱ. 어업인이 농산물을 판매할 때까지의 부족한 자금대출
> ㄴ. 수산물 대금의 지급기일을 연기하는 외상매출
> ㄷ. 수산물 창고업자가 저온창고를 건축하는데 소요되는 시설자금융자

① ㄱ, ㄴ
② ㄱ, ㄷ
③ ㄴ, ㄷ
④ ㄱ, ㄴ, ㄷ

> **정답 및 해설** ④

21. 수산물 유통조성기능 중 유통금융이 아닌 것은?
① 담보거래　　　　　　② 견본거래
③ 외상거래　　　　　　④ 어음거래

정답 및 해설 ②
견본거래는 물적유통기능 중 표준화, 등급화에 의해 성립한다.

22. 수산물 유통에서 수산물의 시장가격 하락에 따른 재고 수산물의 가치하락, 소비자의 기호 및 유행의 변천에 따른 수요감소 등에 의한 위험은 어디에 해당되는가?
① 경제적 위험　　　　　② 물리적 위험
③ 대손위험　　　　　　④ 자연적 위험

정답 및 해설 ①
지문은 가격하락에 다른 위험이다. 가격하락은 경제적 위험에 해당한다.

23. 유통조성 기능 중 시장정보에 대한 설명으로 적절한 것은?
① 시장정보는 완전성·정확성·객관성·적시성·유용성 등이 충족되어야 된다.
② 생산자의 판매계획 의사결정에는 유용하지만, 투자계획과는 무관하다.
③ 유통활동의 불확실성을 감소시키는 대신 유통비용을 대폭 증가시킨다.
④ 시장정보는 생산자, 상인에게는 매우 유용하지만, 소비자의 구매에는 영향을 미치지 못한다.

정답 및 해설 ①
② 생산자의 투자계획을 위해서도 시장정보는 유용하다.
③ 유용한 정보를 활용하여 불요불급한 유통비용을 제거해야 한다.
④ 상품에 대한 품질, 가격, 책임 등에 대한 유통정보는 소비자의 구매결정에도 영향을 미친다.

24. 수산물 유통정보의 요건으로 옳지 않은 것은?

① 정보는 원하는 사람에게 적절한 시기에 전달되어야 한다.
② 정보이용자가 쉽게 정보에 접근하고 취득할 수 있어야 한다.
③ 정보수집자의 주관이 반영되어 정보의 가치를 높여야 한다.
④ 정보이용자의 의사결정에 필요한 모든 정보가 포함되어야 한다.

정답 및 해설 ③

① 적시성 ② 접근성 ③ 객관성 ④ 완전성

25. 수산물 유통정보 시스템에 대한 설명 중 적절하지 않은 것은?(3회)

① 바코드(Bar Code)와 관련된 기술은 주문처리에 있어 주문정보의 정확성과 시스템의 안정성에 도움이 되며, 정보시스템 개발을 위한 기반이 된다.
② 판매시점관리(POS ; Point of Sale) 시스템은 소매상의 판매기록, 발주, 매입, 고객관련 자료 등 소매업자의 경영활동에 관한 정보를 관리하는 것이다.
③ 자동발주시스템(EOS ; Electronic Ordering System)은 판매에 따라 재고량이 재주문점에 도달하게 되면 컴퓨터에 의해 자동발주가 이루어지는 시스템으로서, 도·소매업자 모두에게 효과가 있다.
④ 전자문서교환(EDI ; Electronic Data Interchange)은 정보전달이 인간의 개입 없이 컴퓨터간에 이루어지는 것으로서, 기업간 EDI 프로토콜이 달라도 실행이 가능하다.

정답 및 해설 ④

공유화된 표준 프로토콜이 필요하다.

26. 수산물 전자상거래의 특성에 대한 설명으로 알맞지 않은 것은?

① 사이버공간을 활용함으로써 시간적, 공간적 제약을 극복할 수 있다.
② 전자 네트워크를 통해 생산자와 소비자가 직접 만나기 때문에 유통비용이 절감된다.
③ 컴퓨터 및 전산장비를 두루 갖추어야 하기 때문에 대규모 자본의 투자가 필요하다.
④ 생산자와 소비자간 쌍방향 통신을 통해 1 대 1 마케팅이 가능하고 실시간 고객서비스가 가능해 진다.

> **정답 및 해설** ③

개인 PC를 활용하여 거래가 가능하므로 소자본 투자가 가능하다.

27. 다음 중 수산물 전자상거래에 대한 일반적인 설명으로 가장 적절한 것은?(2회)
① 상품 공급자의 판매비용은 일반 실물거래보다 높을 수 없다.
② 전자상거래 활성화는 정보통신 기술의 발전만으로 충분하다.
③ 시간과 공간의 제약이 없고 판매점포가 필요 없다.
④ 전자상거래는 항상 유통마진을 감소시킬 수 있다.

> **정답 및 해설** ③

수산물의 경우 부패성 및 중량성으로 인하여 물류비용이 실물거래에 비하여 높을 수도 있는 약점이 있다. 체계적으로 관리되지 않은 물류시스템은 유통마진을 증가시켜 경쟁력을 떨어뜨리거나 전자상거래품목에서 제외되기도 한다.

28. 수산물 전자상거래의 기대효과로 옳지 않은 것은?
① 유통의 시간적 또는 공간적 제약을 줄일 수 있다.
② 생산자의 수취가격 제고와 소비자의 지불가격 절감에 기여한다.
③ 수산물의 훼손가능성을 줄여서 상품가치를 유지하는 데 유리하다.
④ 소비자와의 대면판매가 이루어지지 않아 소비자의 구매정보를 알기 어렵다.

> **정답 및 해설** ④

전자상거래가 이뤄지기 위한 1단계는 소비자가 홈페이지에 접속해서 개인정보를 제공하는 것으로부터 시작한다.

29. 수산물 시장정보에 대한 설명으로 옳지 않은 것은?

① 시장에서 공정한 거래가 이루어지는 한 다양한 시장정보는 의사결정에 혼란을 초래한다.
② 수산물의 유통량과 유통시간을 감소시킴으로써 유통비용을 절감한다.
③ 유통업자간 지속적인 경쟁관계를 유지시킴으로써 자원배분의 비효율성을 감소시킨다.
④ 구매자와 판매자간 정보의 비대칭성을 감소시킴으로써 불확실성에 따른 위험부담비용을 줄인다.

> **정답 및 해설** ①
> 정보의 비대칭성이란 정보를 가진 자와 가지지 않는 자 사이의 불균형을 말한다.
> 시장정보가 균일하게 누구에게나 제공될 수 있다면 정보의 비대칭성은 사라질 것이며 불확실성을 감소시켜서 위험부담비용을 줄이게 된다.

제 3장 | 수산물유통기구

01 수산물유통기구의 개념

(1) 수산물 유통기구란 <u>유통기능을 실제로 담당하고 있는 각종 유통기관이 상호 관련하여 활동하는 전체조직</u>을 말한다.

(2) 수산물 유통기구란 생산된 수산물이 소비되기까지 거치는 수단이나 기구의 총칭을 의미한다.

(3) 유통기구는 <u>직계적(直系的)으로 도매기관 및 소매기관 등 협의의 유통기관으로 구성되며, 방계적 (傍系的)으로는 수송·통신·창고·광고·금융업과 같은 광의의 유통기관으로 구성</u>된다.

(4) 유통기구는 <u>유통기관과 유통경로로 구성</u>된다

(5) 유통기관은 유통경로상에 존재한다.

(6) 유통기구는 <u>고정적이지 않고 변화, 발전한다. 경제 체제나 소비 구조의 변화, 혁신적인 소매업의 등장, 신제품의 개발 등 소비·유통·생산의 상호 관계의 변동에 따라 유통기구도 변화</u>한다.

(7) <u>생산자와 소비자 간에 유통기관이 전혀 개입하지 않고 유통이 이루어질 때, 이를 직접유통(直接流通)이라 하며, 이와 반대로 유통기관이 개입하는 경우를 간접유통(間接流通)</u>이라 한다.

1회 기출문제

수산물의 직접적 유통 및 유통기구에 관한 설명으로 옳지 않은 것은?

① 수산업협동조합의 전문 중매인을 경유한다.
② 생산자와 소비자 사이에 직접적으로 이루어지는 것을 말한다.
③ 수산물 생산자는 생산 및 판매활동의 주체이다.
④ 수산물 유통에는 수산물과 화폐의 교환이 일어난다.

▶ ①

2회 기출문제

수산가공품의 유통이 가지는 특성이 아닌 것은?

① 부패 억제를 통해 장기 저장이 가능하다.
② 소비자의 다양한 기호를 만족시킬 수 있다.
③ 공급을 조절할 수 있다.
④ 저장성이 높을수록 일반 식품과 유통경로가 다르다.

▶ ④

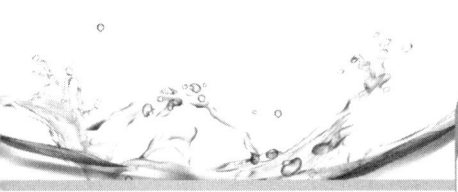

제3장 | 수산물유통기구

02 유통기구의 구분

(1) 수집기구

① 수산물은 다수의 소규모 생산자에 의해 소량·분산적으로 생산되고 있으므로 이렇게 흩어져 있는 수산물을 대량화, 상품화하여 도매시장이나 가공공장 등에 반출하는 기구이다.
② 수집기구의 유통기관
  수집상(蒐集商)·반출상(搬出商)·수산업협동조합과 수집행상이나 장터수집상

(2) 중계기구

① 중계기구는 수집 및 분산의 양 기구를 연결시키는 조직으로서 수집기구의 종점인 동시에 분산기구의 시발점이 되는 기구이다.(terminal market)
② 수산물의 수급을 조절하고 가격을 형성하는 기능을 한다.
③ 중계기구의 일반적인 형태로서는 농수산물 도매시장과 공판장을 들 수 있다.

(3) 분산기구

① 분산기구는 수집기구에 의해 집중되고 중계기구를 통해 대량화된 수산물이 소비자를 향해서 분산 되어가는 조직이다
② 중계기구로 반입되어 온 대량의 수산물은 도매상이나 가공공장으로 분배되어 최종 소비자에게 전달하는 역할을 한다.
③ 도매시장에서도 소매상의 역할(분산기구)을 수행하기도 한다.
④ 분산기구를 구성하는 유통기관으로서는 도매상과 소매상을 들 수 있다.
⑤ 대형유통업체의 농산물 판매 특징
  ⓐ 전처리수산물 및 소포장 대량판매의 형태를 취한다.
  ⓑ 사후관리시스템이 정착되 있다.
  ⓒ 고부가가치농산물(품질인증품, 유기수산물 등)코너를 운영한다.

유통기구의 구분
(1) 수집기구
(2) 중계기구
(3) 분산기구

2회 기출문제

마른멸치의 유통과정에 관한 설명으로 옳지 않은 것은?

① 자숙가공을 통해 유통된다.
② 주로 기선권현망어업에 의해 공급된다.
③ 대부분 산지 수집상을 통해 소비자에게 유통된다.
④ 생산자로부터 소비자에게 직접 유통되기도 한다.

➡ ③

5회 기출문제

냉동오징어의 유통특성에 관한 설명으로 옳은 것을 모두 고른 것은?

ㄱ. 대부분 산지 위판장을 통해 유통된다.
ㄴ. 유통과정상 냉동시설이 필요하다.
ㄷ. 활어에 비해 가격이 낮다.
ㄹ. 수산가공품 원료 등으로도 이용된다.

① ㄱ, ㄴ ② ㄴ, ㄷ
③ ㄱ, ㄴ, ㄹ ④ ㄴ, ㄷ, ㄹ

➡ ④

ⓓ 계약생산 등을 통하여 가격할인율이 높다.
ⓔ 수산물 안전성관리를 통해 신뢰성이 높다.

03 수산물유통기구의 특화와 통합

(1) 유통기구의 특화 및 전문화
① 특화(전문화)의 개념 : 하나의 유통기관이 수행하여 오던 다양한 기능을 하나 또는 몇 개의 기능만으로 전문화하여 유통효율성을 높이려는 것
② 특화의 형태 : 상품특화(가구, 유기수산물), 기능특화(수송, 저장 전문업), 기관특화(도매전문)

(2) 유통기구의 통합 및 다변화
① 전문화되었던 유통기능이 생산자나 소비자 또는 중간상 등의 단일유통기관이 여러 종류의 유통기능을 담당하는 것이며, 직접적인 관련이 없는 분야에까지 사업을 확장하는 것을 말한다.
② 다변화의 형태
  ⓐ 기능다변화 : 잡화점, 식품도매상, 슈퍼마켓, 편의점 등
  ⓑ 기관다변화 : 도소매상의 병합
③ 수직적 통합과 수평적 통합
  ⓐ 수직적 통합 : 유통기관 상하 간의 통합으로 생산자→도매상→소매상→소비자 유통경로의 통합이다.
    ㉠ 전방통합 : 상위 유통기관이 하위 유통기관을 통합(제조업체가 유통업에 진출)
    ㉡ 후방통합 : 하위 유통기관이 상위 유통기관을 통합(유통업체가 원재료를 직접생산)
  ⓑ 수평적 통합 : 방계적(傍系的) 유통기관간의 통합으로 생산자조직이 수송물류 역할까지 담당 하거나 유통업체가 금융업에 진출하는 경우

Tip

유통기구의 다변화
ⓐ 기능다변화 : 잡화점, 식품도매상, 슈퍼마켓, 편의점 등
ⓑ 기관다변화 : 도소매상의 병합

3회 기출문제

냉동 수산물 유통에 관한 설명으로 옳지 않은 것은?
① 원양 어획물과 수입수산물이 대부분이다.
② 유통과정에서의 부패 위험도가 낮다.
③ 주로 산지위판장을 경유하여 유통된다.
④ 유통을 위해서 냉동창고, 냉동탑차를 이용한다.
▶ ③

3회 기출문제

양식 넙치 유통에 관한 설명으로 옳지 않은 것은?
① 횟감으로 이용되기 때문에 대부분 활어로 유통된다.
② 현재 주 생산지는 제주도와 완도이다.
③ 활어 유통기술이 개발되어 활어로 수출되고 있다.
④ 주로 산지 위판장에서 거래되어 소비지로 출하된다.
▶ ④

제3장 | 수산물유통기구

2회 기출문제

냉동 수산물의 상품적 기능으로 옳지 않은 것은?

① 수산물을 연중 소비할 수 있도록 한다.
② 보관을 통해서 수산물의 품질을 높인다.
③ 부패하기 쉬운 수상물의 보관·저장성을 높인다.
④ 계절적 일시 다량 어획으로 인한 수상물의 가격폭락을 완충해 준다.

➡ ②

2회 기출문제

양식 굴의 유통에 관한 설명으로 옳은 것은?

① 국내 소비는 가공굴 위주이다.
② 국내 소비용 생굴(알굴)은 식품안전을 위해 가열하여 유통한다.
③ 껍질 채로 유통되기도 한다.
④ 수출은 생굴(알굴)이 많다.

➡ ③

3회 기출문제

선어에 비해 수산가공품의 유통 상 장점을 모두 고른 것은?[

ㄱ. 장기간 저장 용이
ㄴ. 수송 용이
ㄷ. 선도향상 가능

① ㄱ   ② ㄱ, ㄴ
③ ㄴ, ㄷ   ④ ㄱ, ㄴ, ㄷ

➡ ②

04 유통기구의 집중화와 분산화

(1) 집중화 : 수산물이 일정 장소에 집중되었다가 분산되는 형태로서 산지수집단계, 집산지수집단계, 중계시장(도매시장)의 수집단계가 있다.
* **집중화의 원인** : 운송수단의 미비, 통신시설의 부족, 다수의 영세 소규모 생산자, 다양한 지역성

(2) 분산화

① 수산물이 생산자로부터 출발하여 중앙도매시장을 경유하지 않고 도매상, 소매상 또는 가공업자 등의 실수요자 수중에 직접 들어가는 유통현상을 말한다.
② 구매담당자가 생산자와 직접 거래하여 산지에서 생산물의 소유권을 취득하기도 하며, 구매자와 판매자가 비교적 규모화 되기 때문에 직접거래가 가능해진다.

* **분산화(직접거래) 촉진 요인**
  ⓐ 수송수단의 발달(철도중심에서 자동차 중심의 수송수단 확대)
  ⓑ 통신기술 및 수단 발달
  ⓒ 저온유통시설(냉동, 냉장)의 저장보관기술의 발달로 1회 구입량을 증가시키고 구입 빈도를 줄일 수 있기 때문
  ⓓ 표준화 및 등급화로 견본거래 및 통명거래가 가능하기 때문
  ⓔ 수산업생산의 전문화 및 대규모화 때문
  ⓕ 대규모 소매기관의 발달로 산지와 직접거래하는 유통업체 등장

05 수산물 유통경로

(1) 유통경로의 개념

① 상품이 생산자로부터 소비자 또는 최종수요자의 손에 이르기

까지 거치게 되는 과정이나 통로.
② 유통경로상에 존재하는 중요한 유통기관은 중간상인이다.
③ 유통경로는 수산물에 따라 다르며 공산품 경로에 비하여 길고 복잡하다.
④ 유통경로를 규정하는 요인으로는 상품의 종류, 생산지와 소비지의 거리, 경제와 상업의 발전 정도, 상거래 관습, 국내 상업 또는 국제무역 여부 등이 있다.

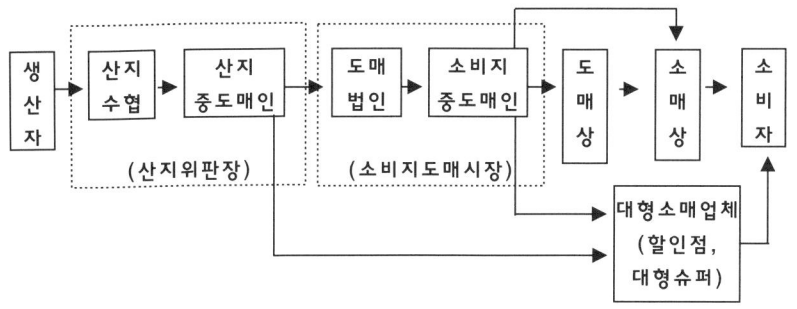

〈고등어(선어)의 유통경로〉

선어의 유통 특성
1. 일반적으로 비계통출하보다 계통출하 비중이 높다.
2. 빙수장이나 빙장 등이 필요하다.
3. 선도유지를 위해 신속한 유통이 필요하다.
4. 선어는 연근해에서 어획된 것이 대부분이다.
5. 산지경매 후 재입상 또는 재선별한다.

냉동수산물의 유통 특성
1. 냉동수산물의 운송은 주로 냉동탑차에 의해 이루어진다.
2. 냉동수산물은 대부분 수협 위판장을 거치지 않는 비계통출하 또는 시장 외 거래형태를 가진다.
4. 냉동수산물은 동결 상태로 유통된다.

활어 유통의 특성
1. 비계통출하가 일반적이다.
2. 산지유통과 소비지유통으로 구분된다.
3. 대부분 직접유통으로 이루어진다.
4. 유통과정 상 특수한 기술이 요구된다.

1회 기출문제

선어의 유통에 관한 설명으로 옳지 않은 것은?

① 일반적으로 비계통출하 보다 계통출하 비중이 높다.
② 빙수장이나 빙장 등이 필요하다.
③ 고등어는 갈치의 유통경로와 매우 유사하다.
④ 선어는 원양에서 어획된 것이 대부분이다.

▶ ④

1회 기출문제

냉동수산물에 관한 설명으로 옳지 않은 것은?

① 냉동수산물의 유통경로는 단순하다.
② 냉동수산물의 운송은 주로 냉동탑차에 의해 이루어진다.
③ 냉동수산물은 대부분 수협 위판장을 거치지 않는다.
④ 냉동수산물은 동결 상태로 유통된다.

▶ ①

1회 기출문제

활어의 유통에 관한 설명으로 옳지 않은 것은?

① 일반적으로 계통출하 보다 비계통출하의 비중이 높다.
② 산지유통과 소비지유통으로 구분된다.
③ 공영도매시장에서 주로 이루어지고 있다.
④ 다른 수산물에 비해 차별적인 유통기술이 필요하다.

▶ ③

ㅣ수산물유통기구

2회 기출문제
수산물 유통구조의 일반적 특징이 아닌 것은?

① 유통단계가 복잡하다.
② 영세한 출하자가 많다.
③ 소량, 반복적으로 소비한다.
④ 도매시장 중심으로 유통한다.

▶ ④

2회 기출문제
수산물 유통시장을 교란시키는 원인이 아닌 것은?

① 불법 어획물의 판매 증가
② 원산지 표시 위반
③ 중간 유통업체의 과도한 이윤
④ 다양한 유통경로의 등장

▶ ④

2회 기출문제
선어의 유통과정에 관한 설명으로 옳지 않은 것은?

① 산지위판장에서는 경매 전에 양륙과 배열을 한다.
② 산지 경매 이후에 재선별이나 재입상을 한다.
③ 산지 입상과정에서 선어용은 스티로폼 상자, 냉동용은 골판지 상자에 입상한다.
④ 소비지 도매시장에서 소매용으로 재선별한다.

▶ ④

(2) 유통경로의 형태
① 시장경로 : 중계기구를 통한 경로
② 시장 외 경로 : 중계기구를 거치지 않고 직접 분산기구나 소비자에게 도달하는 형태

(3) 수산물 유통경로의 특성
① 유통경로가 길고 복잡하다. 다양한 형태의 중간상들이 유통경로상에 개입한다.
② 영세한 유통기관이 많아 유통비용과 유통마진의 상승원인이 된다.
③ 대형유통업체의 등장으로 중계기구를 거치지 않은 직접거래가 늘고 있다.
④ 유통경로를 단축시키기 위한 소비자협동조합의 결성, 대형 슈퍼마켓의 출현 등과 영세유통업자 등의 협업화가 진행 중이다.

06 유통기관의 유형

(1) 산지시장

① 산지수집상 : 산지의 재래시장이나 정기시장 또는 개별어가를 방문하여 직접 구매한 후 반출상이나 도매상에게 판매하거나 도매시장에 직접 상장하기도 한다.

② 산지위탁상 : 생산자로부터 위탁받아 도매상이나 반출상에게 판매한다.

③ 위탁대리인 : 중개시장의 유통상인으로부터 위탁을 받아 산지에서 수산물을 수집하는 상인

④ 반출상 : 산지수집상으로부터 수산물을 구입하여 대량화한 후 도매상이나 위탁상에게 반출하는 기능을 담당한다. 최근에는 산지수집상이 반출상의 기능을 겸하거나 대도시 위탁상이 직접 수집활동에 참여하는 경우가 많다.

⑤ 산지시장의 조직
  ⓐ 어촌계 등 기초생산자조직
  ⓑ 영어조합법인 : 수산물의 생산, 수집, 가공, 수출 등을 목적으로 생산자 중심으로 결성된 조합
  ⓒ 어업회사법인 : 회사형태로 비생산자도 참여하는 생산, 수집, 가공, 수출 등을 목적으로 한 법인
  ⓓ 산지유통센터 : 산지유통의 중심적 유통기구로서 수산물을 체계적으로 생산 또는 수집하여 세척, 선별, 포장, 가공, 예냉, 저온처리 등 철저한 수확 후 관리와 엄격한 품질관리를 통해 표준, 규격화된 상품을 도매시장・대형유통업체 등에 출하유통시킨다.
  ⓔ 산지수산업협동조합 : 어민 및 수산가공업자들이 공동으로 경제적 이익을 추구하기 위해 결합한 상부상조의 단체.

⑥ 산지시장의 기능
  - 양륙 및 진열기능
  - 거래형성기능
  - 대금결제기능

객주
생산자가 출어자금을 차입하여 어획한 후 차입자에게 어획물의 판매

1회 기출문제

수산물 산지시장의 기능으로 옳지 않은 것은?

① 양륙 및 진열의 기능
② 거래형성의 기능
③ 대금결제의 기능
④ 생산 및 어획의 기능

▶ ④

1회 기출문제

수산물 유통경로 중 산지 직판장 거래에 관한 설명으로 옳은 것은?

① 선도유지가 어렵다.
② 중간 유통비용이 적게 든다.
③ 저렴한 가격으로 판매가 어렵다.
④ 소비자가 수송, 보관 등을 담당한다.

▶ ②

6회 기출문제

수산물 산지단계에서 중도매인이 부담하는 비용은

① 상차비   ② 양륙비
③ 위판수수료   ④ 배열비

▶ ①

제3장 | 수산물유통기구

권을 양도하는 유통경로

객주의 주된 업무는 매매를 위탁하는 주선으로서, 현재의 〈상법〉에서는 주선행위에 속하는 '위탁매매인(委託賣買人)'에 해당한다. 이와 같은 제도는 다른 나라에도 있으나, 우리 나라 고유의 객주제도는 그 주업무인 위탁매매 외에 위탁자를 위한 여숙·금융·창고 또는 운송 등 여러 가지 주선행위나, 일부의 부수 또는 전문 업무에 따라서 독립된 업종으로 그 유형이 나누어졌다.(한국민족문화대백과, 한국학중앙연구원)

(2) 중개시장과 종사자

① 수산물 공판장 : 지역수산업협동조합 등이 수산물을 도매하기 위하여 특별시장·광역시장·도지사 또는 특별자치도지사의 승인을 받아 개설·운영하는 사업장
② 농수산물도매시장 : 특별시·광역시·특별자치도 또는 시가 양곡류·청과류·화훼류·조수육류(鳥獸肉類)·어류·조개류·갑각류·해조류 및 임산물 등 대통령령으로 정하는 품목의 전부 또는 일부를 도매하게 하기 위하여 농림축산식품부장관, 해양수산부장관 또는 도지사의 허가를 받아 관할구역에 개설하는 시장
③ 도매시장법인 및 시장도매인 : 개설권자의 지정을 받아 도매시장을 운영하는 법인
④ 중도매인 : 개설권자로부터 지정 또는 허가를 받아 상장(비상장)된 수산물을 구매한 후 중개해 주는 상인
⑤ 매매참가인 : 중도매인이 아닌 자로서 경매에 참여하여 수산물을 구매하는 가공업자, 소비자단체, 소매업자, 대형유통업체의 바이어 등
⑥ 경매사 : 도매시장법인의 임명을 받아 경매를 주관하는 자
⑦ 산지유통인 : 수산물 공판장의 개설자에게 등록하고, 수산물을 수집하여 수산물 공판장에 출하하는 사람

수산물 계통출하

어민이 수산업협동조합 계통조직을 통해 생산한 수산물을 출하·판매하는 것을 말한다. 즉 수산물의 경우, 어민이 어촌계 등을 통해 단위수협, 수협위판장, 슈퍼마켓(소매상) 등의 유통과정을 거쳐 출하하는 것

Tip

* 소비지도매시장에서의 유통과정
① 반입신고(표준송품장 제출)
② 접수
③ 하역 및 진열
④ 경매
⑤ 중매인 낙찰
⑥ 판매

1회 기출문제

수산물 도매시장의 중도매인 기능으로 옳지 않은 것은?

① 보관 및 포장 기능
② 금융 기능
③ 가공 기능
④ 수집 및 출하 기능

➡ ④

2회 기출문제

수산물 공영도매시장에 관한으로 설명으로 옳지 않은 것은?

① 도매시장법인은 둘 수 있으나, 시장도매인은 둘 수 없다.
② 다수의 출하자와 구매자가 참여한다.
③ 대금을 즉시 받을 수 있는 제도적 장치가 마련되어 있다.
④ 수산물의 대량 거래가 가능하다.

➡ ①

3회 기출문제

수산물 공판장의 개설자에게 등록하고, 수산물을 수집하여 수산물 공판장에 출하하는 사람은?

① 매매참가인 ② 산지유통인
③ 경매사   ④ 객주

➡ ②

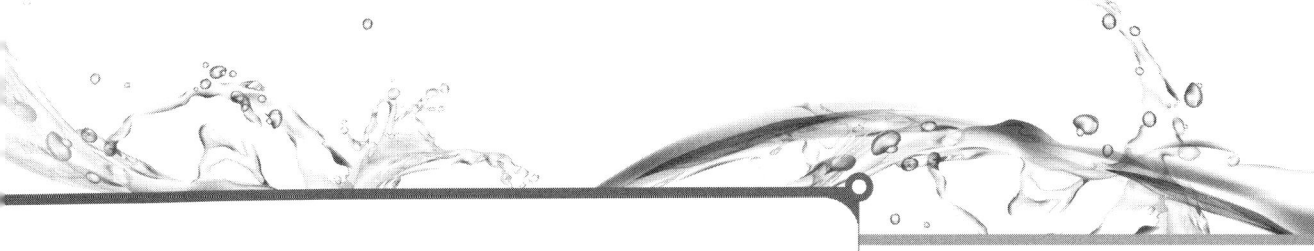

* 소비지도매시장에서의 유통과정
① 반입신고(표준송품장 제출)
② 접수
③ 하역 및 진열
④ 경매
⑤ 중매인 낙찰
⑥ 판매

■ 도매시장법인과 시장도매인의 비교

	도매시장법인(상장경매제)	시장도매인(비상장도매)
개요	농수산물을 위탁받아 상장(上場)하여 도매하거나 이를 매수(買受)하여 도매하는 법인	농수산물을 매수 또는 위탁받아 도매하거나 중개
장점	-공개판매로 거래투명성 제고 -거래의 공정성.안전성 향상 -표준규격화 촉진 등 상품성 향상 -생산자의 시장참여기회 확대 -대표가격 형성 및 거래정보의 분산	-유통단계의 축소 가능 -도매상간 가격경쟁 유도가능 -비규격농수산물을 포함하여 모든 농수산물의 거래 가능 -적극적인 집하 촉진 -상품평가기능 전문화
단점	-저가격 또는 불완전한 가격형성 가능 -경매참여자의 담합 가능 -표준규격화가 선결되어야 함 -경매시간의 제약	-비공개거래로서 투명성확보 미흡 -기준가격형성 곤란 -출하처 선택에 혼란 초래 -상인이 가격결정권 주도 -출하자보호기능 부재 -공동출하 및 상품표준화 위축

(3) 소비지시장

① 일반시장 : 재래시장과 매일시장 등 소매기능을 중심으로 일용식품을 공급하는 시장
② 소매기관 : 잡화점, 전문점, 편의점, 할인점, 슈퍼마켓, SSM, 백화점 등
③ 통신판매 : 통신매체를 통한 직거래 판매
④ 방문판매 : 판매원이 직접 소비자를 방문하여 판매

1회 기출문제

수산물 계통출하의 주된 유통기구는?

① 객주
② 유사도매시장
③ 인터넷 전자상거래
④ 수협 위판장

▶ ④

1회 기출문제

수산물 도매시장의 유통주체가 아닌 것은?

① 도매시장법인
② 시장도매인
③ 도매물류센터
④ 중도매인

▶ ③

3회 기출문제

선어 유통에 관한 설명으로 옳은 것은?

① 선어 유통에는 빙장이 필요 없다.
② 선어 유통은 비계통 출하 비중이 높다.
③ 선어 유통에서 명태의 유통량이 가장 많다.
④ 선어의 선도 유지를 위해 신속한 유통이 필요하다.

▶ ④

3회 기출문제

자연산 참돔 활어 유통에 관한 설명으로 옳지 않은 것은?

① 소비지에서는 유사 도매시장을 경유하는 비중이 높다.
② 산지에서는 계통 출하로만 유통된다.
③ 유통과정에서 활어차와 수조가 이용된다.
④ 선어 유통보다 부가가치가 높다.

▶ ②

제3장 | 수산물유통기구

3회 기출문제

수산물 유통구조에 관한 설명으로 옳은 것은?

① 유통단계가 단순하다.
② 소비지에는 도매시장이 없다.
③ 다양한 유통경로가 존재한다.
④ 유통비용이 저렴하고, 유통마진이 작다.

➡ ③

4회 기출문제

소비지 공영도매시장에서 수산물의 수집과 분산기능을 모두 수행할 수 있는 유통주체는?

① 산지유통인
② 매매참가인
③ 중도매인(단, 허가받은 비상장 수산물은 제외)
④ 시장도매인

➡ ④

6회 기출문제

다음 중 공영도매시장에 관해 옳게 말한 사람을 모두 고른 것은?

> A: 법적으로 출하대금을 정산해야 할 의무가 있어.
> B: 도매시장법인과 시장도매인을 동시에 둘 수 있어.
> C: 시장에 들어오는 수산물은 원칙적으로 수탁을 거부할 수 없어.

① A, B   ② A, C
③ B, C   ④ A, B, C

➡ ④

⑤ 소비지 직판장 : 산지의 생산자 등이 소비지에 직접 개설한 직판시장

시장(market)의 개념

시장(market)이란 재화·용역의 수요와 공급이 만나서 가격이 결정되고 거래되는 장소 또는 메커니즘을 말한다. 그러나 시장의 개념은 거래상품, 형태, 존재방식, 거래방식, 수요자와 공급자수의 관계 등에 따라 다양한 의미를 지니고 있으며 종류도 아주 많다. 거래상품에 따른 농산물시장, 수산물시장, 금융시장, 주택시장 등이 있으며, 존재방식에 따른 정기시장과 상설시장, 거래방식에 따른 직접거래시장과 장외시장 등이 있고, 수급되는 상품·용역의 종류에 따라 생산요소시장과 생산물시장이 있다. 생산요소시장은 노동시장과 자본시장으로, 생산물시장은 다시 소비재시장과 자본재시장으로 나누어진다. 또한 수요자·공급자수와 그 연관 방법에 따라 완전경쟁·독점·과점·독점적 시장으로 구별되는 등 다양한 형태로 존재한다.

원래 시장은 제본즈(W. S. Jevons)의 개념대로 식료품 및 기타 물품이 매매되는 공공장소서의 구체적 시장을 의미한다. 그러나 통신·유통의 발달과 신용거래의 증가로 국내시장, 세계시장, 금융시장, 선물(先物)시장, 장외시장 등 특정한 장소의 개념이 사라진 추상적 시장이 급격하게 늘어나는 추세이다. 다시 말해 현대의 시장형태는 구체적 시장의 추상화 경향이라고 할 수 있다. 경제학의 입장에서도 시장은 특정한 장소라기보다는, 상품에 대한 수요와 공급에 관한 정보가 교환되고 그 결과로 상품이 매매되는 매개체로 본다.

추상적 시장의 확대와 더불어 지식정보화를 기반으로 한 현대사회의 중요한 변화는 문화산업시장의 중요성이 증대되고 있는 현상을 들 수 있다. 문화산업은 특정한 이데올로기를 전파하는 수단이기도 하지만 이윤을 창출할 효과적인 수단이기도 하다는 점에서 당연한 현상이다.

특히 시장을 현대사회의 문화체계와 관련하여 파악할 때 주목할 현상은 시장이 '소비'라는 새로운 사회적·문화적 약호(code)로 자리 잡고 있다는 사실이다. 시장은 소비가 이루어지는 장소이다. 기호의 세계로 현대의 문화현상을 설명하는 보드리야르(Jean Baudrillard)에 따르면 소비가 현대생활의 중심에 자리하고 있다. 소비는 욕망이자 우리의 문화체계 전체가 기초를 두고 있는 체계적 활동 및 포괄적

반응의 양식이다. 백화점과 그리고 진열된 상품과 거대한 테크노크라트(technocrat)적 기업들은 소비자들에게 억제할 수 없는 욕망을 불러일으킨다. 생산자는 소비자들의 욕망을 자극하는 물건들을 생산하고, 매스컴과 광고는 소비자의 욕망을 불러일으키기 위한 기호를 창출하는 것이다. 따라서 현대 자본주의 사회는 기호를 욕망하고 기호를 소비하는 '소비의 사회'이다. 이것을 보드리야르는 코드(lange)가 지배하는 시뮬라시옹(simulation)의 시대라고 말한다.(강경화)

참고문헌
조성환, 『신경제원론』, 법문사, 1983.
조순·정운찬, 『경제학원론』, 법문사, 1996.
장 보드리야르, 『소비의 사회』, 이상률 역, 문예출판사, 1992.

ip

* 도매시장의 기능
① 가격형성기능
② 수급조절기능
③ 분산기능
④ 유통경비 절약기능
⑤ 위험전가기능

07 수산물 거래

① 도매시장 거래

(1) 도매시장
① 도매시장의 의의
도매시장이란 <u>수집시장과 분산시장의 중간형태의 시장으로서 수집시장에서 수집된 농산물을 대량으로 보관하고 가격안정을 도모하며, 나아가서 수급불균형을 조절하는 시장</u>을 말한다.
② 중계시장
수집시장의 종점인 동시에 분산시장의 시발점이 되는 조직이다.
③ 도매시장의 개설
특별시·광역시·특별자치도 또는 시가 대통령령으로 정하는 품목의 전부 또는 일부를 도매하게 하기 위하여 농림수산식품부장관의 업무규정 승인 또는 도지사의 허가를 받아 관할구역에 개설한다.
④ 도매시장의 유통경비 절감 원리
ⓐ 거래총수 최소화의 원리
일정기간에 있어서 특정 수산물의 거래가 생산자와 소매업자가 직접 거래할 때의 거래총수보다 도매시장조직이 개재

6회 기출문제

소비지 공영도매시장의 경매 진행절차이다. ( )에 들어갈 내용으로 옳은 것은?

하차 → 선별 → (ㄱ) → (ㄴ) → 경매 → 정산서 발급

① ㄱ: 판매원표 작성,
   ㄴ: 수탁증 발부
② ㄱ: 판매원표 작성,
   ㄴ: 송품장 발부
③ ㄱ: 수탁증 발부,
   ㄴ: 판매원장 작성
④ ㄱ: 수탁증 발부,
   ㄴ: 송품장 발부

▶ ③

제3장 | 수산물유통기구

3회 기출문제

산지위판장에 관한 설명으로 옳지 않은 것은?

① 전국적으로 동일한 위판수수료를 받는다.
② 수협 조합원의 생산물을 위탁판매한다.
③ 경매를 통해 가격을 결정한다.
④ 어장과 가까운 연안에 위치한다.

➡ ①

4회 기출문제

소비지 공영도매시장에 관한 설명으로 옳지 않은 것은?

① 다양한 품목의 대량 수집·분산이 용이하다.
② 콜드체인시스템이 완비되어 저온유통이 활발하다.
③ 공정한 가격을 형성하고 유통정보를 제공한다.
④ 원산지 표시 점검, 안전성 검사 등 소비자 식품 안전을 도모한다.

➡ ②

5회 기출문제

유용한 통계정보를 얻기 위한 바람직한 수산물의 유통경로는?

① 생산자 → 산지 위판장 → 소비자
② 생산자 → 객주 → 소비자
③ 생산자 → 수집상 → 도매인 → 소비자
④ 생산자 → 횟집 → 소비자

➡ ①

함에 따라 생산자와 도매조직, 도매조직과 소매업자의 거래총수가 적어진다는 것이다.

ⓑ 대량준비의 원리

수급조절을 위해 필요한 일정한 보유총량을 도매시장이 보유함으로써 대량으로 준비가능하다는 것이다. 도매시장에서 대량 보유하는 것이 소매상에서 개별적으로 보유하는 것보다 유통경비의 절감과 수요공급량을 조절하는데 유리하다는 원리

산지위판장
「수산물협동조합법」에 따른 지구별 수산업협동조합, 업종별 수산업협동조합 및 수산물가공 수산업협동조합, 수산업협동조합중앙회, 생산자 단체 등이 어업인이 생산한 수산물을 도매하기 위하여 시장군수구청장의 허가를 받아 개설한 장소

---

(2) 도매시장의 기능

① 가격형성기능
  경매방식을 통하여 한 시장에서 나타나기 쉬운 2개 이상의 가격형성을 막아 균형가격을 형성하는 기능
② 수급조절기능
  대량집하, 대량분산을 통한 수급 조절의 원활함과 신속한 거래를 촉진
③ 분산기능
  도매시장에 집하된 수산물이 소비시장에 적절하게 분산되도록 하는 기능
④ 유통경비 절약기능
  <u>대다수 판매자와 구매자가 한 장소에서 모여 여러 종류의 상품을 거래 하는 등의 일괄대량출하가 가능함으로 운임 및 기타 경비를 절감</u>
⑤ 위험전가기능
  도매시장에 참가하는 수요자와 공급자쌍방이 거래를 통하여 위험부담을 전가하며, 도매시장의 보험제도가 위험을 흡수한다.

(3) 도매시장의 종류

① 법정도매시장
  ⓐ 중앙도매시장 : 특별시·광역시 또는 특별자치도가 개설한 농수산물도매시장 중 당해 관할지역 및 그 인접지역의 도매의 중심이 되는 농수산물도매시장
  ⓑ 지방도매시장 : 중앙도매시장 외의 농수산물도매시장
  ⓒ 농수산물공판장
② 유사도매시장
  소매시장 허가를 받아 개설한 시장이지만 도매시장 기능을 수행하고 있다.

경매방식

영국식 경매방법(English auction : 競上式)
1) 일반적으로 매수인측이 매매과정에 판매인측에게 지시된 순서에 따라 공개적으로 매수희망가격을 최저가격으로부터 점차 최고가격으로 신입하게 되며 최고가격에 이르렀을 때 경락되는 방법이다.
2) 우리나라에서 청과를 비롯한 도매시장에서 취하고 있는 방법이다.

네델란드식 경매방법(Dutch auction : 競下式)
1) 주로 판매인측이 먼저 최고가격을 제시한 다음 차차로 가격을 낮추면서 신입가격을 결정하여 경락이 결정된다.
2) 이론적으로 영국식(경상식) 거래가격 변동폭이 네델란드식(경하식)보다 크지만 균형가격에는 더 빨리 접근하는 것으로 나타나고 있고, 전 경매기간을 통한 평균가격과 균형가격은 네델란드식(경하식)이 높은 것으로 나타나고 있다고 한다.

---

2 소매시장 거래

(1) 소매시장의 개념

① 최종소비자를 대상으로 하여 거래가 이루어지는 시장을 말한다.
② 특정지역 인구에 비례하여 분포되어 있으며, 비교적 거래 단위가 적다.

2회 기출문제

수산물 경매제도의 장점이 아닌 것은?
① 거래의 투명성을 높일 수 있다.
② 거래의 안전성이 향상된다.
③ 가격의 변동성을 줄일 수 있다.
④ 거래의 공정성을 높일 수 있다.
▶ ③

2회 기출문제

고등어 생산량이 80% 이상이 부산 공동어시장에서 양륙된다. 이러한 지역성을 가지는 이유로 옳지 않은 것은?
① 일시 대량어획 수산물을 처리할 수 있는 큰 규모의 시장이다.
② 시장 주변에 냉동창고가 밀집되어 있어 보관이 용이하다.
③ 의무(강제)상장제에 의해 지정된 양륙항이다.
④ 대량거래가 가능한 중도매인이 존재한다.
▶ ③

3회 기출문제

산지위판장에 고등어 100상자가 상장되면, 어떤 방식으로 가격이 결정되는가?
① 상향식 경매
② 하향식 경매
③ 최저가 입찰
④ 최고가 입찰
▶ ①

제3장 | 수산물유통기구

③ 최종소비자와의 접점지점이 중요하다.

(2) 소매시장의 기능

소매시장에서의 소매상은 상품 구매·보관판매기능을 하고 있다.
① 상품선택에 필요한 소비자의 비용과 시간을 절감시킨다.
② 소비자들에게 필요한 상품정보를 제공한다.
③ 자체 신용(외상거래, 할부판매)을 통해 소비자의 금융부담을 덜어준다.
④ 소비자에게 서비스를 제공한다.(배달, 설치, 상품교육 등)

(3) 수산물 소매방법

① 소매점 판매
  소비자가 소매점을 방문하여 수산물을 선정하여 구매하거나, 이를 전화로 주문하여 구매하는 방법이다.
② 통신판매
  통신매체 또는 컴퓨터에 의해 주문을 받아 판매하는 방식으로서 통신 판매 중에서 우편판매의 비중이 높지만 향후 전자상거래가 활성화될 것이다.
③ 방문판매
  판매원이 가가호호 방문을 하여 구매를 권유하거나, 구매의 욕을 자극하여 판매하는 방법이다.
④ 자동판매기 판매(무점포 판매)
  판매원이 아닌 기계장치를 이용하여 상품을 판매하는 방식이다.

(4) 소매상의 종류

① 잡화점(general store)
  식료품과 각종 생필품, 일용잡화를 취급하는 소규모 소매상이다.
② 백화점(department store)
  도시의 번화가에 대규모 점포를 가지고 선매품을 중심으로 고가의 생활용품을 취급하는 곳이다.
④ 대중양판점(general merchandising store, GMS)

2회 기출문제

수산물 소매상에 관한 설명으로 옳지 않은 것은?

① 수집시장과 분산시장을 연결해 준다.
② 전통시장, 대형마트 등이 있다.
③ 최종소비자에게 수산물을 판매하는 기능을 한다.
④ 최종소비자의 기호변화 정보를 생산자 등에게 전달하는 기능을 한다.

➡ ①

3회 기출문제

수산물 소매시장에 관한 설명으로 옳은 것은?

① 소비자에게 수산물을 판매하는 유통과정의 최종단계이다.
② 수산물의 수집, 가격형성, 소비지로 분산하는 기능을 수행한다.
③ 수산물을 생산하여 1차 가격을 결정하는 시장이다.
④ 중도매인이 가격 결정을 주도한다.

➡ ①

4회 기출문제

수산물 소매상에 관한 설명으로 옳은 것은?

① 브로커(broker)는 소매상에 속한다.
② 백화점과 대형마트는 의무휴무제 적용을 받는다.
③ 수산물 가공업체에 판매하는 것은 소매상이다.
④ 수산물 전문점의 품목은 제한적이나 상품 구성은 다양하다.

➡ ④

의류 및 생활용품 중심으로 다품종 대량 판매하는 체인형 대형소매점으로 대량매입과 다점포화, 유통업자 상표(Private Brand)개발 등으로 백화점보다 저렴하게 판매하는 대형마트를 말한다.

⑤ 슈퍼마켓(supermarket)

편의품 중심의 각종 생활용품을 셀프서비스하는 방식으로 판매하는 소매상이다.

⑥ 하이퍼마켓(hypermarket)

교외에 위치해 대형슈퍼마켓과 할인점을 혼합한 형태로 프랑스에서 처음 등장하였으며 일괄구매(one-stop shopping)가 가능한 초대형 슈퍼마켓이다.

영국, 프랑스, 네덜란드 등 유럽 지역에서 급속하게 발달한 슈퍼마켓을 초대형화한 소매업태. 특히 기존의 슈퍼마켓보다 상품 구색이 다양하고 가격이 저렴하다는 의미에서 슈퍼마켓보다 한수 위인 '하이퍼'란 이름이 붙었다.

⑦ 전문점(speciality store)

카테고리 킬러(category killer)와 같이 특정 상품군만을 집약하여 판매하는 소매업이다.

■ 카테고리 킬러(category killer)
<u>상품 분야별로 전문매장을 특화해 상품을 판매하는 소매점. 하이마트, 오소리티(미), B&Q(유럽) 등. killer란 업체가 경쟁이 치열하다는 의미이다.</u>
〈주요특징〉
1. 체인화를 통한 현금 매입과 대량 매입
2. 목표 고객을 통한 차별화된 서비스 제공
3. 체계적인 고객 관리
4. 셀프 서비스와 낮은 가격

⑧ 편의점(convenince store, CVS)

편리함(convenience)을 개념으로 도입된 소형소매점포.이다. 편리성이란 소비자의 입장에서 표현으로서 연중무휴, 조기, 심야영업, 주거지 근처에 위치, 10~100평의 중형점포, 식료품과 일용잡화를 중심으로 하는 2,500개 내외의 상품취급 등이 그 특징이다.

⑨ 회원제 창고형 도·소매점(membership wholesale club, MWC)

5회 기출문제

수산물 도매상에 관한 설명으로 옳은 것은?

① 최종 소비자의 기호 변화를 즉시 반영한다.
② 주로 최종 소비자에게 수산물을 판매한다.
③ 수집시장과 분산시장을 연결하는 역할을 한다.
④ 전통시장 등의 오프라인과 소셜커머스와 같은 온라인도 해당된다.

▶ ③

5회 기출문제

수산물 소비지 도매시장의 기능으로 옳지 않은 것은?

① 유통분산 기능
② 양륙진열 기능
③ 가격형성 기능
④ 수집집하 기능

▶ ②

6회 기출문제

수산물 산지 위판장에 관한 설명으로 옳지 않은 것은?

① 주로 연안에 위치한다.
② 수의거래를 위주로 한다.
③ 양륙과 배열 기능을 수행한다.
④ 판매 및 대금결재 기능을 수행한다.

▶ ②

제3장 | 수산물유통기구

회원제로 운영하며 제품을 창고형 매장에 박스로 진열하여 저렴한 가격에 제품을 판매하는 할인업태이다.

⑩ 아웃렛스토어(outlet store)

제품을 염가로 판매하는 상설 소매점포 자사 제품이나 매입 제품을 아주 싼 가격으로 처리하기 위한 소매점으로, 일반적으로 백화점이나 제조업체에서 판매하고 남은 재고상품이나 비인기상품, 하자상품 등을 정상가격보다 훨씬 싼 가격으로 판매하는 형태의 영업방식을 말한다.

⑪ 전문양판점(category killer, CK)

특정 상품 부문을 전문화하여 다양하고 풍부한 상품구색을 갖춘 할인소매점이다.

⑫ SSM(Super Supermarket:기업형 슈퍼마켓)

대형 유통업체들이 운영하는 슈퍼마켓으로, 일반 슈퍼마켓보다는 크고 대형마트보다는 작은 규모이다. 대형슈퍼마켓 또는 SSM(Super Supermarket; 슈퍼슈퍼마켓)이라고도 부른다.

(5) 무점포소매상

무점포 소매상의 유형으로는 자동판매기·통신판매·방문판매·홈쇼핑·사이버쇼핑몰(가상상점가) 등이 있다.

① 우편판매(통신판매, DM, 카탈로그 판매): 광고를 통하여 판매할 상품 또는 서비스를 알리고 고객으로부터 통신수단(전화·팩스·편지·컴퓨터통신 등)으로 주문을 받아 직접 또는 택배서비스나 우편을 통하여 상품을 판매하는 판매형식이다.

② 텔레마케팅: 전화로 소비자에게 제품정보를 제공한 후 제품판매를 유도하거나, 고객이 TV광고, 라디오광고, 우편광고를 보고 수신자부담 전화번호를 이용하여 주문을 하는 소매유형전으로 소비자마다의 구매이력 데이터베이스에 근거하여 세심한 세일즈를 행하는 과학적 마케팅방법이다.

③ 텔레비전 마케팅: 텔레마케팅의 일환으로 TV광고를 통해 제품구매를 유도하는 소매방식

④ 사이버마케팅(전자상거래): 컴퓨터라는 가상공간을 통해 기업과 소비자들이 상거래를 하거나 정보를 교환하는 방식

⑤ 기타 자동판매기, TV홈쇼핑, 방문판매, 직접판매 등

❸ 시장 외 거래

(1) 시장 외 거래의 개념
<u>수산물을 도매시장 등의 중계시장을 거치지 않고 거래하는 형태를 말한다.</u>
시장 외 거래는 <u>산지직거래</u>와 <u>계약생산거래</u>의 두 가지 형태로 나눈다.

(2) 산지직거래
① 산지직거래의 의의
 도매시장을 거치지 않고 생산자와 소비자 또는 생산자단체와 소비자단체가 직접 연결된 형태로서 시장기능을 수직적으로 통합한 형태로서 유통비용 절감을 목적으로 한다.
② 산지직거래의 가격설정
 일반적으로는 도매시장 경락가격을 기준으로 하는 경우가 많다. 시장가격 연동제방식을 채택할 수도 있다.
③ 산지직거래의 유형과 거래방법
 ㉠ 주말 농산물시장
  도시소비자들이 쉽게 접근할 수 있는 광장이나 공터를 이용하여 생산자가 소비자에게 농산물을 직접 판매하는 형태이다.
 ㉡ 농산물 직판장
  생산자와 소비자의 직거래로 유통단계를 축소시켜 생산자 소비자 모두에게 경제적 이익이 생기도록 하는 형태이다.
 ㉢ 농수산물 물류센터(APC센터, 산지유통센터)
  <u>산지유통센터(포장센터)는 산지에서 고품질의 농수산물의 규격,포장화되어 대량으로공동 출하되며 원료 농산물, 축산물, 수산물 등을 대량으로 수집,선별,등급화 하는 과정을 거치고 표준규격으로 포장된 신제품을 만들며 세척,절단 등 단순한 가공처리와 상품수명 연장을 위한 예냉(예건) 조치 등을 취하여 저장, 운송하며 자기 얼굴과 이름인 상표를 갖고 대량출하를 하는 조직이다.</u> 대도시의 슈퍼마켓이나 대량 수요처에 직접 공급해 주는 조직으로서 유통단계

4회 기출문제

활어는 공영도매시장보다 유사도매시장에서 거래량이 많다. 이에 관한 설명으로 옳지 않은 것은?
① 유사도매시장은 부류별 전문도매상의 수집활동을 중심으로 운영된다.
② 유사도매시장은 생산자의 위탁을 중심으로 운영된다.
③ 유사도매시장은 주로활어를 취급하기 때문에 넓은 공간(수조)을 갖추고 있다.
④ 유사도매시장은 활어차, 산소공급기, 온도조절기 등 전문 설비를 갖추고 있다.

▶ ②

1회 기출문제

양식 넙치의 유통 특성에 관한 설명으로 옳은 것을 모두 고른 것은?

| ㄱ. 주로 산지수협 위판장을 통해 유통된다.
| ㄴ. 대부분 유사도매시장을 경유한다.
| ㄷ. 주산지는 제주와 완도이다.
| ㄹ. 최대 수출대상국은 미국이다.

① ㄱ   ② ㄱ, ㄹ
③ ㄴ, ㄷ   ④ ㄴ, ㄷ, ㄹ

▶ ③

제3장 | 수산물유통기구

5회 기출문제

활꽃게의 유통에 관한 설명으로 옳지 않은 것은?

① 산지유통과 소비지유통으로 구분된다.
② 일반적으로 계통출하보다 비계통출하의 비중이 높다.
③ 활광어와 비교하여 산소발생기 등 유통기술이 적게 요구된다.
④ 근해자망, 연안자망, 연안개량안강망, 연안통발 등에 의해 공급된다.

➡ ②

6회 기출문제

다음에서 (ㄱ) 총 계통출하량과 (ㄴ) 총 비계통출하량으로 옳은 것은?(단, 주어진 정보로만 판단함)

○ 통영지역 참돔 10kg이 (주) 수산유통을 통해 광주로 유통되었다.
○ 제주지역 갈치 500kg이 한림수협을 거쳐 서울로 유통되었다.
○ 부산지역 고등어 3,000kg이 대형선망수협을 거쳐 대전으로 유통되었다.

① ㄱ: 100kg, ㄴ: 3,500kg
② ㄱ: 500kg, ㄴ: 3,100kg
③ ㄱ: 3,000kg, ㄴ: 600kg
④ ㄱ: 3,500kg, ㄴ: 100kg

➡ ④

를 축소하고 신선한 농수산물을 공급하여 수요처 입장에서는 필요 농수산물을 체계적으로 공급받을 수 있는 장점이 있다.

ⓒ 수산업협동조합의 산지직거래

수산업협동조합은 주문한 수산물을 조합원을 통하여 수집하여 도시협동조합에 보내는 방식이다. 수산물 유통단계를 대폭 단축하여 불필요한 유통비용을 줄이고 생산자와 소비자를 만족시키기 위해 수산물 직거래사업을 전개하고 있고, 수산물가공을 통해 수산물의 수급을 조절하며 부가가치를 제고하고 있다. 새로운 품종과 영어기술을 보급함으로써 수산업 생산력의 제고를 통한 수산자원의 원활한 확보에 크게 기여하고 있다.

ⓓ 우편주문판매제도

각 지방생산 특산품과 전매품 등을 기존의 우편망을 통해 소비자에게 직접 공급해 주는 것으로서 통신판매의 일종으로 볼 수 있다.

(3) 계약재배

생산물을 일정한 조건으로 인수하는 계약을 맺고 행하는 수산물 재배.

(4) 시장 외 거래의 특징

① 가격결정과정에 생산자 참여
② 거래규격의 간략화
③ 생산자와 소비자의 이익증대

(5) 수산업협동조합의 유통 기능

① 영세 사업자의 위험분산
② 공동구매를 통한 생산비 절감
③ 조합원 생산성 증가
④ 선별, 가공, 포장 등의 사업을 통한 수산물 부가가치의 증대

⑤ 공동물류작업을 통해 개별어가가 부담하는 상하차비, 포장재비, 운송비, 선별비, 쓰레기유발부담금, 청소비용 등을 절감한다.
⑥ 규모의 경제가 실현되므로 거래교섭력을 증대하여 생산자의 수취가를 올리 수 있다.
⑦ 노동집약형에서 자본집약형으로 전환되므로 안정적인 시장개척이 가능해 진다.
⑧ 수산물시장이 불완전시장일 경우 민간유통업자들의 시장지배력과 초과이윤을 견제한다.

④ 선물거래

(1) 선물거래의 의의

선물거래란 미래의 특정시점(만기일)에 수량·규격이 표준화된 상품이나 금융 자산을 특정가격에 인수 혹은 인도할 것을 약정하는 거래이다. 이러한 선물거래는 공인된 거래소에서 이루어지며 현시점에 합의된 가격(선물가격)으로 미래에 상품을 인수 혹은 인도하는 것이다.
선물거래의 대상은 원유, 곡물 등 상품가격으로부터 현재는 금리, 통화, 주식, 채권 등 금융상품으로 확대되고 있다.

(2) 선도거래

선도거래도 선물거래의 한 방식이지만 선물거래가 거래방식이 일정하게 고정되어있는 반면에 선도거래는 거래기간, 금액 등 거래방법을 자유롭게 정할 수 있는 주문자 생산형태이며 장외거래라고 부른다.

- **선물거래와 선도거래 비교**

구분	선물거래	선도거래
거래조건	표준화	비표준화
거래장소	선물거래소	없음
위험	보증제도 있음	보증제도 없음

제3장 | 수산물유통기구

가격	경쟁호가방식	협상
증거금	있음	없음(개별적 보증설정)
중도청산	가능	제한적
실물인도	중도청산 혹은 만기인도	실제 인수도가 이루어지는 것이 일반적
가격변동	변동폭 제한	변동폭 없음

6회 기출문제

국내 수산물 유통에서 통용되고 있는 거래관행이 아닌 것은?

① 선물거래제
② 전도금제
③ 경매·입찰제
④ 위탁판매제

▶ ①

(2) 선물거래의 경제적 기능

① 위험전가기능 : 미래의 현물가격 위험을 회피하고자 하는 헷져(hedger)는 선물시장에서 위험을 상쇄시키기 위해 현물포지션과 상반된 포지션을 취하게 된다. 미래의 시장에서 받게 될 가격위험을 현재의 현물시장에 전가하는 기능을 한다.

② 가격예시기능 : 선물가격은 현재시장에 제공된 각종 정보의 집약된 결과로서 미래시장에서 현물의 가격을 예측한다는 점에서 가격예시기능이 있다.

③ 자본형성기능 : 선물시장은 헷져나 투기거래자(speculator)가 현물시장에 선납한 자본을 증거금으로 운용된다. 이렇게 형성된 자본은 생산자시장에 유입된다.

④ 자원배분의 기능 : 선물시장은 월단위의 만기일을 형성한다. 선물투자자간에 연간 배분된 물건의 인수일은 생산자에게 자원을 기간별로 배분할 수 있도록 한다. 기업이나 금융기관도 미래의 가격에 대한 여러 투자자들의 예측치를 토대로 투자하게 돼 과(過)투자, 오(誤)투자의 가능성을 줄인다. 결국 제한된 자원이 가장 효율적으로 배분될 수 있도록 하는 수단이 되는 것이다.

(3) 농수산물 선물거래의 조건

1848년 미국 시카고에 세계 최초의 선물거래소인 시카고상품거래소(CBOT, Chicago Board of Trade)가 설립되어 콩, 밀, 옥수수 등의 주요 농산물에 대해 선물계약 거래를 시작했다. 그러나 우리나라는 아직 농산물에 대하여 선물거래소를 개설하지 않고 있는데 선물거래가 성립되기 위해서는 여러 가지 제약조건이 존재하기 때문이다.
① 품목은 절대 거래량이 많고 생산 및 수요의 잠재력이 커야 한다.
② 장기간 저장이 가능하여야 한다.
③ 가격등락폭이 큰 농수산물이어야 한다.
④ 농산물에 대한 가격정보가 투자자에게 제공될 수 있어야 한다.
⑤ 대량 생산자와 대량의 수요자 및 전문취급상이 많은 품목이어야 한다.
⑥ 표준규격화가 용이하고 등급이 단순한 품목으로서 품위측정의 객관성이 높아야 한다.
⑦ 국제거래장벽과 정부의 통제가 없어야 한다.

> **5회 기출문제**
>
> 수산물 선물시장에 관한 설명으로 옳지 않은 것은?
> ① 위험관리기능을 제공한다.
> ② 계약이행보증을 위한 증거금제도가 있다.
> ③ 미래의 현물가격에 대한 예시기능을 수행한다.
> ④ 현물 및 선물 가격 간의 차이를 스왑(swap)이라고 한다.
>
> ▶ ④

선물거래 용어정리

1. 증거금[margin]
가격 하락시에는 매수자의 계약위반 가능성으로부터 매도자를 보호하고 가격 상승시에는 매도자의 계약위반 가능성으로부터 매수자를 보호하는 제도로서 모든 선물거래 참여자들이 계약을 성실히 이행하겠다는 신용의 표시로 선물거래 중개회사를 통하여 결제기관에 납부하는 금액이다. 증거금에는 고객이 중개회사에 납부하는 위탁증거금과 결제회원이 결제기관에 납부하는 매매증거금으로 구분된다. 주가지수 선물거래의 증거금율은 거래금액의 15%이다.

2. 마진콜[margin call]
선물거래에서 최초 계약시 개시증거금의 예치를 요구하거나 선물계약기간 중 예치하고 있는 증거금이 선물가격의 하락으로 인해 유지수준 이하로 하락한 경우 추가적으로 자금을 예치하여 당초 증거금 수준으로 회복시키도록 요구하는 것을 말한다. 고객의 미결제약정을 매일의 최종가격으로 재평가하는 일일정산을 통해 선물가격의 변동에 따른 손익을 증거금에 반영하는 것으로 증거금이 유지증거금 수준에 못 미칠 때는 고객에게 증거금을 충당하도록 요구하게 된다.

3. 베이시스[basis]
선물 가격은 현물가격에다 현물을 미래 일정 시점까지 보유하는 데 들어가는 비용을 포함하기 때문에 선물과 현물의 가격 차이가 발생하게 되는데, 이러한 차이를 베이시스라 한다. 베이시스는 만기일에 다가갈수록 0(零)에 가까워지다가 결국 만기일에 0(零)이 되는 것이 정상적이

6회 기출문제

다음 (   )에 들어갈 옳은 내용은?

수산물의 공동판매는 (ㄱ) 간에 공동의 이익을 위한 활동을 의미하며, (ㄴ)을 통해 주로 이루어진다.

① ㄱ: 생산자, ㄴ: 산지위판장
② ㄱ: 유통자, ㄴ: 공영도매시장
③ ㄱ: 유통자, ㄴ: 유사도매시장
④ ㄱ: 생산자, ㄴ: 전통시장

▶ ①

6회 기출문제

다음 (ㄱ) ~ (ㄹ) 중 옳지 않은 것은?

패류의 공동판매는 (ㄱ)가공 확대 및 (ㄴ)출하 조정을 할 수 있으며, (ㄷ)유통 비용 절감과 (ㄹ)수취가격 제고에 기여 할 수 있다.

① ㄱ   ② ㄱ, ㄴ
③ ㄴ, ㄷ, ㄹ ④ ㄱ, ㄴ, ㄷ, ㄹ

▶ ①

므로 이러한 시장을 정상시장 또는 콘탱고(contango)라고 한다. 이와는 반대되는 시장을 역조시장 또는 백워데이션(back-wardation)이라고 한다.

4. 선물매입(long future)과 선물매도(short future)

❺ 공동계산제

(1) 공동판매

생산자가 조직을 결성하여 공동수집, 공동수송, 공동판매 등을 통하여 물류비용을 낮추고 영세한 생산자의 약점을 규모의 경제로서 극복하려는 것

(2) 공동판매의 장점

① 우량품의 생산지도와 브랜드화, 조직력을 통한 집하(集荷)
   → 출하조절 가능, 시장교섭력 증대, 노동력의 절감
② 계통융자의 편의
③ 집하 창고의 정비와 근대화
④ 수송체제의 정비
⑤ 평균판매에 의한 가격변동의 일원화 – 가격위험의 분산
⑥ 정보망의 정비
⑦ 금후의 농정기능(農政機能)의 증대 등

(3) 공동판매의 단점

① 판매가격 결정의 합의제 → 신속성의 결여
② 대금결제의 지연(자금유동성 약화)
③ 풀 계산과 특종품 경시(特種品輕視), 개별생산자의 개성 무시
④ 사무절차의 복잡 등

(4) 공동판매의 유형
① 선별, 등급화, 포장 및 저장의 공동화
② 공동수송, 공동선별, 공동저장, 공동계산
③ 시장개척의 공동화

(5) 공동판매의 3원칙
① 무조건 위탁 : 개별 농어가의 조건별 위탁을 금지
② 평균판매 : 생산자의 개별적 품질특성을 무시하고 일괄 등급별 판매 후 수취가격을 평준화하는 방식
③ 공동계산 : 평균판매 가격을 기준으로 일정 시점에서 공동계산

(6) 공동판매의 기능
① 출하 조절
② 유통비용의 절감
③ 어획물 가격의 제고(가격결정자 기능)

❻ 농산물 유통시장의 변화

(1) 소비자 유통환경의 변화
① 인구의 변화 : 출산율 저하와 노령화, 1인 가구나 소규모 단일 가구의 증가는 소비자의 소비행태를 변화시킨다.
② 소득의 증가 : 식료품이 소득에서 차지하는 비중이 낮아지면서 필수재 성격의 식품구매가 사치재 성격의 고부가가치 식품구매방식으로 전환
③ 소비행태의 변화 : 농산물 소비유형이 고품질 건강 기능성식품으로 전환
④ 소포장 다품종 즉석식품 선호
⑤ 교통접근성 변화 : 자동차 소유가 일반화되면서 주차장이 구비되고 접근성이 뛰어난 입지에 대형 유통업체가 입점하는

1회 기출문제

수산물 공동판매의 기능으로 옳지 않은 것은?
① 어획물 가공
② 출하 조정
③ 유통비용 절감
④ 어획물 가격제고

▶ ①

2회 기출문제

수산물 공동판매에 관한 설명으로 옳은 것은?
① 공동선별이 공동계산보다 발달된 형태이다.
② 수산물 유통비용을 절감한다.
③ 산지위판장을 통해서만 가능하다.
④ 유통업자 간 판매시기와 장소를 조정하는 행위이다.

▶ ②

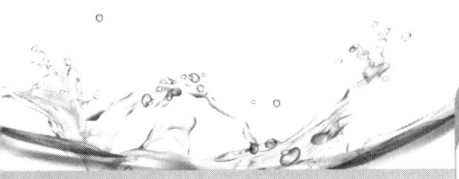

제3장 | 수산물유통기구

1회 기출문제

수산물 공동판매에 속하지 않는 것은?

① 공동수송 ② 공동생산
③ 공동선별 ④ 공동계산

➡ ②

1회 기출문제

수산물 공동판매의 기능으로 옳지 않은 것은?

① 어획물 가공
② 출하 조정
③ 유통비용 절감
④ 어획물 가격제고

➡ ①

5회 기출문제

유통업자가 안정적으로 수산물을 확보하기 위해 활용하고 있는 거래관행은?

① 전도금제
② 위탁판매제
③ 외상거래제
④ 경매·입찰제

➡ ①

현상이 두드러지고 있다.
⑥ 생산자 중심 유통구조에서 소비자 중심 유통구조로 변화

(2) 중계유통의 변화

① 도매시장의 기능변화 : 단순 중계역할에서 벗어나 수집, 저장, 가공, 포장 등의 물류기능과 정보관리, 위험관리 등 그 영역을 넓혀 가고 있다.

■ 도매시장의 거래원칙
1. 수탁주체와 분산주체의 분리
2. 거래의 경매원칙(상장경매)
3. 수탁판매의 원칙
4. 판매대금의 즉시 지급 원칙

■ 도매시장의 사용료 및 수수료
1. 시설사용료
2. 위탁수수료
3. 중개수수료
4. 정산수수료

② 대형유통업체의 등장
  ⓐ 구매루트의 다양화 : 중간상인, 산지주체 직거래, 전문벤더, 직영 등의 방식 혼용
    → 원물조달의 수월성, 리스크 회피, 거래 탄력성 등의 이유
  ⓑ 수산물 구매전략의 변화 : 구매루트의 확대, 우수 산지주체 확보, 특색.시즌품목 갖추기의 노력
    → 비용우위, 품질우위 지향
  ⓒ 자사 브랜드 역량 강화 : PB상품의 출현
  ⓓ 신뢰성, 안전성, 책임성 구현

(3) 산지유통환경의 변화

① 수산업 형태의 변화 : 상업적 경영, 경제산물의 생산, 단품종 대량생산

② 지역수산물의 브랜드화
③ 공동출하 확산 : 개별적인 출하활동에서 벗어나 어촌계나 영어조합법인, 수협 계통출하, 수협 연합판매를 통해서 출하하는 공동출하가 확대되고 있다.
④ 산지종합유통센터의 등장

산지종합유통센터(농산물)

종합유통센터는 도매시장과 다른 형태의 도매기능을 하는 도매기구로서, 단순한 수집, 분산기능 뿐 아니라 도매유통에 필요한 다양한 상적, 물적기능 즉 가격형성기능과 보관저장기능 그리고 소포장 및 유통가공기능과 직판기능 등을 수행하는 유통주체이다.

이 종합유통센터는 직거래형 유통경로 구축과 물류체계 개선으로 생산자 수취가 제고와 소비자가격 인하에 기여함과 아울러 포장화, 규격화 등 물류체계 개선 촉진 효과 및 친환경 농산물의 판로 확대 등과 같은 성과가 있다. 그러나 대부분이 주로 산지에서 직구매하고 있지만 특수한 구색상품 등은 산지가 아닌 도매시장에서 조달하고 있으며 가격발견기능이 없기 때문에 도매시장 경락가를 기준으로 운영하고 있다.

그리고 일부는 도매와 소매를 병행 운영하고 있으며, 특히 소매의존도가 높은 반면 도매기능의 확충이 답보상태라는 문제점을 안고 있다.

[출처] 농산물 유통환경 변화와 마케팅 전략 | 작성자 우암

3회 기출문제

수산물 유통의 사회경제적 역할이 아닌 것은?

① 사회적 불일치 해소
② 장소적 불일치 해소
③ 품질적 불일치 해소
④ 시간적 불일치 해소

▶ ③

Point! 실전문제 — 수산물유통기구

1. 산지에서 수산물을 수집하는 기능을 수행하지 않는 것은?
① 정기시장　　② 산지유통인
③ 수협위판장　　④ 매매참가인

> **정답 및 해설** ④
> "매매참가인"이란 농수산물도매시장·농수산물공판장 또는 민영농수산물도매시장의 개설자에게 신고를 하고, 농수산물도매시장·농수산물공판장 또는 민영농수산물도매시장에 상장된 농수산물을 직접 매수하는 자로서 중도매인이 아닌 가공업자·소매업자·수출업자 및 소비자단체 등 농수산물의 수요자를 말한다.

2. 수산물 공동계산제의 장점에 관한 설명으로 옳지 않은 것은?
① 수산물브랜드 구축에 유리하다.
② 수산물의 품질 저하나 감모(loss)를 줄일 수 있다.
③ 갑작스런 시장변화에 즉각적으로 대응할 수 있다.
④ 생산자가 유통업체나 가공업체에 종속되는 상황에 대처할 수 있다.

> **정답 및 해설** ③
> 공동계산제를 통하여 물류비용을 절감하고 유통효율을 높일 수 있지만 본질적으로 수산물이 갖고 있는 부패성으로 인하여 출하시기 조절이나 유통기간의 조정에 한계를 지닌다.

3. 수산물 산지유통의 기능에 관한 설명으로 옳지 않은 것은?
① 생산자와 산지유통인 사이의 수산물 1차 교환기능
② 수산물의 가격변동에 대응한 공급량 조절기능
③ 생산자와 소매상에 대한 재고유지기능
④ 산지가공공장을 이용한 형태효용 창출기능

> **정답 및 해설** ③
> 생산자와 소매상에 대한 재고유지기능은 도매시장의 저장기능으로 수행된다.

4. 도매시장 개설자에게 등록하고 경매에 참여하여 상장된 농수산물을 직접 매수하는 가공업자, 소매업자, 소비자단체 등의 유통주체는?
   ① 중도매인
   ② 소매상
   ③ 도매시장법인
   ④ 매매참가인

   정답 및 해설 ④

5. 우리나라 수산물 도매시장에 관한 설명으로 옳은 것은?
   ① 산지의 표준규격 수산물의 출하량 증가로 도매시장 거래물량이 크게 증가하고 있다.
   ② 도매시장에서 징수되는 상장수수료는 대량출하자에게 유리하다.
   ③ 거래총수 최대화의 원리에 의해 대량거래되므로 거래의 신속성과 효율성을 제고한다.
   ④ 대량준비의 원리에 의해 사회적 유통비용이 절감된다.

   정답 및 해설 ④
   ① 표준규격수산물의 출하량증가는 견본거래를 가능케 하기 때문에 도매시장 거래물량감소에 기여한다.
   ② 정액제 상장수수료는 대량출하자에게 불리하다.
   ③ 거래총수최소화의 원리

6. 대형유통업체의 수산물 판매 특성에 대한 설명으로 틀린 것은?
   ① 전처리 및 소포장 수산물의 판매비율이 높아지고 있다.
   ② 신선식품의 품질 만족도를 높이기 위해 리콜제도를 운영하고 있다.
   ③ 소비자의 식품에 대한 불신을 해소하기 위해 안전성관리를 강화하고 있다.
   ④ 다양한 소비자의 욕구를 충족시키기 위해 고품질 상품 위주로 판매하고 있다.

   정답 및 해설 ④
   대형유통업체의 가격정책은 고품질 저가격이다. 특정 고품질 고가격 상품은 다양한 소비자의 만족을 위한 것이 아닌 특정 고객을 유치하기 위한 것이다.

7. 소매상이 생산자나 도매상을 위해 수행하는 기능으로 옳지 않은 것은?
① 판매대리인 기능
② 구색갖추기 기능
③ 보관 및 위험부담 기능
④ 시장정보제공 기능

정답 및 해설 ②

② 특색있는 상품의 구색갖추기는 대형유통업체의 전략이다.
③ 일시적 보관기능(판매 후 결제), 상품의 소유권을 인수하여 판매위험을 부담(선결제 후 판매) ④ 소비자기호나 소비경향을 생산자와 도매상에게 전달

8. 수산물 소매시장에 관한 설명으로 옳지 않은 것은?
① 중개기능을 담당하고 있다.
② 최근 다양한 업태가 나타나고 있다.
③ 최종소비자를 대상으로 거래가 진행된다.
④ 카탈로그 판매, TV 홈쇼핑 판매 등도 포함된다.

정답 및 해설 ①

중개기능은 도매시장의 역할이다.

9. 수산물 시장구조의 변화추세로서 전문화와 다양화, 분산화, 통합화 등의 유형이 있다고 할 때 이에 대한 설명으로 적절하지 않은 것은?
① 전문화(specialization)의 장점은 효율성의 향상을 유발할 수 있으나 풍흉에 따른 이윤상실의 위험도는 높아진다.
② 다양화(diversification)는 전문품목의 취급에서 발생될 수 있는 위험을 분산시키는 장점이 있다.
③ 분산화(decentralization)는 수산물이 도매시장을 중심으로 하여 분산되므로 가격효율성이 높아지는 장점이 있다.
④ 통합화(integration)는 이윤의 증대와 운영의 효율성 제고, 재화 또는 원료의 안정적 조달 등을 목표로 하고 있다.

정답 및 해설 ③

수산물이 생산자로부터 출발하여 중앙도매시장을 경유하지 않고 도매상, 소매상 또는 가공업자 등의 실수요자 수중에 직접 들어가는 유통현상을 말한다. 특정장소(도매시장 등)에 수산물이 모였다가 분산되는 과정을 거치는 것을 집중화라 한다.

10. 수산물 직거래에 관한 설명으로 옳지 않은 것은?
① 생산자, 유통업자, 소비자의 기능을 수평적으로 통합한다.
② 산지 또는 소비지의 농어민시장이 해당된다.
③ 유통단계를 줄이는데 기여한다.
④ 친환경수산물은 생산자와 소비자 간에 직거래되는 예가 많다.

정답 및 해설 ①

수직적으로 통합한다.

11. 수산물 유통경로의 길이를 결정하는 요인이 아닌 것은?
① 부패성   ② 동질성
③ 무게와 크기   ④ 수송 거리

정답 및 해설 ④

① 부패성있는 수산물의 유통경로는 짧다.
② 동질성있는 수산물의 유통경로는 길다.
③ 무게와 크기가 무겁고 클수록 물류비용을 줄이기 위해 유통경로가 짧다.

12. 산지유통이 활성화되어 있는 국가에서, 수산물 도매시장의 기능 중 그 중요성이 크지 않은 것은 무엇인가?
① 배급 기능   ② 표준규격화 기능

③ 가격형성 기능　　　　　　　　④ 수급조절 기능

정답 및 해설 ②

도매시장은 표준규격화된 수산물이 거래되도록 유인하는 역할을 한다. 그러나 산지유통이 활성화되면 산지에서 구매자의 편의에 맞춘 비규격수산물의 유통이 활성화 된다.
나머지 항목은 산지유통이 활성화된다고 해서 도매시장이 가지고 있는 기본적 기능이 없어지는 것은 아니다.

13. 수산물 산지유통 기능 중 가장 거리가 먼 것은?
① 시간적 효용창출 기능　　　　② 수급조절 기능
③ 상품화 기능　　　　　　　　④ 분산 기능

정답 및 해설 ④

① 산지 저온저장창고
② 도매시장의 기능에도 수급조절기능이 있다. 산지시장에서도 거래가 이루어지는 한 공급과 수요가 교차하므로 수급조절을 할 수 있다.
③ 산지유통센터의 기능을 생각해 보자(선별, 포장 등)
④ 산지유통시장에서도 분산이 이루어진다. 5일시장, 직거래 등
문제가 가장 거리가 먼 것이므로 정답이 애매하기도 하다. ②번이 답이라고 해도 하나도 이상하지 않다.
다만 산지유통시장의 1차적 기능을 수집기능으로 본다면 ④가 정답

14. 수산물 산지유통에 관한 설명으로 옳지 않은 것은?
① 산지에서 다양한 물류기능으로 시간적·장소적·형태적 효용을 창출한다.
② 판매계약(Marketing contract)의 경우 수산물 생산에 따른 위험을 생산자와 구매자가 분담한다.
③ 정전거래는 저장, 보관이 가능한 고추, 마늘 등 채소와 사과, 배 등 과일에서 주로 이루어진다.
④ 최근 대형유통업체들이 생산어가나 생산자 조직과 계약재배를 하는 경우가 증가하고 있다.

정답 및 해설 ②

판매계약은 생산자가 수산물의 소유권을 이전하지 않고 판매대리인에게 위임 또는 위탁을 통하여 판매하도록 하는 것이다. 수산물의 생산에 따른 위험은 생산자가 보유한다.

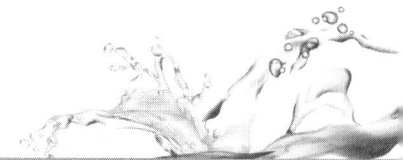

15. 수산물 유통경로에 관한 설명으로 옳지 않은 것은?
① 일반적으로 수산물의 유통경로는 공산품에 비하여 단순하다.
② 어가의 수가 많고 분산될수록 유통경로가 길어지는 경향이 있다.
③ 일반적으로 수집, 중계, 분산 단계로 구분된다.
④ 최근 유통경로가 다원화되고 있다.

> **정답 및 해설** ①
> 일반적으로 전통적인 수산물의 유통경로에는 다양한 중개상인이 개입한다.
> 개입된 상인들이 중첩될수록 유통경로는 복잡해진다.

16. 수산물의 산지출하에 관한 설명으로 옳지 않은 것은?
① 정전판매를 위해 파종기에 산지유통인과 계약을 체결한다.
② 수산업협동조합에 수산물판매를 의뢰한다.
③ 생산자조직을 결성하여 수산물을 공동출하한다.
④ 수확한 수산물의 처리를 농수산물산지유통센터 (APC)에 일임한다.

> **정답 및 해설** ① 계약재배에 대한 설명
> 정전판매(庭前販賣)는 수산물생산 현장에서 산지 상인들에게 직접 판매하는 행위를 말함. 현지에서 수확한 수산물을 어가 창고나, 집뜰에서 산지상인 또는 소비자들에게 판매하는 방식으로 수산물이 저장성이 있을 경우 가능하다.
> ②③④는 모두 산지유통시장의 유형이다.

17. 산지유통전문조직에 대한 설명으로 옳지 않은 것은?
① 유통의 전문화규모화가 잘 이루어지고 있는 협동조합과 영어조합법인 등을 중심으로 육성된다.
② 어촌계, 영어회 등 생산주체를 계열화하고 조직화한다.
③ 대형유통업체와의 직거래를 활성화하고 품목별, 지역별로 개별출하를 확대한다.
④ 물류개선을 통해 유통비용을 절감하고 경쟁력있는 상품개발을 통해 부가가치를 창출한다.

> **정답 및 해설** ③
>
> 개별출하를 지양하고 공동출하 방식을 취한다.

18. 산지유통전문조직에 대한 설명으로 틀린 것은?
① 시·군 단위 이상의 어가를 조직화하고 공동브랜드를 사용한다.
② 경영에 관한 진단과 컨설팅을 받고 있다.
③ 대형유통업체 등의 시장지배력에 대응하기 위해 유통사업 규모를 대형화한다.
④ 규모화되고 전문화된 협동조합과 영어조합법인 등을 중심으로 선정되고 있다.

> **정답 및 해설** ①
>
> 산지유통조직의 단위가 꼭 행정구역과 일치하는 것도 아니고 시·군단위 이상일 필요도 없다. 물론 지역별 조직이 탄생해서 공동브랜드를 사용하기도 하지만 일반적으로는 품목별 지역조직이 주체가 된다.

19. 협동조합 유통의 효과에 관한 설명으로 옳지 않은 것은?
① 생산자의 거래교섭력 증대
② 유통비용 증가
③ 상인의 초과이윤 억제
④ 가격안정화 유도

> **정답 및 해설** ②
>
> 협동조합은 산지유통조직의 하나이다.

20. 농산물 도매시장은 대량거래에 의한 규모의 경제를 실현하여 사회적 유통비용을 절감하고자 하는데, 이는 어떤 원리에 근거하는가?
① 대량보유 및 수요 공급의 원리
② 대량보유 및 거래총수 최소화의 원리
③ 대량보유 및 가격결정의 원리
④ 대량보유 및 시장영역의 원리

> **정답 및 해설** ②

21. 수산물 도매시장의 기능과 가장 거리가 먼 것은?

① 출하된 수산물에 대한 가격형성
② 수산물의 표준 및 등급기준 설정
③ 대량집하 및 분산을 통한 수급조절
④ 대금정산 및 유통정보 제공

정답 및 해설 ②

농림축산식품부장관 또는 행양수산부장관은 농수산물(축산물은 제외한다.)의 상품성을 높이고 유통 능률을 향상시키며 공정한 거래를 실현하기 위하여 농수산물의 포장규격과 등급규격("표준규격")을 정할 수 있다.

22. 수산물 종합유통센터에 관한 설명으로 옳지 않은 것은?

① 유통정보를 수집하여 생산자에게 전달한다.
② 수산물의 소포장 및 유통가공기능을 수행한다.
③ 물류체계개선을 통한 물류합리화를 도모한다.
④ 가격결정방식은 경매를 원칙으로 한다.

정답 및 해설 ④

산지유통센터의 기본적 업무는 수집, 선별, 가공, 저장, 포장, 브랜드화 등이며 부분적으로 직거래를 통하여 분산기능도 수행하지만 경매가 이뤄지지는 않는다.

23. 수산물 도매시장에 관한 설명 중에서 가장 적절한 것은?

① 수산물 물류센터나 대형 슈퍼마켓의 등장으로 수산물 도매시장이 사라질 전망이다.
② 수산물 도매시장은 거래수 최소화원리 및 소량준비의 원리에 의해서 소규모 분산적 생산과 소비를 연결하여 사회적 존재 가치를 인정하고 있다.
③ 수산물 도매시장은 생산과 소비가 일반적으로 영세 분산적이므로 생산자와 소비자의 중간에서 수급의 조절, 상품의 집배, 판매 대금의 결제 등 필수적인 기관이다.
④ 신선 식료품은 선도의 변화가 심하고 표준화가 곤란한 상품적 특성을 갖고 있기 때문에 도매시장과 같은 특정 장소에서 집중 거래하기 곤란하다.

정답 및 해설 ③

② 소량준비의 원리 → 대량준비의 원리

24. 도매상은 생산자 및 소매상을 위한 기능을 동시에 수행한다. 다음 중 생산자를 위한 기능은?
① 시장확대기능(market coverage)
② 구색제공기능(offering assortment)
③ 소량분할기능(bulk breaking)
④ 상품공급기능(product availability)

> **정답 및 해설** ①
> 도매상은 소규모 생산자가 접근하기 어려운 시장까지 농산물의 공급을 확대한다.
> 나머지는 소매상의 기능이다.

25. 도매시장 개설자로부터 지정을 받고 농수산물을 위탁받아 상장하여 도매하거나 이를 매수하여 도매하는 유통기구는 무엇인가?
① 도매시장법인(공판장)
② 중도매인
③ 매매참가인(매참인)
④ 경매사

> **정답 및 해설** ①
> "중도매인"(仲都賣人)이란 농수산물도매시장·농수산물공판장 또는 민영농수산물도매시장의 개설자의 허가 또는 지정을 받아 다음 각 목의 영업을 하는 자를 말한다.
> 가. 농수산물도매시장·농수산물공판장 또는 민영농수산물도매시장에 상장된 농수산물을 매수하여 도매하거나 매매를 중개하는 영업
> 나. 농수산물도매시장·농수산물공판장 또는 민영농수산물도매시장의 개설자로부터 허가를 받은 비상장(非上場) 농수산물을 매수 또는 위탁받아 도매하거나 매매를 중개하는 영업

26. 시장도매인제에 대한 설명 중 관계가 먼 것은?
① 농수산물도매시장 또는 민영농수산물도매시장의 개설자로부터 지정을 받고 농수산물을 매수 또는 위탁받아 도매하거나 매매를 중개하는 영업을 하는 법인이다.
② 지방도매시장은 2000년 6월 1일부터 도입되었고, 중앙도매시장은 2006년 1월 1일부터 2년의 범위 내에서 대통령령이 정하는 날부터 도입이 가능하다.
③ 우리나라에 최초로 도입된 시장은 서울 강서농산물도매시장으로 52개 법인이 입주하였다.
④ 위탁 수수료의 최고한도는 청과부류는 거래금액의 1천분의 70, 수산부류는 거래금액의 1천분의 60, 양곡부류는 거래금액의 1천분의 20이다.

정답 및 해설 ②

강서농산물도매시장의 개설연도는 2004년이다.

위탁수수료의 최고한도

1. 양곡부류: 거래금액의 1천분의 20
2. 청과부류: 거래금액의 1천분의 70
3. 수산부류: 거래금액의 1천분의 60
4. 축산부류: 거래금액의 1천분의 20(도매시장 또는 공판장 안에 도축장이 설치된 경우 「축산물위생관리법」에 따라 징수할 수 있는 도살·해체수수료는 이에 포함되지 아니한다)
5. 화훼부류: 거래금액의 1천분의 70
6. 약용작물부류: 거래금액의 1천분의 50

27. 도매시장에서 징수하는 수수료 또는 비용에 대한 설명으로 옳지 않은 것은?

① 일정률의 위탁수수료는 대량 출하자에게 유리하다.
② 중도매인과 시장도매인은 중개수수료를 수취할 수 있다.
③ 표준하역비제도는 출하자의 부담을 완화시키기 위해 도입된 것이다.
④ 위탁수수료는 도매시장법인 또는 시장도매인이 징수할 수 있다.

정답 및 해설 ①

중개자 입장에서 볼 때 동일한 종류의 거래라 하더라도 대량 출하자에게 일정율로 부과하는 중개수수료 수입이 더 크다. 대량출하자에게는 물량이 많을수록 차등화된 수수료율이 적용되는 것이 유리하다.

28. 도매거래와 소매거래의 특징이 잘못 연결된 것은?

	도 매	소 매
①	대량판매 위주	소량판매 위주
②	낮은 마진율	높은 마진율
③	정찰제 보편화	다양한 할인정책
④	적재의 효율성 중시	점포 내 진열 중시

정답 및 해설 ③

도매는 최종소비자와 직접 만나는 시장이 아니므로 정찰가격이 불필요하다.

29. 다음 중에서 수산물 소매 방법에 해당되지 않은 것은?
① 카탈로그 판매   ② 중도매인 판매
③ TV 홈쇼핑 판매   ④ 자동판매기 판매

정답 및 해설 ②

중도매인은 중계기구인 도매시장에서 활동하며 소매상인에게 판매한다.

30. 하이퍼마켓의 특징을 가장 적절하게 설명한 것은?
① 주택가에 입지하여 식료품, 세탁용품, 가정용품 등 생활필수품을 주로 취급하는 소매점이다.
② 점포의 규모가 구멍가게에 비해 크고 셀프서비스를 주로 한다.
③ 식품과 비식품을 한 점포에서 취급하는 유럽에서 발달된 할인점 형태이다.
④ 미국에서 발전된 형태로 기존 비식품위주의 할인점에 대형 슈퍼마켓이 추가된 개념이다.

정답 및 해설 ③

거대형 마켓. 창고식 소매 업태로서 ①교외에 입지하고 점포면적은 주로 10,000㎡이상이며 넓은 주차장이 있다. ②셀프서비스 시스템을 채용하고 가능한한 할인을 해서 저마진, 고회전을 도모한다. ③식품을 중심으로 한 상품구비나 비식품도 30~45%의 비율로 구색 갖추어져 있는 것이 특징이다.

① 주택가가 아니라 시 외곽에 입지한다.
② 초대형 마켓이다.
③ 함께 취급하지만 식품류의 비중이 높다.
④ 유럽에서 발전되었다.

31. 소매상이 소비자에게 제공하는 주요 기능으로 볼 수 없는 것은?
① 상품선택에 필요한 소비자의 비용과 시간을 절감할 수 있게 해 준다.

② 상품사용에 대해서 소비자에게 기술적 지원과 조언을 해 준다.
③ 상품관련정보를 제공하여 소비자들의 상품구매를 돕는다.
④ 자체의 신용정책을 통하여 소비자의 금융부담을 덜어준다.

정답 및 해설 ②

상품에 대한 정보는 제공하지만 기술적 지원은 하지 않는다. 소매상이 직접 기술지원팀을 꾸리지는 않는다.

32. 수산물 시장 외 유통에 대한 설명으로 맞는 것은?
① 수협위판장이나 중간위탁상을 거친다.   ② 유통비용을 항상 절약할 수 있다.
③ 가격결정과정에 생산자가 배제된다.   ④ 거래규격을 간략화 할 수 있다.

정답 및 해설 ④

④ 시장거래는 규격화된 상품의 상장을 권장한다. 반면에 시장 외 거래는 구매자 편의에 맞춘 포장이 가능하므로 거래규격을 단순화할 수 있다.
② 중계시장을 거치지 않아서 발생하는 위험도 존재한다.
③ 시장 외 유통은 생산자가 가격결정과정에 개입할 수 있다는 장점도 있다.

33. 상품의 다양성(variety) 측면에서는 가장 좁고, 상품의 구색(assortment) 측면에서는 깊은 소매업 형태는?
① 할인점(discount store)   ② 백화점(department store)
③ 카테고리 킬러(category killer)   ④ 기업형 슈퍼마켓(super supermarket)

정답 및 해설 ③

다양성 측면에서 좁다(전문품목만 거래한다.)
상품의 구색측면에서 깊다(동일 품목이라 하더라도 다양한 종류의 구색을 갖춘다.)
대표적 카테고리킬러 업종 : 가구점, 구두점, 어린이용품점, 아웃도어, 골프용품점 등

Point 실전문제

34. 다음 중 할인점에 해당되는 것은?

ㄱ. 카테고리 킬러　　ㄴ. 슈퍼마켓　　ㄷ. 통신판매　　ㄹ. 아웃렛(outlet)

① ㄱ, ㄴ　　　　　　　　② ㄱ, ㄹ
③ ㄴ, ㄷ　　　　　　　　④ ㄴ, ㄹ

정답 및 해설 ②

통신판매는 무점포방식이며 슈퍼마켓의 가격이 저렴하기는 하지만 창고형 할인점 형태는 아니다.

- 아웃렛(outlet)

교외형 재고전문 판매점이다. 백화점이나 제조업체에서 판매하고 남은 재고상품이나 비인기상품, 하자상품 등을 정상가의 절반 이하의 매우 싼 가격으로 판매하는 것을 말한다. 의류에서 구두, 가구 등 품목을 다양화해 현재 수도권을 중심으로 등장하고 있다.

35. 무점포 소매상의 종류가 아닌 것은?

① 아웃렛(outlet)　　　　② 전자상거래
③ TV홈쇼핑　　　　　　④ 자동판매기

정답 및 해설 ①

36. 수산물 유통 개선 방향에 대한 설명 중 관계가 먼 것은?

① 상품의 표준화·등급화는 가격효율성과 운영효율성을 동시에 증대시킬 수 있다.
② 산지의 유통시설을 확충하고 공동출하를 확대한다.
③ 유통통계의 광범위한 수집·분석과 분산을 확대한다.
④ 산지 직거래 및 전자상거래를 활성화하여 생산자 선택 기회를 확대한다.

정답 및 해설 ①

생산자입장에서 표준화·등급화는 가격의 효율성을 높일 수 있으나 가격이 상승함으로 인하여 소비자 구매력을 저하시킬 수 있으므로 운영효율성이 반드시 높아지는 것은 아니다. 생산자입장에서도 표준화·등급화 하는데 드는 비용과 시간을 감안하면 운영효율성이 높은 것은 아니다.

37. 생산자가 협동조합 유통에 참여함으로써 얻게 되는 이득이 아닌 것은?
① 민간 유통업자의 시장지배력 견제
② 유통비용의 절감
③ 안정적인 시장 확보와 가격 안정화
④ 거래교섭력 제고를 통한 완전경쟁체제 구축

> **정답 및 해설** ④
> 협동조합은 규모의 경제를 실현하여 생산자가 가격결정자의 위치에 서게 해준다.
> 자본의 집적으로 안정적 시장을 개척하고 출하시기를 조절하여 평균적 수취가격을 이룰 수 있게 해준다. 완전경쟁체제란 다수의 불특정 공급자와 다수의 불특정 소비자가 존재하는 체제를 말하는데 협동조합은 공급자의 결합을 의미하므로 과점체제라 볼 수 있다.

38. 산지 회원농협이 수행하는 유통사업과 가장 거리가 먼 것은?
① 매취판매사업
② 산지공판사업
③ 도매물류센터사업
④ 수탁판매사업

> **정답 및 해설** ③
> 도매시장의 기능이다.

39. 수산물 직거래에 대한 설명 중 옳은 것은?
① 생산자와 소비자간 정신적 유대관계를 바탕으로 한 직거래를 유통형태론적 직거래라고 한다.
② 거래규모가 최소효율규모(minimum efficient effect)일 경우, 시장유통에 비해 유통비용이 더 든다.
③ 도매시장에서 형성된 가격은 직거래 가격에도 영향을 미친다.
④ 직거래는 생산자와 소비자, 유통업자의 기능을 수평적으로 통합하는 것을 의미한다.

> **정답 및 해설** ③
> ① 유통형태론적 직거래는 직거래가 이뤄지는 유통방법의 분류이다.
> ② 최소효율규모(minimum efficient scale)란 주어진 생산비용의 추가적 지출로 인하여 최적의 이익을 실현하는 상태를 말한다. 이 이상의 추가적 투자는 효율이 떨어진다. 유통물량이 이 규모 이상이라면 직거래보다는 전문유통업체에 위탁(시장유통)하는 것이 더 효율적이다. 즉, 최소효율규모(minimum efficient scale)까지 시장유통비용보다 비용을 절감할 수 있다.

④ 수직적통합

40. 수산물의 시장유통과 시장 외 유통에 관한 설명으로 옳은 것은?
① 시장유통경로에서는 계약재배가 포함된다.
② 시장외 유통은 도매시장을 거치지 않는 유통경로이다.
③ 시장외 유통은 불법적인 유통이므로 단속대상이 된다.
④ 우리나라의 경우 시장유통경로 비중이 지속적으로 증가하고 있다.

> **정답 및 해설** ②
> ① 계약재배는 직거래방식이다.
> ③ 불법은 아니다.
> ④ 시장 외 유통방식이 증가하는 추세이다.

41. 수산물유통은 유통경로에 따라 시장유통과 시장 외 유통으로 구분될 수 있다. 적절하게 설명한 것은?
① 시장 외 유통이란 도매시장 밖에서 불법적으로 거래되는 것을 말한다.
② 시장유통이란 이윤을 목적으로 거래되는 것을 총칭하는 표현이 다.
③ 시장유통이란 농협 하나로 클럽이나 대형유통업체 등과 직접 거래하는 것을 말한다.
④ 시장 외 유통이란 도매기구를 거치지 않고 산지에서 소비지로 직접 유통되는 것을 말한다.

> **정답 및 해설** ④

42. 수산업협동조합이 조합원에게 줄 수 있는 이익이 아닌 것은?
① 규모화를 통해 거래교섭력을 증대시킨다.
② 수요를 통제하여 어가 수취가를 높여준다.
③ 자재 공동구매를 통해 어민의 생산비 절감에 기여한다.
④ 개별 어민이 할 수 없는 가공사업을 수행하여 부가가치를 높여준다.

> **정답 및 해설** ②
> 유통비용을 절감하거나 거래교섭력을 높여서 어가수취가를 올릴 수는 있지만 수요량을 늘리거나 줄이는 통제능력이 있는 것은 아니다.

43. 선물거래의 기능을 바르게 설명한 것은?
① 가격변동의 위험을 피할 수는 없다.
② 가격변동에 대하여 예시를 할 수 있다.
③ 투기자들에게 투자대상이 되는 것은 건전한 생산자금의 활용으로 볼 수 없다
④ 재고를 시차적으로 배분하는 것은 어렵다

> **정답 및 해설** ②
> ① 가격변동의 위험을 피하기 위하여 선물거래를 한다.
> ③ 투기자금은 생산자 자본을 형성한다는 점에서 순기능이 있다.
> ④ 만기일의 조정으로 재고를 조정할 수 있다.

44. 선물시장에서 실물을 인도하거나 인수하지 않더라도 가격이 불리하게 움직일 가능성에 대비하여 거래자가 반드시 예치해야 할 부담금을 무엇이라고 하는가? 7
① 순거래(net position) ② 마신콜(margin calls)
③ 마진(margin) ④ 베이시스(basis)

> **정답 및 해설** ③ 증거금
> ② 선물거래에 있어 미결제약정을 나타내는 방법으로 매도와 매입포지션의 차이를 나타내는 방법이다

45. 선물거래에 대한 설명으로 틀린 것은?
① 거래조건이 표준화되어 있다.
② 반대매매로 청산 가능하다.

③ 국내에서 쌀, 돼지고기 등이 거래되고 있다.
④ 1일 가격변동 폭에 제한이 있다.

정답 및 해설 ③

우리나라 선물 거래소에는 국채, 옵션, CD, 증권금리, 주가지수, 달러, 금 등이 상장되어 있다

46. 수산물 선물거래에 대한 설명으로 옳지 않은 것은?
① 수산물 가격변동의 위험을 관리하는 수단을 제공한다.
② 가격발견기능을 통해 미래의 현물가격을 예시한다.
③ 거래당사자간 합의에 의하여 계약조건의 변경이 가능하다.
④ 조직화된 거래소에서 선물계약의 매매가 이루어진다.

정답 및 해설 ③

제 4장 | 수산물 경제이론

01 수산물의 수요와 공급

❶ 수산물의 수요

(1) 수산물 수요와 수요량 의 개념
수산물 수요는 '일정 기간 동안에 소비자가 수산물을 구매하려는 욕구'를 말하며, 수요량이란 '일정 기간 동안에 소비자가 주어진 가격수준으로 소비하고자 하는 최대 수요량'을 말한다.

① 유량(流量 flow)개념
  '일정 기간 동안'이란 의미는 기간의 길이가 있다는 뜻이다.
  * 저량(貯量 stock)개념 : 기간이 아니라 일정한 고정된 시점에서 측정하는 개념

② 사전적(事前的) 개념
  실제로 구매한 량이 아니라 구매하려는 것이므로 사전적 개념이다.

③ 유효수요 개념
  수산물 수요는 단순히 수산물을 구입하고자 하는 의사만을 뜻하는 것이 아니라 구입에 필요한 비용을 지불할 수 있는 구매력이 있는 유효수요 개념이다.
  * 절대적 수요 : 구매력과 무관한 수요
  * 잠재적 수요 : 현재는 유효수요가 아니지만 조건이 변하면 유효수요로 전환되는 수요

(2) 수산물 수요의 법칙
① 다른 조건이 동일한 경우, 수산물에 대한 수요량은 수산물의 가격에 반비례한다. 이를 수산물의 수요법칙이라 한다.
② 수산물의 단위당 가격이 상승하면 수요량은 감소하고 가격이 하락하면 수요량은 증가한다.

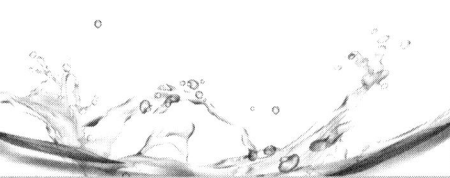

③ 수요곡선을 우하향하게 한다.
④ 수요법칙의 예외
　ⓐ 기펜재 : 열등재의 경우 소득이 증가하면 (또는 열등재의 가격이 하락 하면) 오히려 열등재 수요가 감소하는 현상을 기펜재 또는 기펜의 역설이라 한다.
　　예) 마아가린(열등재) ↔ 버터(우등재)
　ⓑ 가수요 : 가격이 더욱 상승하리라 예상되는 경우 소비자는 상승하기 전에 미리 사려는 경향이 나타나 가격이 상승함에도 불구하고 수요량이 증가한다(매점현상).
　　예) 석유, 쌀 등
　ⓒ 사치재 : 단순히 부유함을 과시하기 위한 재화로 값이 비싸면 더 잘 팔린다.
　　예) 다이아몬드, 고급승용차 등
　　　* 베블렌효과 : 과시욕구 때문에 재화의 가격이 비쌀수록 수요가 늘어나는 수요증대 효과.

(3) 수산물수요곡선

① 의의
수산물의 가격과 수요량의 관계를 그림으로 나타낸 것을 수산물의 수요곡선이라고 한다. 일정기간에 성립하는 가격수준과 이에 대응하는 수요량을 그래프에 표시한 것이다. 수요곡선은 우하향하는 음(-)의 기울기를 갖는다.

■ **수요법칙**
단위당 가격이 상승하면 수요량이 감소하며, 가격이 하락하면 수요량이 증가한다는 법칙.
즉, 가격과 수요량의 관계는 반비례관계이며 이 때문에 수요곡선은 우하향한다.

② 수요함수
수산물의 수요량에 영향을 미치는 것은 가격만이 아니다. 소비자의 소득과 기호, 연관 상품의 가격, 소비자의 예상, 소비자의 수 등 대단히 많다.

③ 수요곡선이 우하향하는 이유

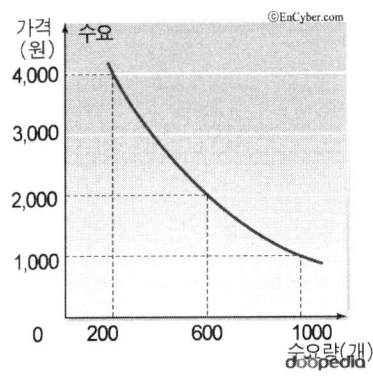

ⓐ 대체효과

동일한 만족을 주는 두 재화 중 하나의 재화가 가격변동이 있었을 때 해당상품과 관련 상품 사이에 수요변화가 발생한다. 이처럼 상대가격의 변화가 각 상품의 수요 변화에 영향을 미칠 경우, 그 효과를 대체효과라고 한다.

> **대체관계에 있는 고등어과 갈치**
> 고등어가격만 ↓ => 갈치가격에 비하여 상대적 하락
> => 고등어 수요량 ↑

ⓑ 소득효과

어떤 상품의 가격 변화가 실질소득의 변화를 통하여 각 상품의 수요에 영향을 미칠 경우, 그 효과를 소득효과라고 한다. 가격이 하락(상승)하면 동일한 지출액으로 전보다 더 많은 수량을 구입할 수 있게(없게) 되는 소득의 증가(감소)효과 때문에 수요량이 일반적으로 증가(감소)하는 효과이다.

> **고등어제품 하나만 고려한다.**
> 고등어가격 ↓ =>현재 소득으로도 더 많은 고등어 소비 가능 =>
> 고등어 수요량 ↑
> => 소득은 고정되 있으나 수요량을 늘릴 수 있어서
> 실질소득 증가 효과

ⓒ 가격효과 : 대체효과와 소득효과를 합성한 효과를 가격효과라고 한다. 해당재화의 가격하락은 언제나 대체재에 있

어서는 소비량을 증가시키지만 소득효과가 반드시 수요량을 증가시키는 것은 아니다.

(4) 농산물 수요량의 변화와 수요의 변화

① 수요량의 변화

해당 상품가격 이외의 다른 모든 요인들이 일정하고, '해당 상품가격'만 변할 때의 수요량 변화를 말하며 수요곡선상 위에서의 이동으로 나타난다.

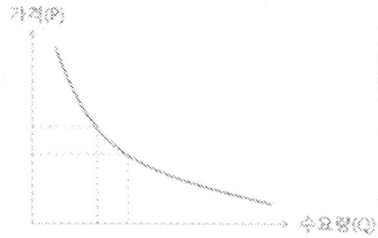

② 수요의 변화

해당 상품 가격 이외의 '다른 요인들'이 변화할 때 해당 상품의 모든 가격수준에서의 수요량 변화를 말하며 수요곡선 자체이동으로 나타난다. 가격의 변화는 없지만 소득의 증가 또는 감소가 일어나면 동일 가격에서 수요량의 변화가 발생하는데 이것은 수요곡선상의 이동이 아니라 수용곡선 자체를 좌우로 이동시키게 된다.

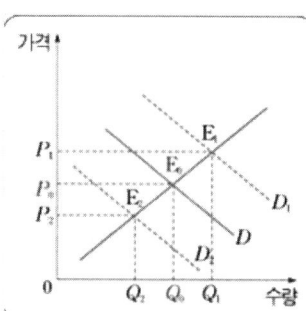

(5) 수산물수요의 결정요인(곡선 자체의 이동)

① 수산물수요의 증가요인(수요곡선의 우측이동)

ⓐ 소득의 증가
㉠ 정상재(보통재, 상급재, 우등재) : 소득증가 → 수요증가↑
㉡ 열등재(하급재) : 소득증가 → 수요감소↓
㉢ 중간재 : 소득증가 → 수요불변(예 : 소금과 간장)

ⓑ 대체 수산물의 공급부족에 따른 가격 상승
㉠ 대체재 : 대체재(고등어)가격↑-〉(고등어)수요량↓
=〉 해당재화(갈치) 수요증가↑
㉡ 보완재(해물파전) : 보완재(오징어)가격↑-〉(새우)수요량↓
=〉 해당재화(새우) 수요감소↓
㉢ 독립재 : 독립재(고등어)가격↑-〉(배추김치) 수요량 불변

ⓒ 인구의 증가
ⓓ 소비자의 선호도 증가

② 수산물수요의 감소요인(수요곡선의 좌측이동)
소득의 감소, 대체수산물의 가격 하락, 인구감소, 소비자의 선호도 감소 등

(6) 개별수요와 시장수요

① 개별수요
소비자 한 사람 한 사람의 수요를 말한다.

② 시장수요
시장전체의 수요를 말한다.
ⓐ 시장수요는 개별수요를 '동일 가격수준'에서 '개별 수요량'을 '합'하여 구한다.(수평적 합계)
ⓑ 일반적으로 '시장수요곡선'은 '개별수요곡선'보다 '완만'하게(탄력적으로) 그려진다.

❷ 수산물의 공급

(1) 수산물의 공급과 공급량의 개념

수산물 공급은 '일정기간 동안에 생산자가 수산물을 매도하려는 욕구'라고 할 수 있으며, 공급량이란 '일정기간 동안에 주어진 가격수준으로 생산자가 판매하고자 하는 수산물의 최대 생산량'을 말한다.

① 유량(流量-flow)개념
  일반적으로 공급은 일정 기간을 전제로 한 유량개념이다.
② 사전적(事前的) 개념
  실제로 판매한 량이 아니라 판매하려는 량이므로 사전적 개념이다.
③ 유효공급 개념
  수산물공급은 단순히 수산물을 판매하고자 하는 의사만을 뜻하는 것이 아니라 생산 또는 보유하고 있어 판매할 수 있는 상품수량이다.

(2) 수산물공급의 법칙

① 다른 조건이 동일한 경우, 수산물에 대한 공급량은 가격에 정비례한다.
② 단위당 가격이 상승하면 공급량은 증가하고 가격이 하락하면 공급량은 감소한다.
③ 공급곡선을 우상향하게 한다.
④ 공급법칙의 예외
  ⓐ 매석 : 가격이 더욱 오르리라고 예상되는 경우 공급자는 오른 후에 팔기 위해 가격이 오름에도 불구하고 공급량을 줄인다.
  ⓑ 사치재 : 가격이 올라도 공급량이 줄어드는 것은 아니다.
  ⓒ 골동품 : 골동품과 같은 희귀품은 공급량이 제한되어 있기 때문에 가격변동에 별로 영향을 받지 않는다.

(3) 수산물 공급곡선

농산물의 가격과 공급량의 관계를 그림으로 나타낸 것을 공급곡선이라고 한다. 일정기간에 성립할 수 있는 가격수준과 이에 대응하는 공급량을 조합하여 그래프상에 표시한 곡선이다. 공급곡선은 우상향하는 양(+)의 기울기를 갖는다.

(4) 수산물 공급량의 변화와 공급의 변화

① 공급량의 변화

해당 상품가격 이외의 다른 모든 요인들이 일정하고, '해당 상품가격'만 변할 때의 공급량 변화를 말하며 공급곡선상 위에서의 이동으로 나타난다.

〈공급량의 변화〉

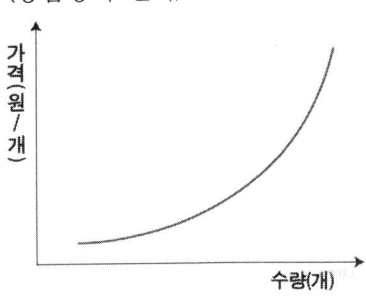

② 공급의 변화

해당 상품 가격 이외의 '다른 요인들'이 변화하면, 해당 상품의 모든 가격수준에서의 공급량 변화를 말하며 공급곡선 자체이동으로 나타난다.

생산요소가격의 상승 → 공급량 감소
       → 공급곡선 자체가 좌측으로 수평 이동
생산요소가격의 하락 → 공급량 증가
       → 공급곡선 자체가 우측으로 수평 이동

〈공급의 변화〉

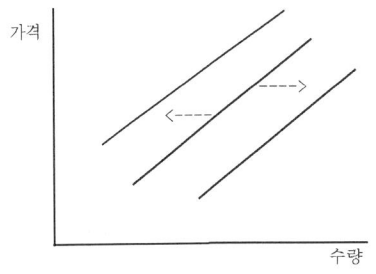

(5) 수산물공급의 결정요인(곡선 자체의 이동)

① 수산물공급의 증가요인(공급곡선의 우측이동)
  ⓐ 대체수산물의 상대적 가격하락(고등어〈-〉갈치)

6회 기출문제

국내 수산물 가격 폭락의 원인이 아닌 것은?

① 생산량 급증
② 수산물 안전성 문제 발생
③ 수입량 급증
④ 국제 유류가격 급등

▶ ④

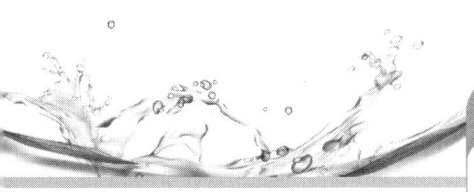

1회 기출문제

수산물 공급곡선이 우상향하는 양(+)의 기울기를 갖는 이유로 옳지 않은 것은?

① 가격 상상
② 공급량 증가
③ 보관비 및 운송비 상승
④ 수요자의 기호도 변화

➡ ④

4회 기출문제

수산물 공급의 직접적인 증감요인에 해당하는 것은?

① 생산기술(비용)
② 인구 규모
③ 소비자 선호도
④ 소득 수준

➡ ①

관련재화(고등어)가격↓ -〉(고등어)공급량↓
　　　　　　　　　　 =〉 해당재화(갈치) 공급증가↑

　ⓑ 생산요소가격(비용)의 하락
　ⓒ 생산기술의 발달
　ⓓ 수산물 가격 상승에 대한 기대감
　ⓔ 공급자(생산자, 매도자)수의 증가
② 수산물공급의 감소요인(공급곡선의 좌측이동)
　대체수산물의 가격상승, 생산요소가격의 상승, 생산기술의 지체, 수산물 가격하락 예상
　공급자 수의 감소

(6) 개별공급과 시장공급

① 개별공급 : 생산자 한 사람 한 사람의 공급을 말한다.
② 시장공급 : 시장전체의 공급을 말한다.
　ⓐ (공급이 상호 독립적이어 서로 영향을 주지 않는다고 가정하면) 시장공급은 개별공급을 '동일 가격수준'에서 '개별공급량'을 '합'하여 구한다.(수평적 합계)
　ⓑ 일반적으로 '시장공급곡선'은 '개별공급곡선'보다 '완만'하게(탄력적으로) 그려진다.

02 농산물 수요·공급의 탄력성

❶ 농산물 수요의 탄력성

(1) 탄력성의 개념

한 상품의 가격이 변화할 때 그 상품의 수요량이 얼마나 변화하는 가를 측정하기 위한도구이다. 즉, 가격을 독립변수로 수요량을 종속변수로 하여 독립변수가 변할 때 종속변수가 어느 정도 변하는가를 나타내게 된다.

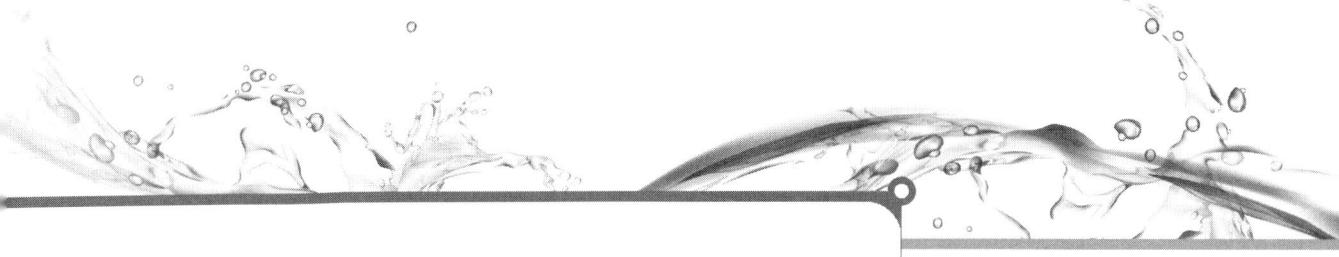

$$탄력성 = \frac{종속변수변화율}{독립변수변화율} = \frac{수요량의 변화율}{가격의 변화율}$$

$$가격의 변화율 = \frac{변화된 가격 - 원래의 가격}{원래의 가격}$$

$$수요량의 변화율 = \frac{변화된 수요량 - 원래의 수요량}{원래의 수요량}$$

(2) 수산물 수요의 가격 탄력성

수산물 수요의 변화요인인 수산물가격, 소득, 관련 수산물의 가격 변화 등이 있을 때 당해 수산물의 수요량이 얼마나 변화하는가를 숫자로 표시한 것을 말한다.

① 수산물 수요의 가격탄력성 개념

당해 수산물의 가격(독립변수)이 변할 때 당해 수산물에 대한 수요량(종속변수)이 얼마만큼 민감하게 반응하는가를 나타내는 지표이다.

$$수요의 가격 탄력도 = -\frac{수요량의변화율(\%)}{가격의변화율(\%)} = \frac{\left(\frac{수요량변동분}{원래수요량}\right)}{\left(\frac{가격변동분}{원래가격}\right)}$$

② 탄력성 그래프의 형태

ⓐ 곡선의 기울기와 탄력성

일반적으로 탄력성이 클수록 수요곡선의 기울기는 더욱 완만한 형태(B)로 그려지며, 탄력성이 작을수록 수요곡선의 기울기는 더욱 가파른 형태(A)로 그려진다.

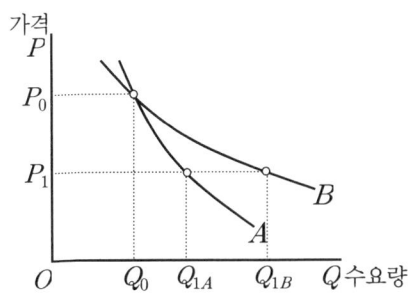

ⓑ 동일한 크기의 가격변화($P_0 \rightarrow P_1$)에 대해 A 그래프는 수요

1회 기출문제

전어가격이 마리당 200원에서 300원으로 오르자 판매량이 600마리에서 400마리로 줄었다. 수요의 가격탄력성은?

① -1
② -1/2
③ -2/3
④ -3/4

▶ ③

3회 기출문제

고등어가 매월 500상자씩 판매되었으나 가격이 10% 인상됨에 따라 수요가 15% 감소하였다면 수요의 가격탄력성은?

① 6
② 8
③ 13
④ 25

▶ ④

4회 기출문제

국내 수산물 가격이 폭등하는 원인에 해당하지 않는 것은?

① 수산식품 안전성 문제발생
② 생산(어획)량 급감
③ 국제 수급문제로 수입 급감
④ 국제 유류가격 급등

▶ ①

제4장 | 수산물 경제이론

5회 기출문제

수산물 가격이 폭등하는 경우 정부의 정책수단으로 옳은 것을 모두 고른 것은?

> ㄱ. 수입확대
> ㄴ. 수매확대
> ㄷ. 비축물량 방출

① ㄱ   ② ㄱ, ㄷ
③ ㄴ, ㄷ   ④ ㄱ, ㄴ, ㄷ

▶ ②

6회 기출문제

전복의 수요변화에 관한 내용이다. ( )에 들어갈 옳은 내용은?

> 가격이 20% 하락하였는데 판매량은 30% 늘어났다. 수요의 가격탄력성은 (ㄱ)이므로 전복은 수요 (ㄴ)이라고 말할 수 있다.

① ㄱ: 0.75,   ㄴ: 비탄력적
② ㄱ: 1.0,   ㄴ: 단위탄력적
③ ㄱ: 1.5,   ㄴ: 탄력적
④ ㄱ: 1.75,   ㄴ: 탄력적

▶ ③

량이 Q_0에서 Q_{1A}만큼 작게 늘어났지만, B그래프는 수요량이 Q_0에서 Q_{1B}만큼 크게 늘어나므로 기울기가 완만할수록(B) 탄력성(대응 가능성)의 값은 더 크다는 것을 알 수 있으며, 기울기가 가파를수록(B) 탄력성(대응 가능성)의 값은 더 작다는 것을 알 수 있다.

③ 탄력성 값의 의미

〈수요의 가격탄력성 ϵ_d의 크기〉

탄력성 값	가격변화율에 대한 수요량의 변화율	표현방법
$\epsilon_d = 0$	가격이 아무리 변해도 수요량은 불변이다.	완전 비탄력적
$0 < \epsilon_d < 1$	가격변화율에 비해 수요량의 변화율이 작다.	비탄력적
$\epsilon_d = 1$	가격변화율과 수요량의 변화율이 같다.	단위 탄력적
$1 < \epsilon_d < \infty$	가격변화율에 비해 수요량의 변화율이 크다.	탄력적
$\epsilon_d = \infty$	가격변화가 거의 없어도 수요량의 변화는 무한대이다.	완전 탄력적

〈탄력성에 따른 수요곡선의 형태〉

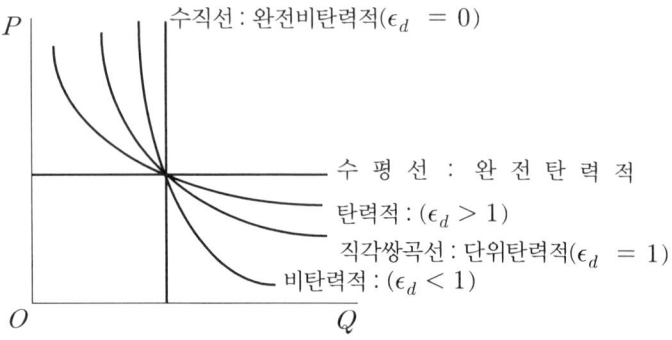

④ 수산물 수요탄력성의 특징
  ⓐ 수산물은 인간생활에 있어서 필수적인 수요의 대상이므로 일반재화에 비하여 상대적으로 비탄력적이라고 할 수 있다.
  ⓑ 대체재의 유무
    만약 특정 수산물의 경우 대체재가 많다면 그 수산물에 대한 수요의 가격탄력성은 보다 탄력적이 되며, 대체재가 적다면 그 수산물에 대한 수요의 가격탄력성은 보다 비탄력

적이 된다.
ⓒ 용도의 다양성
　용도가 다양한 수산물은 그 만큼 대체재의 수가 많은 것과 같으므로 그 수산물에 대한 수요의 가격탄력성은 보다 탄력적이 되며, 용도가 다양하지 못한 농산물은 그 만큼 대체재의 수가 적은 것과 같으므로 그 수산물에 대한 수요의 가격탄력성은 보다 비탄력적이 된다.
ⓓ 수요기간의 장기·단기
　수산물수요의 가격탄력성은 단기보다는 장기에서 상대적으로 더 탄력적이다. 이는 단기적으로는 힘들지만 장기에는 보다 더 많은 대체농산물의 공급이 늘어나기 때문이며, 수요자는 대체농산물을 보다 더 찾기 쉬워지기 때문이다.
ⓔ 수산물 지출액과 소득
　수산물에 대한 지출액은 소득(가계지출액)에서 차지하는 비중이 높지 않아 상대적으로 가격변화에 따른 수요량의 변화가 크지 않고 비탄력적이지만, 일반 공산품에 대한 지출액은 소득(가계지출액)에서 차지하는 비중이 높은 편이어서 상대적으로 가격변화에 따른 수요량의 변화가 커 보다 탄력적이다.
⑤ 수요의 가격탄력성과 총수입(= 가계지출액)과의 관계

		가격인상(인하)		
$\epsilon_d = 0$ (완전비탄력적)	가격인상(인하)율에 비해 수요량 변화율은 거의 "0"	가격인상 ↑	작게 수요량감소(0)	수입 증가 ↑
		가격인하 ↓	작게 수요량증가(0)	수입 감소 ↓
$0 < \epsilon_d < 1$ (비탄력적)	가격인상(인하)율에 비해 수요량 변화율이 작다.	가격인상 ↑	작게 수요량감소 ↓	수입 증가 ↑
		가격인하 ↓	작게 수요량증가 ↑	수입 감소 ↓
$\epsilon_d = 1$ (단위 탄력적)	가격인상(인하)율과 수요량 변화율이 같다.	가격인상 ↑ 가격인하 ↓	동일비율로 증감 ↑↓	수입 불변
$1 < \epsilon_d < \infty$ (탄력적)	가격인상(인하)율에 비해 수요량 변화율이 크다.	가격인상 ↑	크게 수요량감소 ↓	수입 감소 ↓
		가격인하 ↓	크게 수요량증가 ↑	수입 증가 ↑

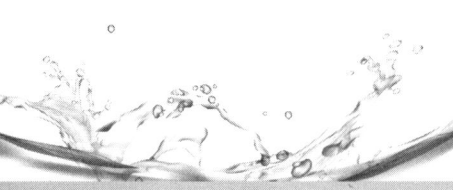

제4장 | 수산물 경제이론

		가격인상 (0)	크게 수요량감소 ↓	수입 감소↓
$\epsilon_d = \infty$ (완전탄력적)	가격인상(인하)율 거의 "0" 수요량 변화율이 크다.	가격인하 (0)	크게 수요량증가 ↑	수입 증가↑

〈동일한 가격인상에 따른 총수입의 변화분〉

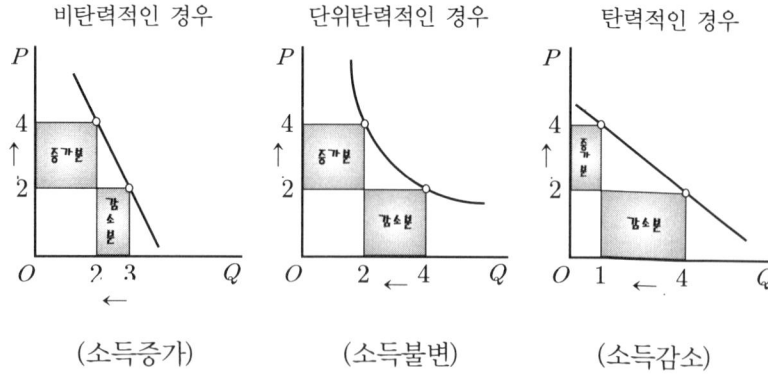

비탄력적인 경우 (소득증가)   단위탄력적인 경우 (소득불변)   탄력적인 경우 (소득감소)

(2) 수산물수요의 소득탄력성

① 수산물수요의 소득탄력성 개념

소비자의 소득(독립변수)이 변할 때 당해 농산물에 대한 수요량(종속변수)이 얼마만큼 민감하게 반응하는가를 나타내는 지표이다.

$$수요의\ 소득탄력도 = \frac{수요량의 변화율(\%)}{소득의 변화율(\%)} = \frac{\frac{수요량변동분}{원래수요량}}{\frac{소득변동분}{원래소득}}$$

② 재화에 따른 소득의 탄력성
  ⓐ 우등재(정상재, 보통재, 상급재)
     소득의 증가 → 고품질 유기수산물의 수요증가
  ⓑ 열등재(하급재)
     소득의 증가 → 참게의 수요감소

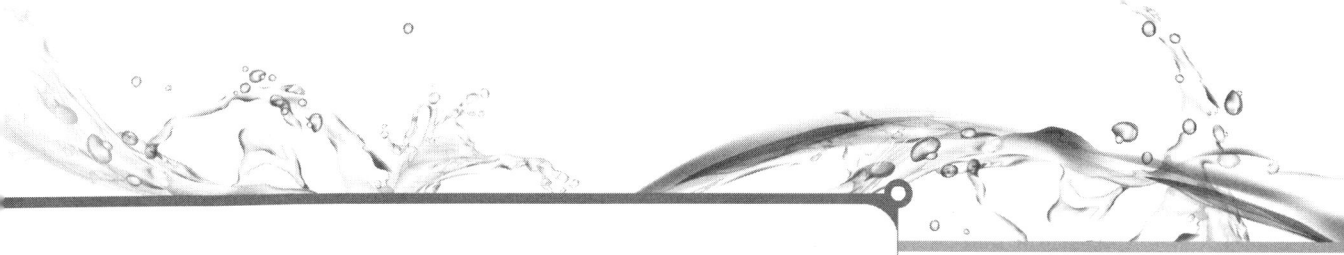

(3) 수산물 수요의 교차탄력성

① 수산물 수요의 교차탄력성 개념

<u>연관상품의 가격(독립변수)이 변할 때 당해 수산물에 대한 수요량(종속변수)이 얼마만큼 민감하게 반응하는가를 나타내는 지표</u>이다.

수요의교차탄력도
$$= \frac{\text{당해상품 수요량}(Q_x)\text{의 변화율}(\%)}{\text{연관상품 가격}(P_y)\text{의 변화율}(\%)} = \frac{\frac{\text{당해상품의 수요량변동분}}{\text{당해상품의 원래수요량}}}{\frac{\text{연관상품의 가격변동분}}{\text{연관상품의 원래가격}}}$$

② 재화에 따른 교차 탄력성
  ⓐ 대체재
    연관상품(고등어)의 가격 상승 → 당해 상품(갈치)의 수요 증가
    연관상품(고등어)의 가격 하락 → 당해 상품(갈치)의 수요 감소
    분모값이 증가하는 경우 분자값이 증가하며, 분모값이 감소하는 경우 분자값은 감소하게 되어 탄력도 값은 항상 양(+)의 값을 갖는다.
  ⓑ 보완재(해물파전)
    연관상품(오징어)의 가격 상승 → 당해 상품(새우)의 수요 감소
    연관상품(오징어)의 가격 하락 → 당해 상품(새우)의 수요 증가
    분모값이 증가하는 경우 분자값이 감소하며, 분모값이 감소하는 경우 분자값은 증가하게 되어 탄력도값은 항상 음(-)의 값을 갖는다.

❷ 수산물 공급의 가격탄력성

(1) 수산물 공급의 가격탄력성 개념

<u>당해 수산물의 가격(독립변수)이 변할 때 당해 수산물에 대한 공급량(종속변수)이 얼마만큼 민감하게 반응하는가를 나타내는 지표</u>이다.

$$\text{수산물 공급의 가격 탄력도} = \frac{\text{공급량의 변화율}(\%)}{\text{가격의 변화율}(\%)} = \frac{\frac{\text{공급량변동분}}{\text{원래공급량}}}{\frac{\text{가격변동분}}{\text{원래가격}}}$$

(2) 공급탄력성 그래프의 형태

① 공급탄력성의 기울기

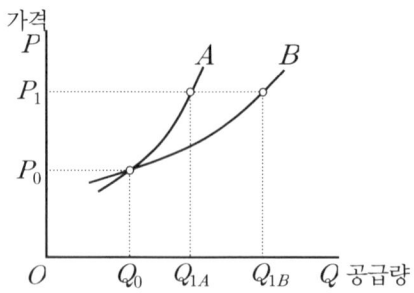

ⓐ 일반적으로 탄력성이 클수록 공급곡선의 기울기는 더욱 완만한 형태(B)로 그려지며, 탄력성이 작을수록 공급곡선의 기울기는 더욱 가파른 형태(A)로 그려진다.

ⓑ 동일한 크기의 가격변화($P_0 \rightarrow P_1$)에 대해 A 그래프는 공급량이 Q_0에서 Q_{1A} 만큼 작게 늘어났지만, B 그래프는 공급량이 Q_0에서 Q_{1B} 만큼 크게 늘어나므로 기울기가 완만할수록 탄력성(대응 가능성)의 값은 더 크다는 것을 알 수 있으며, 기울기가 가파를수록 탄력성(대응 가능성)의 값은 더 작다는 것을 알 수 있다.

② 탄력성 값의 의미

〈공급의 가격탄력성의 크기〉

탄력성 값	가격변화율에 대한 공급량의 변화율	표현방법
$\epsilon_s = 0$	가격이 아무리 변해도 공급량은 불변이다.	완전 비탄력적
$0 < \epsilon_s < 1$	가격변화율에 비해 공급량의 변화율이 작다.	비탄력적
$\epsilon_s = 1$	가격변화율과 공급량의 변화율이 같다.	단위 탄력적

$1 < \epsilon_s < \infty$	가격변화율에 비해 공급량의 변화율이 크다.	탄력적
$\epsilon_s = \infty$	가격변화가 거의 없어도 공급량의 변화는 무한대이다.	완전탄력적

③ 탄력성에 따른 공급곡선의 형태

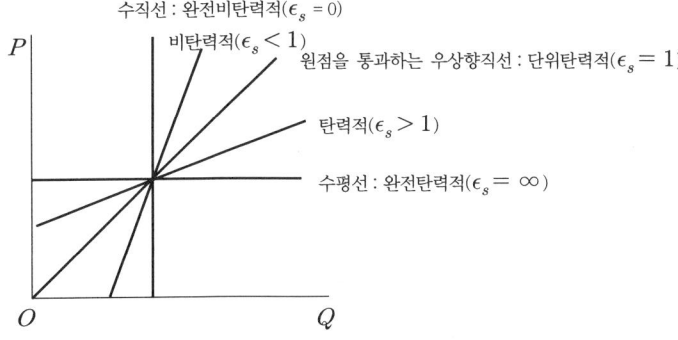

④ 수산물 공급탄력성의 특징
  ⓐ 생산기간의 존재
    수산물은 일반재화와 달리 수산물가격변화에 따른 공급이 여러 가지 이유로 인해 즉각적으로 이루어지지 않아 시차가 존재하기 때문에 일반재화에 비해 상대적으로 비탄력적이다.
  ⓑ 기술의 발달
    수산업기술이 향상되거나 생산량을 증가시키는 경우 생산비 증가가 크지 않은 경우 수산물 시장가격 변화에 따른 공급량변화를 보다 능동적으로 수행할 수 있으므로 보다 탄력일 수 있으나 그렇지 못한 경우 보다 비탄력적이 된다.
  ⓒ 기간의 장기·단기
    단기적으로는 수산물공급에 필요한 자원의 획득, 종묘 이식이후 공급이 바로 이루어지지 않으므로 수산물가격이 상승해도 수산물 공급물량을 쉽게 늘릴 수 없으나, 장기적으로는 이러한 문제의 해결이 상대로 쉬워지기 때문에 장기의 경우가 상대적으로 보다 탄력적이 된다.
  ⓓ 부패성의 정도

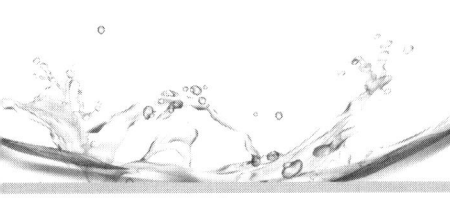

수산물의 부패성이 작거나 저장가능성이 높을수록 수산물 가격에 대한 공급물량의 변화를 크게 할 수 있어 보다 탄력적이지만 부패성이 크거나 저장가능성이 낮을수록 수산물가격에 대한 공급물량의 변화를 크게 할 수 없어 보다 비탄력적이 된다.

03 균형가격

❶ 시장균형과 균형가격의 결정

① 균형의 개념
  ⓐ '균형'이란 일단 그 상태에 도달하면 다른 상태로 변화할 유인이 없는 상태를 말한다.
  ⓑ 균형가격과 균형수급량
   수요량과 공급량이 일치되어 정지상태에 있을 때의 가격을 '균형가격(P_0)'이라고 하며 이 때의 수요량과 공급량을 '균형수급량(Q_0)'이라 하며 이는 수요곡선과 공급곡선이 교차하는 점이다.

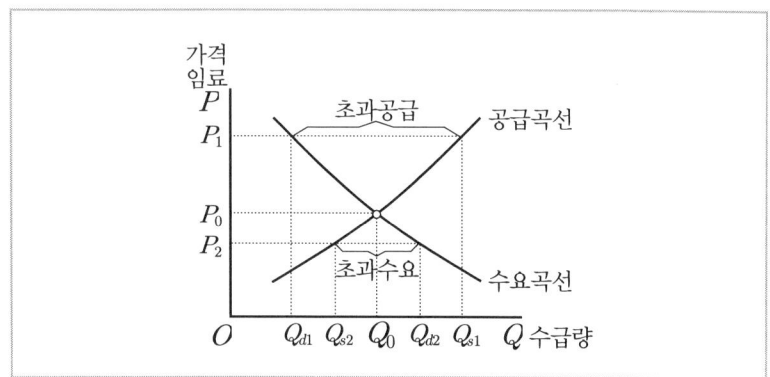

② 균형가격과 균형수급량의 결정과정
  ⓐ 가격이 높아질 경우에 균형가격과 균형수급량의 결정과정
   위의 그래프에서 균형가격은 P_0이지만 만약 가격이 P_1으로 높아지면 수요량은 Q_0에서 Q_{d1}으로 감소하고 공급량은 Q_0에서

Q_{s1}으로 많아져서 $Q_{s1} - Q_{d1}$만큼 초과공급이 발생하게 된다.
이 때 시장에서는 공급자들은 가격을 인하하게 되며, 가격하락은 공급자들의 공급량을 감소시키며 수요자들의 수요량을 증가시켜 결국 균형가격(P_1)과 균형수급량(Q_0)에서 안정을 이루게 된다.

ⓑ 가격이 낮아질 경우에 균형가격과 균형수급량의 결정과정
위와 반대로 만약 가격이 P_2으로 낮아지면 수요량은 Q_0에서 Q_{d2}으로 증가하고 공급량은 Q_0에서 Q_{s2}으로 적어져서 $Q_{d2} - Q_{s2}$만큼 초과수요가 발생하게 된다.

이 때 시장에서는 공급자들은 가격을 인상하게 되며, 가격상승은 공급자들의 공급량을 증가시키며 수요자들의 수요량을 감소시켜 결국 균형가격(P_0)과 균형수급량(Q_0)에서 안정을 이루게 된다.

❷ 시장균형의 변동

(1) 수요와 공급이 각각 변동하는 경우

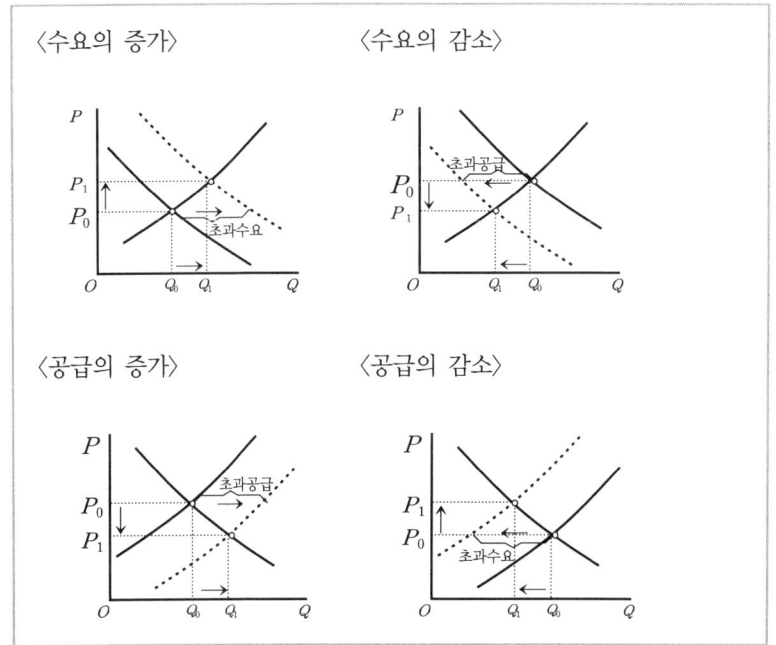

ⓐ 수요가 증가할 경우

제 4장 수산물 경제이론 | **105**

초과수요가 발생하여 가격은 상승하고 균형수급량은 증가한다.
ⓑ 수요가 감소할 경우
초과공급이 발생하여 가격은 하락하고 균형수급량은 감소한다.
ⓒ 공급이 증가할 경우
초과공급이 발생하여 가격은 하락하고 균형수급량은 증가한다.
ⓓ 공급이 감소할 경우
초과수요가 발생하여 가격은 상승하고 균형수급량은 감소한다.

(2) 수요와 공급이 동시에 변동하는 경우

① 수요와 공급이 같이 증가하는 경우
   시장가격은 상대적 증가에 따라 결정되며 수급량은 반드시 증가한다.
② 한편, 수요증가와 공급증가가 불일치하는 경우 그 값이 큰 것이 변한 것과 결과가 같다.

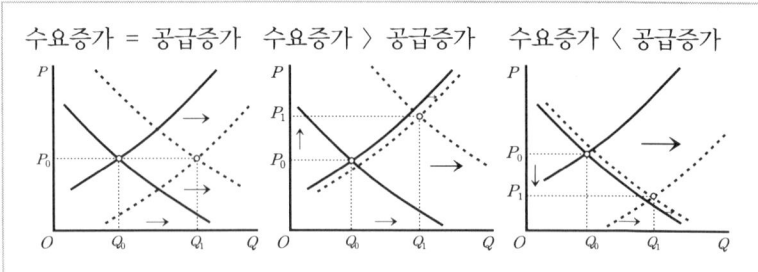

(3) 수요와 공급이 같이 감소하는 경우

① 시장가격은 상대적 감소에 따라 결정되며 수급량은 반드시 감소한다.
② 한편, 수요감소와 공급감소가 불일치하는 경우 그 값이 큰 것이 변한 것과 결과가 같다.

수요감소 = 공급감소   수요감소 > 공급감소   수요감소 < 공급감소

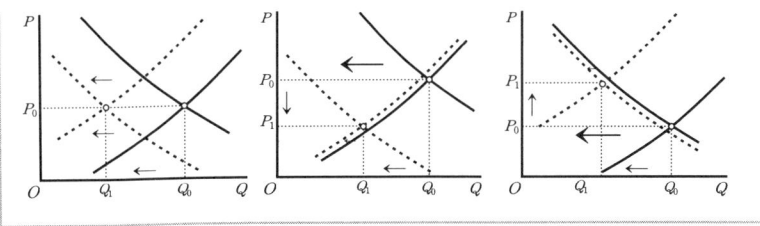

(4) 수요는 증가하고 공급은 감소하는 경우

① 수급량은 상대적 증감정도에 따라 결정되며 시장가격은 반드시 증가한다.
② 한편, 수요증가와 공급감소가 불일치하는 경우 그 값이 큰 것이 변한 것과 결과가 같다.

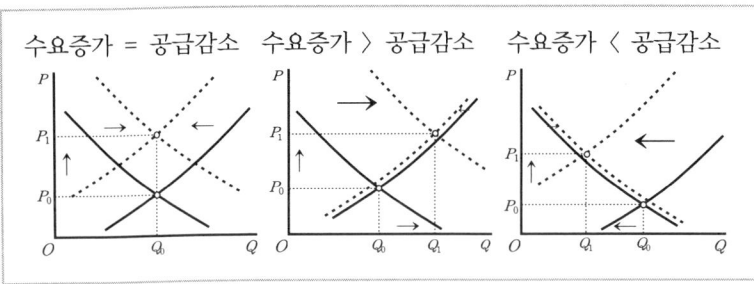

(5) 수요는 감소하고 공급은 증가하는 경우

① 수급량은 상대적 증감정도에 따라 결정되며 시장가격은 반드시 감소한다.
② 한편, 수요감소와 공급감소가 불일치하는 경우 그 값이 큰 것이 변한 것과 결과가 같다.

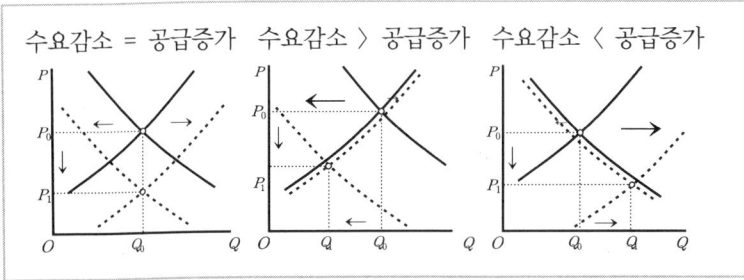

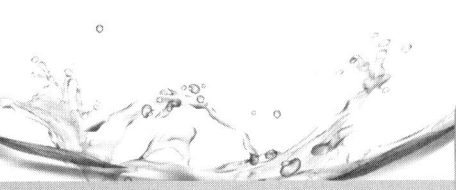

③ 수산물 가격의 기능과 특징

(1) 가격의 기능

① 가격(개별상품의 가치)

상품 한 단위를 구입할 때 지불하는 화폐의 단위

- **가격의 매개변수적 기능**

    상품의 '수요량과 공급량이 일치'하도록 인도하는 가격의 기능

② 가격의 기능

ⓐ 합리적인 생산소비활동의 지표(indicator)가 된다.

ⓑ 경제활동의 신호

㉠ 가격 상승 → 생산자의 생산증가, 소비자의 소비감소

㉡ 가격 하락 → 생산자의 생산감소, 소비자의 소비증가

ⓒ 경제질서 유지

경제주체의 이기적 행동이 한정된 자원의 생산과 소비를 조절하여 경제질서가 유지되도록 한다.

ⓓ (자율적) 배분의 기능

㉠ 자원의 배분

소비자가 원하는 생산물을 생산하기 위하여 생산요소(자원)를 생산의 능률성을 지닌 생산자에게 배분하는 역할

㉡ 소득의 분배

생산물의 판매를 통하여 얻은 수익을 생산에 기여한 각 생산 요소에게 배분

③ 수산물가격의 특징

ⓐ 수산물은 일반재화에 비하여 비탄력적이다.

ⓑ 수산물의 자연적 영향

기후와 계절적 편재성으로 인해 수산물의 수급이 불안정하여 가격이 불안정하다.

ⓒ 수산물의 용도의 다양성은 수확기의 수요측정을 어렵게 만들어 가격예측이 어렵다.

ⓓ 수산물 가격의 지속성

한번 형성된 가격은 일정기간 계속되는 경향이 있다.

ⓔ 가격의 폭등.폭락(거미집이론)

생산자는 전기(前期)의 가격을 기준으로 생산량을 결정하지

만 수요자는 금기(今期)의 가격에 맞춰 수요량을 결정하므로 가격이 등락하는 경향이 있다.

❹ 거미집이론

수요의 반응에 비해 공급의 반응이 지체되어 일어나는 현상을 말한다. 가격의 변동에 대응하여 수요량은 대체로 즉각적인 반응을 보인다고 말할 수 있으나 공급량은 반응에 일정한 시간이 필요하기 때문에, 실제 균형가격은 이러한 시간차(time lag)로 말미암아 다소간의 시행착오(施行錯誤)를 거친 후에야 가능하게 된다. 이러한 현상을 수요공급곡선 상에 나타내면 가격이 마치 거미집과 같은 모양으로 균형가격에 수렴되므로 거미집이론이라 부른다.

(1) 의 의

거미집 이론은 에치켈(M. J. Eziekel)의 이론으로서 공급시차(time lag)를 도입한 미시동태이론이라고 볼 수 있다.

① 수요자는 즉각적으로 금기(今期)의 시장가격에 적응하여 수요를 결정하지만, 공급자는 전기(前期)의 가격에 의존하여 금기(今期)의 공급량을 결정하는 식의 정태적 기대를 가정하고 있다.
② 공급자가 금년도(장래)의 예상가격이 예전가격(과거)과 같아지리라고 예상하는 것이다.
③ 특히 이러한 양상은 투자의 회임(懷妊)기간이 긴 재화(생산기간이 장기)인 농산물이나 건축물의 가격파동에서 잘 나타난다.

(2) 거미집 이론의 모형

거미집 이론의 모형은 수요곡선 기울기와 공급곡선 기울기의 크기에 따라서 수렴형, 발산형, 순환형이 있는데 균형가격이 형성되는 모형은 수렴형이다.

1) 수렴형(장기동태균형의 안정성)

제4장 | 수산물 경제이론

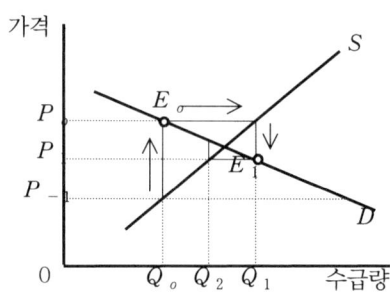

〈조건〉 공급의 탄력성 〈 수요의 탄력성
　　　　공급의 기울기 〉 수요의 기울기

① P_{-1}는 前期($t=-1$)의 가격을 의미하며, Q_0는 今期($t=0$)의 공급량을 의미한다.

② 즉, 공급의 경우 今期($t=0$)에도 前期($t=-1$)의 가격과 같을 거라고 보고 공급된 현재의 출하량은 Q_0을 지나는 수직선형태(더 이상 단기에는 출하량의 변화를 가져올 수 없는)의 단기 공급곡선으로 나타난다. 한편 이 때에도 공급자의 장기적인 공급의 의도는 여전히 우상향의 공급곡선(S)의 형태로 유지되어 있다.(가격이 상승하면 더 공급하려하고 가격이 하락하면 덜 공급하려 한다)

③ 이에 따라 今期($t=0$)의 균형점은 수직의 단기공급곡선과 수요곡선(D)이 교차하는 E_0이 되고 今期($t=0$)의 가격은 P_0로 결정되게 될 것이다.

④ 현재의 가격은 P_0로서 장기적인 의도의 공급가격(S) 높은 가격이므로 次期($t=1$)의 공급량은 Q_1으로 나타난다. 즉, 次期($t=1$)에도 今期($t=0$)의 가격수준(P_0)과 같을 거라고 보고 출하량을 결정하는 것이다. 이 결과 次期($t=1$)의 단기의 공급곡선은 Q_1을 지나는 수직선으로 나타나게 되는 것이며 次期($t=1$)의 새로운 균형점은 E_1이 되며 가격은 큰 폭으로 하락한 P_1이 되는 것이다.

⑤ 이러한 과정을 반복하면 균형점의 이동이 마치 거미집 모양과 유사하게 되며, 가격은 큰 폭으로 등락을 거듭하게 되는 변동을 보이게 되는 것이다.

⑥ 이러한 첫 번째 그림의 경우를 유심히 관찰해보면 공급곡선의 기울기가 수요곡선의 기울기보다 더 가파르게 그려져 있

음을 알 수 있다. 이러한 경우는 시차가 존재하더라도 장기적으로는 점차 가격변동의 폭이 좁아지고 안정에 도달 할 수 있는 경우가 된다.

2) 발산형(장기동태균형의 불안정성)

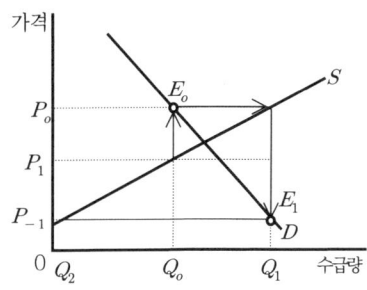

⟨조건⟩ 공급의 탄력성 〉 수요의 탄력성
       공급의 기울기 〈 수요의 기울기

3) 순환형

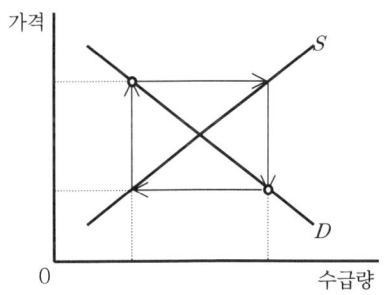

⟨조건⟩ 공급의 탄력성 = 수요의 탄력성
       공급의 기울기 = 수요의 기울기

콘-혹 사이클 [corn-hog cycle]

시장균형의 안정조건을 해명하려는 최초의 이론이며, 상이한 시점에서 농산물 가격과 그 산출량 간에 일어나는 순환변동을 설명하려는 이론으로서 미국에서 정립되었다. 가격이 순전히 수요와 공급의 관계에 의하여 결정된다면, 수요가 증가하여 가격이 오르면 공급도 증가(공급곡선의 우측이동)하여 가격을 원래의 수준으로 낮추는 작용을 하고, 결국 가격은 일정한 정상 수준을 유지하게 될 것이다. 그러나 실제에 있어서는, 가격의 상승이 공급량의 증가를 가져올 때까지는

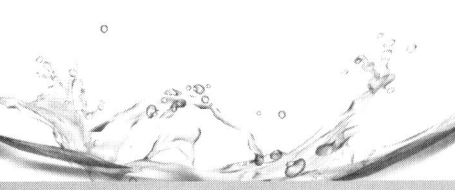

얼마간의 시간이 경과되어야 한다. 특히 농산물이나 축산물의 공급을 증가시키기까지에는 1년이나 2년의 장기간을 필요로 하는데, 이 공급의 지연이 독특한 가격파동을 발생시키는 것이다.

그 전형적인 예를 미국의, 특히 시카고 시장에 있어서의 옥수수와 돼지가격의 순환운동에서 볼 수 있었다. 가령 어느 해의 옥수수가격이 돼지의 가격에 비해 상승한다면, 농민들은 옥수수의 경작면적을 늘리고 양돈수를 줄이려 한다. 그 결과 다음 해에는 돼지의 공급량이 줄고 옥수수의 공급량이 증가하여 농민들의 기대와는 반대로 돼지가격이 상승하고 옥수수가격이 하락하는 상태에 직면하게 되는 것이다. 이리하여 가격과 생산량은 파상적으로 변화하게 되는 것이다. 이러한 현상은 농산물의 수급의 가격탄력성이 작기 때문에 일어나는 특수현상인데, 이 현상은 경제이론으로는 거미집이론(cobweb theorem)으로 일반화되고 있다.

[출처] 경제학사전, 박은태 편, 2011.3.9., 경연사

04 수산물의 유통비용

❶ 유통비용의 개념

수산물이 생산자로부터 소비자에게 이르는 과정에서 소유권이전기능, 물적유통기능, 유통조성기능 등을 수행하면서 발생하는 비용을 말한다.

일반적으로 유통비용이라고 하면 좁은 의미의 순수한 유통비용에 상업이윤을 포함한 넓은 의미의 유통비용을 말한다.

① 좁은 의미의 유통비용
유통마진에서 상업이윤을 제외한 비용으로서 수산물이 생산자로부터 소비자에게 이르는 과정에서 발생한 모든 경제활동에 따르는 비용, 즉 선별, 포장, 수송, 하역, 저장, 가공 등에 소요된 비용, 광고비와 기타 매매관련 비용 등 물류활동 등을 실행하기 위하여 직접적, 간접적으로 소용된 총비용을 말한다.

② 넓은 의미의 유통비용

좁은 의미의 유통비용에 상업적 이윤을 더한 비용을 말한다.
③ 유통비용의 구성
　ⓐ 직접비용
　　수송비, 포장비, 하역비, 저장비, 가공비 등과 같이 직접적으로 유통하는데 지불되는 비용을 말한다.
　ⓑ 간접비용
　　점포임대료, 자본이자, 통신비, 제세공과금, 감가상각비 등과 같이 수산물을 유통하는데 간접적으로 투입되는 비용을 말한다.

> **3회 기출문제**
>
> 갈치의 유통단계별 가격이 다음과 같다면 소비지 도매단계의 유통마진율(%)은 약 얼마인가?(단, 유통비용은 없다고 가정한다.)
>
> | 유통단계별 참여자 | 참여자별 수취가격 (마리당) |
> |---|---|
> | 생산자 | 6,000원 |
> | 산지 수집상 | 6,500원 |
> | 소비지 도매상 | 7,500원 |
> | 소매상 | 8,000원 |
>
> ① 6　　② 8
> ③ 13　　④ 25
>
> ▶ ③

❷ 유통마진

(1) 유통마진의 개념
① <u>유통마진은 최종소비자의 수산물구입 지출금액에서 생산농가가 수취한 금액을 공제한 것이다.</u>
② 유통마진은 유통과정에서 증가된 효용의 합과 기능에 대한 대가로 표현된다.
③ 유통마진의 크기를 통하여 유통기관의 효율성을 판단할 수 있다.
④ 유통상품의 성질에 따라서 유통마진의 크기가 달라진다. 보관·수송이 용이하고 부패성이 적은 농산물은 유통마진이 낮고, 부피가 크고 저장수송이 어려운 농산물은 유통마진이 높다.
⑤ 유통마진은 상품의 유통과정에서 수행되는 모든 경제활동에 수반되는 일체의 비용으로 인건비, 물류비는 물론 제세 공과금 및 감가상각비(감모비) 등도 포함되며, 일반적으로 유통마진은 크게 유통비용과 유통이윤으로 구성된다.

(2) 수산물 유통마진을 유통단계별로 살펴보는 경우
① 유통마진은 유통단계별 상품단위 당 가격차액으로 표시된다.
② 수산물의 유통단계를 수집·도매·소매단계로 구분하면 각 단계별로 유통마진이 구성되고, 각 단계별 마진은 유통업자의 구입가격과 판매가격과의 차액을 말한다.
③ 대부분의 수산물은 소매단계에서 유통마진이 가장 높은 것으

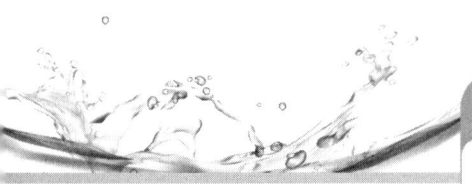

1회 기출문제

아래는 오징어를 판매한 가격을 나타낸 것이다. 소매상의 마진율(%)은?

| ㄱ. 생산어가수취 : 900원 |
| ㄴ. 산지수집상 : 1,000원 |
| ㄷ. 도 매 상 : 1,200원 |
| ㄹ. 소 매 상 : 1,600원 |

① 10　② 15
③ 20　④ 25

➡ ④

3회 기출문제

올해 2월 제주도산 넙치 산지가격은 코로나19 영향으로 kg당 9,000원이었으나, 드라이브스루 등 다양한 소비촉진 활동의 영향으로 7월 현재는 12,000원으로 올랐다. 그러나 소비지 횟집에서는 1년 전부터 kg당 30,000원에 판매되고 있다. 그렇다면 현재 제주산 넙치의 유통마진율(%)은 2월보다 얼마만큼 감소했는가?

① 3%포인트
② 5%포인트
③ 10%포인트
④ 20%포인트

➡ ③

Tip

* 유통마진 = 최종소비자 지불가격 − 생산어민의 수취가격
생산어민의 수취가격 = 최종소비자 지불가격 − 유통마진

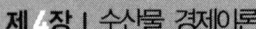

제4장 | 수산물 경제이론

로 나타나고 있다.

(3) 수산물 유통마진과 유통능률

유통마진이 작다고 해서 반드시 유통능률이 높다고 할 수 없다.

(4) 유통마진의 구성

① 유통마진의 기본개념

유통마진 = 최종소비자 지불가격 − 생산어민의 수취가격
생산어민의 수취가격 = 최종소비자 지불가격 − 유통마진

② 유통단계별 유통마진

ⓐ 유통마진의 구성

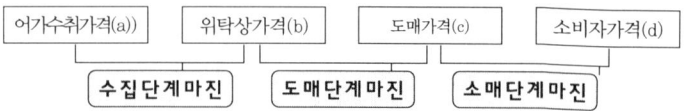

ⓑ 유통마진율

㉠ 수집단계마진율 = $\dfrac{\text{위탁상가격} - \text{어가수취가격}}{\text{위탁상가격}} = \dfrac{b-a}{b}$

㉡ 도매단계마진율 = $\dfrac{\text{도매가격} - \text{위탁상가격}}{\text{도매가격}} = \dfrac{c-b}{c}$

㉢ 소매단계마진율 = $\dfrac{\text{소비자가격} - \text{도매가격}}{\text{소비자가격}} = \dfrac{d-c}{d}$

㉣ 총 단계마진율 = $\dfrac{\text{소비자가격} - \text{어가수취가격}}{\text{소비자가격}} = \dfrac{d-a}{d}$

③ 수산물의 유통마진율이 높은 이유

㉠ 부패성, 부피와 중량성, 규격화·등급화의 곤란
㉡ 계절적 편재성 : 출하시기 조절을 위한 비용 발생
㉢ 유통경로의 복잡성
㉣ 소규모 노동집약적 영어생산
㉤ 수산물시장 경쟁구조의 불완전성, 어업인과 일반소비자의 낮은 거래교섭력, 수산물가격의 불안정성에 따른 위험부담 등에 의해 중간상인의 유통이윤이 많다.
㉥ 경제발전에 따라 저장, 가공, 포장 등 유통 서비스가 증대하고 그에 따른 비용·이윤이 증대함에 오히려 어가수취율이 저하하는 경향이 있다.

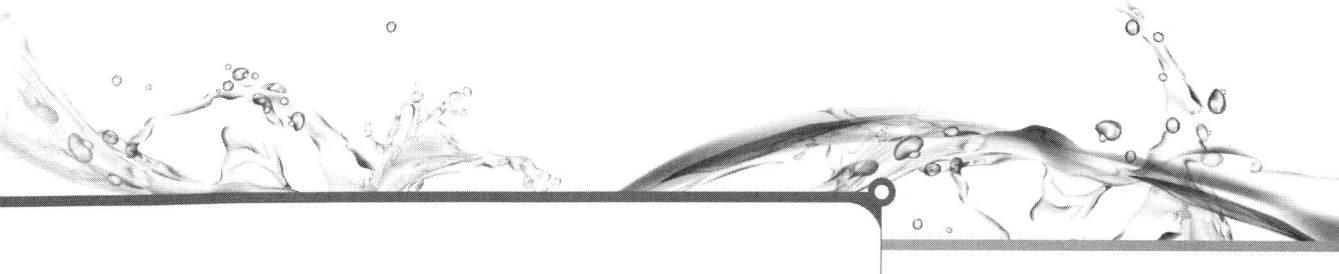

유통형태		산지위판장→ 소비지도매시장 → 소매상	산지위판장→ 대형할인점
생산자수취율		45.7	60.0
유통마진율		54.3	40.0
유통비용율		19.1	10.0
유통이윤율		35.2	30.0
산지단계	비용율	4.4	5.8
	이윤율	3.4	3.0
	소계	7.8	8.8
도매단계	비용율	5.9	
	이윤율	10.2	
	소계	16.1	
소매단계	비용율	8.8	4.2
	이윤율	21.6	27.0
	소계	30.4	31.2
산지위판가격		21,000	21,000
소비자가격		46,000	35,000
총비용효율		5.1	10.0
단위당유통비용		25,000	14,000

주 : 1) 총비용효율을 제외한 모든 비율은 소비자가격을 기준으로 계산된 비율임.
2) 유통마진 = 유통비용 + 유통이윤
3) 총비용효율 = 100/(유통마진−유통이윤)
4) 산지위판가격을 동일하게 보고 계산됨.

유통단계	유통마진구성내역			수산물 전문소매점	대형할인점
유통단계별유통	산지 위판장	비용	선별비	295(8.2)	295
			운반비	209(5.8)	209
			상차비	102(2.8)	102
			어상자대	760(21.1)	760
			운송비	680(18.9)	680
		이윤	중도매인 수수료	1,544(43.0)	1,050
	소 계			3,590(100.0)	2,848
	소비지 도매시장	비용	하차비	110(1.5)	
			상장수수료	780(10.5)	
			기타비용	1,800(24.3)	
		이윤	중도매인 수수료	위탁수수료	520(7.0)	
				판매이윤	4,200(56.7)	
	소계			7,410(100.0)	

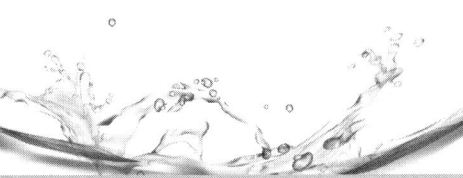
제4장 | 수산물 경제이론

	소매상 (대형소매점)	비용	본사구매비용	4,060(29.0)		1,470+α	
		이윤	지점판매이윤	9,940(71.0)		9,434(±α)	
		소	계	14,000(100.0)		10,904	
마 진	산지 단계	비 용		2,046	8.2	2,046	14.6
		이 윤		1,544	6.2	1,050	7.5
		소 계		3,590	14.4	3,096	22.1
	도매 단계	비 용		2,690	10.8		
		이 윤		4,720	18.8		
		소 계		7,410	29.6		
	소매 단계	비 용		4,060	16.2	1,470	10.5
		이 윤		9,940	39.5	9,434	67.4
		소 계		14,000	56	10,904	77.9
	합계	비 용		8,796	35.2	3,516	25.1
		이 윤		16,204	64.8	10,484	74.9
	총	계		25,000	100	14,000	100

주 : 1) 유통경로(부산공동어시장 → 서울가락동 도매시장 → 영등포시장)
2) 조사시기(2001. 10)
3) 생산자 수취가격은 산지위판가격으로 함.
4) 산지중도매인의 수수료는 자기계산하에 판매하는 경우로 상업이윤으로 계산된 것임. 단, 대형할인점의 경우 5%의 수수료로 계산 된 것임.
5) 소비지도매시장내 비용 중 하차비, 상장수수료, 위탁수수료는 실제는 출하자(산지중도매인)가 부담하는 비용임.
6) 소비지중도매인의 경우 출하자로부터는 위탁수수료(2%), 거래처와는 자기계산하에 판매하는 경우로 계산된 것임.
7) 대형할인점의 경우 산지에서의 구입비율이 80~90%를 차지하기 때문에 소비지도매시장을 거치지 않고 산지에서 구입하는 것으로 간주하여 계산됨.
8) 대형할인점의 본사구매비용은 본사에서 각 지점으로 보내는 운송비를 말함. 여기에는 상품의 부가적인 서비스(포장, 단순가공 등)의 비용도 포함되어야 하나 정확한 비용을 계측하기 어려워 포함하지 않았음.

05 수산물 시장

(1) 수산물 시장의 개념

수산물의 생산자와 소비자가 거래하는 장소 또는 관계(구체적 시장 +추상적 시장)라고 표현된다. 수산물시장은 비조직화된 다수의 생산자와 소비자가 존재하므로 완전경쟁시장으로 분류된다.

(2) 시장의 형태

구분	경쟁적 시장		독과점 시장	
	완전 경쟁	독점적 경쟁	독점	과점
공급자의 수	다수	다수	하나	소수
상품의 질	동질	이질	동질	동질 또는 이질
진입장벽	없음	없음	있음	있음
사례	증권시장 농수산물시장 개별기업이 가격에 영향을 미칠 수 없는 것 (가격 순응자)	미용실, 주유소 상품차별화 단기적 초과이윤이지만 유사상품 등장으로 장기적 초과이윤상실	전기, 철도, 수도 자원의 효율적 배분을 저해함	휴대폰, 자동차, 가전제품. 소수의 공급자가 시장을 지배하기 위해 담합, 카르텔 형성

① 완전경쟁시장

<u>가격이 완전경쟁에 의해 형성되는 시장을 말한다. 즉 시장참가자의 수가 많고 시장참여가 자유로우며 각자가 완전한 시장정보와 상품지식을 가지며 개개의 시장참가자가 시장 전체에 미치는 영향력이 미미한 상태에서 그곳에서 매매되는 재화가 동질일 경우 완전한 경쟁에 의해 가격이 형성되는 시장</u>을 말한다.

〈완전경쟁시장의 조건〉
㉠ 다수의 공급자와 다수의 수요자가 존재
(특정 경제주체가 영향력을 발휘할 수 없는 상태)
㉡ 시장진퇴의 자유
㉢ 상품의 동질성
㉣ 시장정보의 완전공개 및 접근의 자유

② 독점적 경쟁시장

<u>생산물의 차별화를 수반하는 경쟁으로 완전경쟁시장과 독과점시장의 성격을 함께 지니고 있는 시장</u>. 이 시장의 특성은 다수의 공급자들이 존재하고, 공급자마다 어느 정도 특징적

* 완전경쟁시장의 조건
㉠ 다수의 공급자와 다수의 수요자가 존재
(특정 경제주체가 영향력을 발휘할 수 없는 상태)
㉡ 시장진퇴의 자유
㉢ 상품의 동질성
㉣ 시장정보의 완전공개 및 접근의 자유

인 상품을 시장에 공급하고 있다는 점이다. 상품의 특수성은 여러 가지 형태를 취할 수 있다. 재화의 경우는 같은 상품이라도 상표·디자인·품질상의 차이가 있다.

③ 독점시장

한 상품의 공급이 하나의 기업에 의해서만 이루어지는 시장 형태. 이 단일기업을 독점기업이라 하고 독점기업이 공급하는 재화나 용역을 독점상품이라 한다. 독점시장의 예로는 전력 서비스를 생산하는 전력사업, 식수를 생산하는 상수도사업 등을 들 수 있다. 독점기업 중에서 대표적인 것은 철도·상하수도 등의 공기업으로 엄청난 투자자금이 소요되고, 필요성에 비해 수익성은 불확실하여 정부가 투자한 경우이다.

한편, 생산량이 늘어남에 따라 단위당 생산비용이 감소하는 규모의 경제가 존재하는 경우에도 독점기업이 발생한다. 일반적으로 생산량이 확대됨에 따라 단위당 생산비용은 증가하는 경우가 보통이지만, 규모의 경제가 존재하는 경우에는 가장 큰 규모의 기업 외에는 모든 기업들이 비용상 열세에 놓이게 되어 시장에서 쫓겨난다.

④ 과점시장

소수의 생산자, 기업이 시장을 장악하고 비슷한 상품을 생산하며 같은 시장에서 경쟁하는 시장 형태를 말한다. 우리나라의 경우 이동통신회사가 과점시장의 대표적인 예라고 할 수 있다. 수요자는 국민대다수인데, 3개 이동통신회사가 서비스를 공급하며 시장을 장악하고 있기 때문이다. 이런 과점시장의 특징은 가격이 잘 변하지 않는다는 점이다. 공급자가 값을 올리면 고객들을 다른 공급자에게 빼앗길 우려가 있기 때문이다

Point! 실전문제 수산물 경제이론

1. 수산물 유통비용과 가격에 관한 설명으로 옳은 것은?
① 유통비용이 증가하면 일반적으로 소비자가격은 하락한다.
② 유통비용 변화분은 소비자가격과 생산자가격의 변화폭을 합한 것이다.
③ 유통비용 변화에 따른 가격변화폭은 수요곡선의 이동폭에 따라 결정된다.
④ 공급이 수요보다 비탄력적이면 유통비용 증가는 생산자보다 소비자에게 더 큰 부담을 준다.

정답 및 해설 ②
① 유통비용의 증가는 최종소비가격에 반영되므로 소비자가격은 증가한다.
③ 유통비용은 공급자의 가격을 결정하는 요인이므로 공급곡선의 이동폭에 따라 결정된다.
④ 유통비용의 증가 → 가격의 상승

유통비용의 증가는 생산자에게 소득의 증가를 주지 않으면서 소비량감소의 부담을준다. 소비자는 탄력적으로 소비량을 줄일 수 있기 때문이다.

2. 수산물 가격이 10% 오를 때 수요량은 10% 이상 감소하지 않는다면 이에 알맞은 것은?
① 수요는 탄력적이다.   ② 수요는 비탄력적이다.
③ 가격은 탄력적이다.   ④ 가격은 비탄력적이다.

정답 및 해설 ②
탄력성은 수요와 공급의 (가격) 탄력성이다. 가격의 변화율 분모, 수요량의 변화율 분자
⇒ 값은 1보다 작다.

3. 어떤 수산물의 가격이 20% 하락하였는데 판매량은 15% 증가하였다. 다음 중 적절한 표현은?
① 수요와 공급이 비탄력적이다.   ② 수요가 비탄력적이다.
③ 수요는 탄력적이나 공급은 비탄력적이다.   ④ 공급이 비탄력적이다.

정답 및 해설 ②

판매량은 수요량이다. 수요의 탄력도 = $\frac{15\%}{20\%}$ < 1 ⇒ 비탄력적

4. 다음 중 수산물 가격특성에 대한 설명으로 옳지 않은 것은?
① 소득탄력성의 경우 곡물보다 수산물 품목이 더 높다.
② 일반적으로 수산물 수요는 소득에 대해 비탄력적이다.
③ 수산물 가격의 불안정성은 수요와 공급이 가격변화에 대해 탄력적이기 때문이다.
④ 수산물 품목간 대체가 어려울 경우 수요의 가격탄력성은 낮다.

정답 및 해설 ③
①② 곡물은 필수재라 비탄력적이지만 수산물은 필수재는 아니고 우등재에 해당한다.
③ 수요·공급 모두 비탄력적이어서 가격이 불안정하다.
④ 대체품목이 많을수록 수요의 가격탄력성은 높다.

5. 버즈(Buse, R, C)는 쇠고기의 수요탄력성은 돼지고기 및 닭고기의 수요탄력성과 연관지어 계측되어야 한다고 하였다. 즉 어떤 재화의 가격이 1% 변화할 때, 해당 재화와 관련된 재화들의 수요에 발생되는 동시적인 변화를 고려한 이후의 수요량 변화율을 나타내는 탄력성은 무엇인가?
① 수요의 가격 탄력성　　　② 대체탄력성
③ 총탄력성　　　　　　　　④ 수요의 교차탄력성

정답 및 해설 ④
수요의 교차탄력도 = $\frac{돼지고기(닭고기)의 수요량 변화율}{쇠고기의 가격변화율}$

6. 거미집이론을 바탕으로 수산물 가격의 변동에 대한 설명으로 틀린 것은?
① 수산물 가격과 공급 간의 시차에 의한 가격변동을 설명한다.
② 공급이 수요보다 더 탄력적일 때 가격은 균형가격으로 점차 수렴한다.

③ 계획된 생산량과 실현된 생산량이 언제나 동일함을 가정한다.
④ 수요와 공급곡선의 기울기의 절대값이 같을 때 가격은 일정한 폭으로 진동하게 된다.

> **정답 및 해설** ②
> ① 생산자는 전기(前期)의 가격에 맞춰 생산량을 결정하지만 소비자는 금기(今期)의 가격에 수요량을 결정하는 시차가 존재한다.
> ② 수렴형 조건 : 공급의 탄력성 〈 수요의 탄력성
> ③ 가정상 생산량의 변동은 없는 것으로 본다.
> ④ 순환형, 안정형, 진동형

7. 수산물 유통마진에 대한 인식 중 가장 적절한 것은?
① 일반적으로 경제가 발전하면 유통마진이 감소되는 경향이 있다.
② 유통마진이 작다고 해서 반드시 유통능률이 높다고 할 수 없다.
③ 중간상인을 배제시키면 반드시 유통마진이 감소하고 농가수취물이 높아진다.
④ 유통마진이 감소하면 생산자 수취가격은 높아지고 소비자 지불가격도 높아진다.

> **정답 및 해설** ②
> ① 경제가 발전하면 사회분화가 진전되고 생산부문과 소비부문의 접점이 멀어지고 다양해 진다. 따라서 유통마진은 증가한다.
> ③ 중간상인이 개입하므로서 적절한 유통기능을 수행된다면 직거래의 위험을 제거할 수 있다.
> ④ 유통마진은 소비자 지불가격에서 생산자 수취가격을 뺀 금액이라는 말이지 양 가격의 크고 적음에 관여하는 용어는 아니다.

8. 수산물 유통마진에 대한 설명으로 옳지 않은 것은?
① 소비자가 지불한 가격에서 어민이 수취한 가격을 뺀 금액이다.
② 유통비용과 유통이윤(상인이윤)의 합으로 구성된다.
③ 곡류보다 수산물의 유통마진이 상대적으로 더 높은 편이다.
④ 유통마진이 높다는 것은 곧 유통이 비효율적이라는 것을 의미한다.

> **정답 및 해설** ④
>
> ② 넓은 의미의 유통마진
> ③ 수산물의 부패성은 저온저장비용을 발생시키고 가격에 비하여 부피가 크다는 점은 운송비의 상대적 증가를 야기한다.
> ④ 유통비용의 다소가 유통의 효율성을 판단하는 척도가 되지는 못한다.

9. 다음 중 수산물 유통효율이 향상되는 경우는?

① 동일한 수준의 산출을 유지하면서 투입 수준을 증가시키면 유통효율이 향상된다.
② 시장구조를 불완전 경쟁적으로 유도하면 유통효율이 향상된다.
③ 유통활동의 한계생산성이 1보다 클 때 유통효율이 향상된다.
④ 유통작업이 노동집약적으로 이루어질 때 유통효율이 향상된다.

> **정답 및 해설** ③
>
> 유통효율이 높다는 의미는 투입에 비하여 산출이 많다는 것을 말한다.
>
> 효율성(E) = $\dfrac{out\,put}{\in put}$ 〉 1인 상태이다.
>
> ① 투입이 늘어도 산출이 동일하다면 E〈1
> ② 불완전경쟁시장은 가격결정자가 시장기능이 아닌 다른 수단을 통하여 가격을 왜곡시키므로 비효율적일 수 있다.
> ③ 한계생산성 : 단위당 투입에 대응한 단위당 산출량, 이것이 1보다 크다면 효율적이다
> ④ 자본집약적 작업이 규모의 경제를 실현한다.(노동력을 기계가 대체할 때)

10. 과점시장의 특징에 대한 설명으로 맞는 것은?

① 한 시장에 소수의 판매자로 구성되어 있기 때문에 판매자의 가격정책은 상호 의존성이 없다.
② 한 시장에 소수의 판매자가 존재하는 경우로서 생산물이 동질적일 수도 있고 이질적일 수도 있다.
③ 한 기업은 시장 전체에 비해 상대적으로 그리 크지 않기 때문에 시장 전체의 판매량을 크게 변화시키지 못한다.
④ 과점시장의 수요곡선은 시장 전체의 수요곡선이 된다.

정답 및 해설 ②

① 과점시장의 경우 대부분 과점기업이 독자적인 의사결정을 하며, 그러한 의사결정시 다른 기업의 반응을 고려한다는 특징을 가진다.
② 휴대폰, 자동차시장이 과점시장의 예이다.
③ 2~3개 기업이 시장 전체 판매량을 차지한다.
④ 완전경쟁시장의 수요곡선이 시장 전체의 수요곡선이 된다.

11. 유통마진에 대한 설명 중 관계가 먼 것은?

① 상품의 유통과정에서 수행되는 모든 경제활동에 수반되는 일체의 비용이다.
② 일반적으로 유통마진은 유통비용과 유통이윤으로 구성된다.
③ 유통비용에는 물류비, 인건비 등이 포함되나 감모비는 포함되지 않는다.
④ 상품의 유통마진은 소비자 지불가격과 생산자 수취가격의 차이이다.

정답 및 해설 ③

직접비용 : 수송비, 포장비, 하역비, 저장비, 가공비 등
간접비용 : 인건비, 점포임대료, 자본이자, 통신비, 제세공과금, 감가상각비 등

12. 수산물 시장의 가격효율을 증대시키기 위해서는 완전경쟁적 시장형성이 되도록 유도해야 한다. 그러나 완전경쟁적시장 형성이 미흡할 경우 가격효율을 증대시킬 수 있는 수단으로 볼 수 없는 것은?

① 이동, 저장, 분배 등 물적 유통비용 절감
② 소비지 도매시장 건설
③ 유통정보 기능 강화
④ 표준화와 등급화 실시

정답 및 해설 ①

② 접근성 ③ 완전한 정보제공 ④ 거래의 투명성

13. 공급독점시장(monopoly market)에 대한 설명으로 옳은 것은?

① 공급곡선이 존재하지 않는다.
② 한계수입(한계수익)곡선은 수요곡선 위에 위치한다.
③ 최적산출량은 한계비용곡선과 수요곡선이 만나는 점에서 결정된다.
④ 소수의 기업이 전략적 행위를 통해 이윤극대화를 추구한다.

정답 및 해설 ①

① 독점기업은 가격결정자이다. 즉, 주어진 가격에 생산량을 얼마나 결정할 것인가의 문제는 무의미하다. 독점기업은 가격과 공급수량을 수요곡선상에서 결정한다.
② 독점기업의 이윤극대화 조건
  - 완전 경쟁 시장의 기업 : P = MR(한계수입) = MC(한계비용)
  - 독점 기업 : P 〉 MR = MC
    독점기업은 한계수입과 한계비용이 가격과 일치하는 점보다 더 위에 가격을 위치시킨다.
③ 완전경쟁시장에서
④ 소수의 기업이 존재한다면 과점시장이다.

14. 고등어 kg당 소비자가격은 1,500원이고, 유통마진율은 30%일 때 농가수취가격은 얼마인가?
① 450원
② 850원
③ 1,050원
④ 1,150원

정답 및 해설 ③

유통마진율 = $\dfrac{\text{소비자지불가격} - \text{농가수취가격}(X)}{\text{소비자지불가격}}$ = $\dfrac{1,500 - X}{1,500} \times 100$ = 30%

제 5 장 | 수산물 마케팅

01 마케팅 일반

(1) 마케팅의 의의

① 생산자가 상품 또는 서비스(용역)를 소비자에게 유통시키는 데 관련된 모든 체계적 경영활동을 말하며, 매매 자체만을 가리키는 판매보다 훨씬 넓은 의미를 지니고 있다.
② 마케팅은 수요를 관리하는 고학이다.
③ 마케팅이란 생산자로부터 소비자나 산업사용자에게로 상품과 용역이 이동되는 과정에 포함된 모든 경제활동을 의미한다.
④ 마케팅이란 조직이나 개인이 자신의 목적을 달성시키기 위하여 교환을 창출하고 유지할 수 있도록 시장을 정의하고 관리하는 과정이다.
⑤ 마케팅이란 기업이 고객을 위하여 가치를 창출하고 고객관계를 구축하여 고객들로 부터 그 대가를 얻는 과정으로 정의될 수 있다.

> **Tip**
> * 마케팅의 기능
> ① 제품관계 : 신제품의 개발, 개량, 포장, 디자인 등
> ② 시장거래관계 : 시장조사, 수요예측, 판매경로의 설정, 가격정책 등
> ③ 판매관계 : 판매원 인사, 동기부여, 판매활동 등
> ④ 판매촉진관계 : 광고, 선전, 판촉, 관계유지 등
> ⑤ 조정 : 마케팅 각 관련 활동의 종합적 조정을 통한 시너지 효과 창출

(2) 마케팅의 기능

① 제품관계 : 신제품의 개발, 개량, 포장, 디자인 등
② 시장거래관계 : 시장조사, 수요예측, 판매경로의 설정, 가격정책 등
③ 판매관계 : 판매원 인사, 동기부여, 판매활동 등
④ 판매촉진관계 : 광고, 선전, 판촉, 관계유지 등
⑤ 조정 : 마케팅 각 관련 활동의 종합적 조정을 통한 시너지 효과 창출

(3) 마케팅 조사

① 의의
마케팅 리서치란 마케팅에서 발생하는 여러 가지 문제의 해

3회 기출문제

수산물 마케팅 환경 중 미시적 외부 환경요인은?

① 종업원 역량
② 수산물 공급자
③ 해수온도
④ 어업기술

➡ ②

결을 위해 과학적 방법을 응용한 것으로 조사 대상을 구매자·판매자·소비자로 분류하고 그들의 태도·기호·습관·선호도·구매력 등을 조사한다. 또 상품의 유통경로, 가격책정, 상품의 디자인 등도 고려된다.

② 종류
  ⓐ 광고조사 : 광고효과의 평가
  ⓑ 시장분석 : 상품의 판매가능성을 예측
  ⓒ 성과분석 : 판매·판매성과·시장점유율·비용·이윤 등의 면에서 목적성취도를 분석
  ⓓ 물적유통조사 : 유통경로에 따른 제조업자의 효율성을 증대시키기 위한
  ⓔ 상품조사 : 상품 사용자의 필요성에서부터 상품포장 디자인 검토

③ 절차
  ㉠ 예비조사-㉡ 문제설정-㉢ 조사계획 수립-㉣ 자료수집 및 정리-㉤ 결과해석-㉥ 결과보고

(4) 마케팅 환경

마케팅환경은 환경과 목표고객 사이에서 마케팅 목표실현을 위해 수행되는 관리활동에 영향을 미치는 여러 행위주체와 영향요인을 말한다.

① 미시적 환경 : 마케팅활동에 직접 참여하고 있는 각 주체를 말한다.
  기업, 원료공급자, 고객, 공공, 경쟁기업, 중간상 등
  ⓐ 기업내부환경
    마케팅관리자가 마케팅계획을 수립하려면 기업내부의 여타 부서를 고려하여야 한다. 이처럼 마케팅계획의 수립에 영향을 미치고 있는 기업내부의 상호 관련된 부서를 기업내부 환경이라 한다.
    기업이 성공하기 위해서는 경쟁자에 비해서 보다 큰 고객가치와 고객만족을 제공할 수 있는 능력을 가지고 있어야 한다.

　ⓑ 공급업자

　　기업이 제품이나 서비스를 생산하는 데 필요한 자원을 조달해 주는 개인이나 기업을 말하며, 중간상, 물류기업, 마케팅 서비스 기관, 금융기관 등이 해당된다.

　ⓒ 공공

　　공공기업이란 <u>기업이 자신의 목적을 달성할 수 있는 능력에 실제적 혹은 잠재적 영향을 미치는 모든 집단으로 금융기관, 언론매체, 정부, 시민단체</u> 등을 말한다.

② 거시적 환경 : 사회, 경제, 자연, 기술, 정치, 문화적 환경 등

　ⓐ 자연적 환경

　　기업의 투입물로서 필요로 하거나 마케팅활동에 영향을 받는 자연자원을 말하며, 원자재의 부족, 에너지 비용의 상승, 환경오염 증가, 자연환경의 보전과 공해방지를 위한 정부의 규제와 간섭 증대 등과 같은 자연환경의 변화추세에 대응해야 한다.

　ⓑ 사회적 환경

　　인구의 규모, 밀도, 종교, 지역성, 연령별 구조, 성별구조, 인종별 구조, 직업별 구조 등

　ⓒ 경제적 환경

　　소비자의 구매력과 소비구조에 영향을 미치는 모든 요인을 말하며, 국민소득 증가율, 소비구조의 변화, 가계수지 동향 등이 있다.

　ⓓ 기술적 환경

　　기술혁신 등 새로운 제품 등을 창조하는 데 영향을 미치는 모든 영향력을 말한다.

　ⓔ 정치적 환경

　　특정사회의 조직이나 개인에게 영향을 미치거나 이들의 활동에 제한을 가하는 법률, 정부기관, 압력집단 등을 말한다.

　ⓕ 문화적 환경

　　특정 사회의 기본적 가치관, 인식, 선호성, 행동 등에 영향을 미치는 모든 제도나 영향력을 말한다.

(5) 마케팅 관리

① 의의 : 이윤, 매출성장, 시장점유율 등 조직목표를 효과적으로 달성하기 위하여 고객과의 유익한 교환관계를 개발하고 유지하기 위한 프로그램을 계획, 실행, 통제, 보고 하는 경영관리 활동이다.

② 마케팅관리의 목표
ⓐ 매출극대화
ⓑ 이윤극대화
ⓒ 지속적 성장

❷ 마케팅 조사 방법론

(1) 마케팅 조사(시장조사)의 개념 [출처 : goldfarm, www.hunet.co.kr]

① 의의

시장 조사란 과거와 현재상황을 조사, 분석하여 미래를 예측함으로써 시장전략 수립의 지침을 제공하는 미래지향적 활동으로써, 마케팅 의사 결정을 위해 다양한 자료를 체계적으로 획득하고 분석하는 과정을 말한다. 즉 기업이 추구하는 목적 달성을 위한 수단인 전략이나 정책을 수립하는데 필요한 시장 정보를 얻기 위해 각종 자료를 수집, 분석하는 일련의 과정을 말한다.

시장조사를 구체적으로 나누어보면 목표시장, 경쟁상황, 기업환경에 대한 자료를 수집하고 분석하는 작업이고, 이런 과정을 통해서 나온 정보는 기업의 전략적인 의사결정에 도움을 주게 된다.

② 시장조사의 목적과 활용
ⓐ 기초자료의 수집 : 시장 성격의 분석 자료로 활용
ⓑ 판매 가능한 수요를 예측
ⓒ 계획사업의 경제성 분석
ⓓ 정보수집

③ 시장조사의 이점
ⓐ 구매력(Purchasing Power)과 구매습관(Buying Habit)을

알려준다.
ⓑ 목표시장의 자금규모와 경제적 속성 등을 밝혀준다.
ⓒ 환경적인 요인에 대한 시장정보는 생산성과 사업운영에 영향을 미치는 경제적 및 정치적 환경, 제도 등을 알려준다.
ⓓ 현재 및 미래고객과의 커뮤니케이션을 제공한다. 즉, 확실한 시장조사를 하게 되면, 고객들과 직접 대화할 수 있는 효과적이고 목적 지향적인 마케팅 전략을 세울 수 있다.
ⓔ 시장조사는 사업아이템의 리스크를 최소화 시켜주고, 사업아이템이 지닌 제반문제가 무엇인지 알려주고 그 문제를 구체화시켜준다.
ⓕ 시장조사는 유사한 사업에 대한 벤치마킹을 할 수 있도록 도와주며, 사업 프로세스의 추적 및 사업의 성공가능성을 평가할 수 있도록 해 준다.

④ 시장조사의 단점
ⓐ 대체로 응답자의 마음 심층까지 파고 들어갈 수 없으므로, 얻어진 정보가 피상적일 수 있다.
ⓑ 주어진 요소 간의 관계를 분석하는 과정에서 오류를 범하기 쉽다 (다양한 요소들의 관계를 고찰할 때 모든 것을 단순화시킬 수도 없고 통제할 수도 없기 때문에 복잡하거나 중요하지만 드러나지 않는 다른 변수를 찾지 못할 수 있다.)
ⓒ 대체로 한번(at single moment in time)에 끝나게 되므로 계속적인 추적 관찰을 통한 자료 수집이 불가능하다.
ⓓ 많은 정보의 수집에 비례해서 비용과 노력이 적게 드는 것이지만, 예상외로 많은 비용과 노력이 들 수도 있다.
ⓔ 많은 시간과 인원을 투입해야 하는 경우도 발생한다.
ⓕ 조사자의 능력, 경험, 기술 등이 문제가 된다.

⑤ 시장을 조사하는 측정 요소
ⓐ 성장 잠재력(시장 매출액/ 수명주기)
ⓑ 조기진입 가능성(진입순서/ 상품과 마케팅 우위)
ⓒ 규모의 경제(누적 매출량/ 학습)
ⓓ 경쟁적 매력도(잠재시장의 점유율/ 경쟁의 정도)
ⓔ 투자(비용/ 기술/ 인력에의 투자)
ⓕ 수익(이익/ ROI)

ⓖ 위험(안정성/ 손실확률)

(2) 시장조사 단계

문제제기 ➡ 조사설계 ➡ 자료수집 ➡ 자료분석 ➡ 보고

① 문제제기
  조사를 통해 해결해야 할 문제 자체와 그 문제들이 야기된 배경에 대한 분석이 병행되어야 한다.
② 시장조사 설계
  ⓐ 조사하는 목적이 무엇인지, 현재 봉착한 문제가 무엇인지, 현재 시점에서 세울 수 있는 가설은 어떠한지 등에 대한 검토
  ⓑ 이용될 조사 방법을 제시하고, 조사 시 따라야 할 전반적인 틀을 설정하며, 자료 수집절차와 자료분석 기법을 선택
  ⓒ 예산을 편성하고 조사일정을 작성하고, 소요될 인원, 시간 및 비용 고려
  ⓓ 시장조사 설계를 평가하고 여러 대안 중 필요한 정보를 제공할 수 있는 방법 채택
③ 자료 수집
  ⓐ 1차 자료 : 자신이 직접 수집하는 자료(직접 질문, 전화, 설문조사, 면접 등)
  ⓑ 2차 자료 : 각종 문헌, 신문이나 잡지, 인터넷 검색엔진 이용
④ 자료의 분석, 해석 및 전략보완과 수정 후 보고

(3) 시장 조사 방법의 유형

① 조사대상의 크기에 따라
  ⓐ 전수조사 : 목표로 하는 조사 대상 모두를 대상으로 실시하는 방법
  ⓑ 표본조사 : 목표 조사 대상 중에서 대표성을 가지는 일부 대상만을 선정하여 실시하는 방법
② 시간적 구분 에 따라 : 역사조사, 사례조사, 예측조사, 실태

조사
③ 자료수집방법에 따라 : 정량적(quantitative) 조사방법, 정성적(qualitative) 조사방법
④ 조사 설계의 목적에 따라
  ⓐ 탐색(exploration)을 위한 조사연구 : 자유응답식 면접방법을 사용하여 문제의 소재를 발견하는데 주안점을 두므로, 차후에 보다 체계적인 연구를 위한 탐사적 또는 예비적 연구의 성격
  ⓑ 기술(description)을 위한 조사연구 : 어떤 현상을 정확히 측정하려는 것으로서 신문독자조사, 방송시청조사 등으로 조사연구들의 기초적 연구
  ⓒ 인과관계의 설명(causal explanation)을 위한 조사연구 : 어떤 주어진 현상에 관련된 변인들 사이의 인과관계를 규명해서 밝히려는 연구로
  ⓓ 가설검증(hypothesis testing)을 위한 조사연구 : 어떤 계획된 프로그램의 과정과 결과를 검토 또는 평가하기 위한 것
  ⓔ 예측(prediction)을 위한 조사연구 : 어떤 미래의 사상(event)이나 상황에 대한 예측을 위한 것으로 선거결과를 예측하기 위한 여론조사가 대표적임
  ⓕ 지표개발(developing indicator)을 위한 조사연구 : 사회지표의 개발을 위한 TV의 시청률, 광고비의 증가추세를 조사해서 그것을 나타내는 어떤 지표를 개발하는 것

(4) 시장조사의 기법
① 관찰법
조사대상이 되는 사물이나 현상을 조직적으로 파악하는 방법이다. 관찰법은 직접 관찰을 통해 정보를 수집하기 때문에 정확한 정보를 수집할 수 있다는 장점을 지니나, 정보 수집 과정에 많은 시간과 비용이 소요되며, 관찰 대상자가 관찰을 의식해 평소와 다른 반응을 보이거나 불안을 느끼게 되는 등의 단점을 지닌다.
  ⓐ 자연적 관찰법 : 인위적인 통제 없이 자연적인 상태에서 관찰

　　㉠ 일화법(逸話法:anecdotal method)
　　㉡ 수시면접
　　㉢ 참가관찰
　　㉣ 실험적 관찰법 : 치밀한 계획과 설계하에 조건상황을 만들고 관찰
② 서베이조사법
　서베이조사법은 설문지를 이용하여 조사대상자들로부터 자료를 수집하는 방법으로
　　㉠ 대인면접법(Personal Interview)
　　㉡ 전화면접법(Telephone Interview)
　　㉢ 우편조사법(Mail Survey)
③ 표적집단면접법
　면접진행자가 소수(6~12인)의 응답자들을 한 장소에 모이게 한 후, 자연스러운 분위기 속에서 조사목적과 관련된 대화를 유도하고 응답자들이 의견을 표시하는 과정을 통해서 자료를 수집하는 조사방법을 말한다.

■ **심층면접법 과 집단면접법**

심층면접법 : 1명의 응답자와 일대일 면접을 통해 소비자의 심리를 파악하는 조사법.

집단면접법 : 4-8인 정도의 피조사자를 한곳에 모아 일정한 문제를 중심으로 자유로운 토론을 행하게 하고 피조사자의 태도나 의견에서 문제점을 파악하려는 것이다.

④ CLT(Central Location Test)조사
　응답자를 일정한 장소에 모이게 한 후 다양한 시제품, 광고카피 등을 제시하고 소비자반응을 조사하여 이를 제품개발이나 광고에 활용하는 방법을 말한다.
⑤ HUT(Home Usage Test)조사
　CLT조사와 유사하나, 응답자가 실제상황하에서 제품을 장기간 사용하여 보게 한 후, 소비자반응을 조사하는 방법으로, 가정유치(Home Placement Test)라고도 한다.
⑥ 패널조사
　동일표본의 응답자에게 일정기간 동안 반복적으로 자료를 수집하여 특정구매나 소비행동의 변화를 추적하는 마케팅 조사방법을 말한다. 고정된 조사대상의 전체를 패널이라 한다. 본

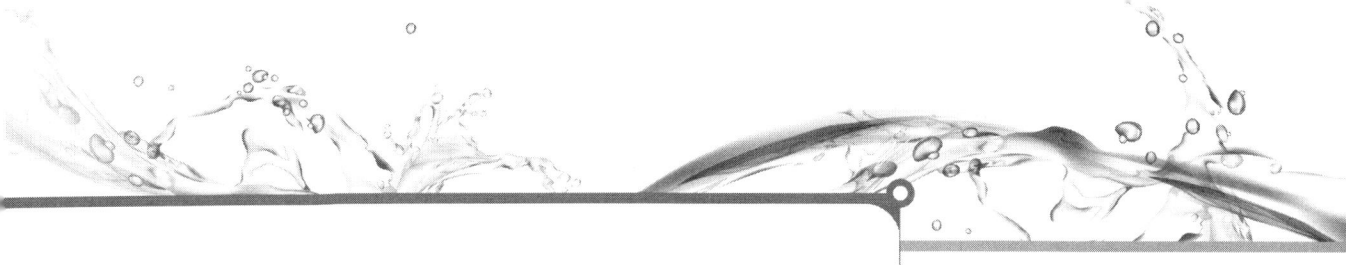

래는 시장조사에서 소비자의 소비행동과 소비태도의 변화 과정을 분석하기 위해서 이용되었는데, 최근에는 여론의 형성과정과 변동과정의 연구에 이용되기도 하고, 직업이 동의 궤적(軌跡)을 밝혀내기 위해서 이용되는 등 응용범위가 넓다.

⑦ 시험시장조사

시제품이 완성되고, 상표, 포장, 광고와 같은 마케팅변수들에 대한 의사결정이 어느 정도 이루어진 상태에서 전국적인 출시에 앞서 일부지역에 먼저 제품을 출시하여 소비자들의 반응을 검토하는 시장조사기법을 말한다.

⑧ 델파이법

사회과학의 조사방법 중 정리된 자료가 별로 없고 통계모형을 통한 분석을 하기 어려울 때 관련 전문가들을 모아 의견을 구하고 종합적인 방향을 전망해 보는 기법으로 미래 과학기술 방향을 예측하거나 신제품 수요예측을 위한 사회과학 분야의 대표적인 분석방법중 하나이다. 동일한 전문가 집단에게 수차례 설문조사를 실시하여 집단의 의견을 종합하고 정리하는 연구 기법이다. 예측기법이며 주관(主觀)의 종합에 의한 판정이다.

⑨ 고객의견조사법

잠재고객들에게 실제제품이나 제품개념기술서 혹은 광고 등을 보여주고 구매의사를 물어보는 방법을 말한다.

⑩ 실험조사

신제품에 대한 광고시안을 몇 개의 소비자 집단에 보여주고 그 중에서 소비자의 선호정도 및 기억정도가 가장 높은 광고를 선정하고자 할 때 적합한 마케팅조사방법이다.

⑪ 모의시장시험법

신제품의 수요예측이나 기존제품을 새로운 유통경로나 지역에 진출하는 경우 적절한 마케팅조사방법이다.

⑫ 회기분석법

과거의 상황이 미래에도 비슷하게 되풀이 된다는 가정 하에 불확실한 미래의 의사 결정에 과거의 확실한 데이터를 이용하는 기법을 말한다.

⑬ S.W.O.T 분석법

S.W.O.T는 내부환경분석(나의 상황:경쟁자와 비교)으로

S(Strength, 강점)와 W(Weakness, 약점)와 외부환경분석(나를 제외한 모든 것)으로 O(Opportunities, 기회)와 T(Threats, 위협)의 약자로 남과 나에 대해서 알 수 있는 분석법이다.

③ 소비자 시장과 소비자 구매행동

(1) 소비자의 의의

사업자가 공급하는 상품 및 서비스(service)를 소비생활(消費生活)을 위하여 구입(購入)·사용(使用)·이용(利用)하는 자를 말하며, 사업자(事業者)에 대립하는 개념이다.
　① 국민의 소비생활에 관계되는 측면을 취급하는 개념이며,
　② 소비자는 사업자에 대립되는 개념이고,
　③ 소비자는 소비생활을 영위하는 자라는 개념이다.

(2) 소비자의 구분

가계소비자	자신이나 가족구성원을 위해 소비할 목적으로 소매상이나 농수산물생산자로부터 구입하는 소비자
기관소비자	호텔, 식당 등 대량소비기관으로 구매량이 다량이고 도매상이나 산지에서 구입하는 소비자
산업소비자	농수산품을 제조·가공하기 위하여 원료로서 구매하는 소비자

(3) 소비자의 구매행동

상품 또는 생산재, 중간재 등을 구입하는 구매자의 의사결정행동. 구매행동은 최종소비재 수용자의 소비행동과 함께 넓은 의미의 소비자 행동의 한 부류가 된다. 여기서 소비자 행동이란 소비주체가 스스로의 생활을 형성·유지·발전시키기 위해 필요로 하는 재화, 서비스 등의 생활자원을 화폐와 신용 등의 소비자 지출로써 획득할 때의 배분 또는 선택양식을 의미한다. 구매행동은 개개의 구체적인

의사결정행동이다.
① 관여도
소비자가 특정상황에서 특정대상에 대하여 지각된 개인적인 중요성이나 관심도의 수준을 뜻한다
ⓐ 고관여 : 제품을 선택할 때 제품정보를 충분히 탐색, 평가하고 그 제품에 대하여 보다 많은 노력을 기울이는 것
ⓑ 저관여 : 상품(상표)선택시 제품정보처리에 수동적이며 주의도가 낮은 것
② 관여도의 결정요인과 유인
ⓐ 개인적 요인 : 개인이 어떤 제품에 대해 지속적인 관심을 가지는 것
ⓑ 제품적 요인 : 제품이 자신의 자아를 나타내 주는 것으로서 인식하는 것
ⓒ 상황적 요인 : 제품선택시 자신이 처한 상황에 따라 구매행동을 달리 하는 것
③ 소비자의 행동유형

	고관여 제품	저관여 제품
브랜드 차이가 큼	체계적 의사결정	다양성 추구
브랜드 차이가 작음	인지부조화 구매행동	습관적 구매행동

ⓐ 체계적 의사결정 : 소비자가 능동적 학습자로써 구매전 문제를 인식하고 구매상황에 대한 관여도가 높다.
ⓑ 인지부조화 구매행동 : 제품은 자신에게 중요하지만 제품들간에 차별성이 적어 부조화가 크지 않은 경우
ⓒ 다양성 추구 : 기존의 제품이나 상표에 불만족하지 않더라도 여러 가지 이유로 상표나 제품을 바꿔가며 구매하는 경우. 상표의 지각차이는 있으나 관여도가 낮다.
ⓓ 습관적 구매행동(타성) : 모든 상표에 대하여 비슷한 인식을 하고 특정한 정보처리과정이 불필요한 구매행동
소비자들이 구매에 높은 관여를 보이고 각 상표간 뚜렷한 차이점이 있는 제품을 구매할 경우

(3) 소비자의 구매행동에 영향을 미치는 주요 요인

사회적 요인	사회계층, 준거집단, 가족, 라이프스타일 등
문화적 요인	생활양식, 국적, 종교, 인종, 지역 등
개인적 요인	연령, 생활주기, 직업, 경제적 상황, 인성 등
심리적 요인	욕구, 동기, 태도, 학습, 개성 등

(4) 소비자의 구매동기

구매동기란 소비자로 하여금 특정 상품의 구매를 결정하게 하는 것을 말하며 제품 동기와 애고동기(기업동기)로 나눈다.

① 제품동기(Product motives)

소비자가 개인적 욕망을 충족시키기 위하여 특정 제품을 구매하게 되는 동기로서 농산물구매의 경우에 있어서는 합리성, 편의성, 농산물의 균일성, 가격의 저렴성 등을 들 수가 있다.

② 애고동기(愛顧動機, patronage motives : 기업동기)

소비자가 제품을 구매 시 어느 기업제품을 선택하느냐의 동기로서 제품동기처럼 감정적 애고동기와 합리적 애고동기로 나눌 수 있다. 구매요인은 판매점의 명성과 신용, 가격, 품질, 편리한 위치, 서비스, 광범위한 상품의 구비 등이다.

(5) 소비자의 구매관습

구매관습이란 소비자가 어떠한 구매방법, 장소 및 시기와 관련하여 개인적인 고정된 행동 내지 의식형태로서의 구매행위를 말한다.

① 충동구매 : 소비자가 사전계획이나 준비 없이 상품을 보고 즉각적인 결심에 의해 구매하는 행위이다.
② 회상구매 : 소비자가 진열상품을 보는 순간 집에 재고가 없다거나 소량이라고 연상하였을 때 일어나는 구매이다.
③ 암시구매 : 진열상품을 보고 이에 대한 필요성을 구체화되었을 경우에 나타나는 구매이다.
④ 일용구매 : 소비자가 어떤 상품 구매에 있어서 최소의 노력으로 가장 편리한 지점에서 하는 구매이다.
⑤ 선정구매 : 소비자가 구매노력을 최소화하기 보다는 상품을

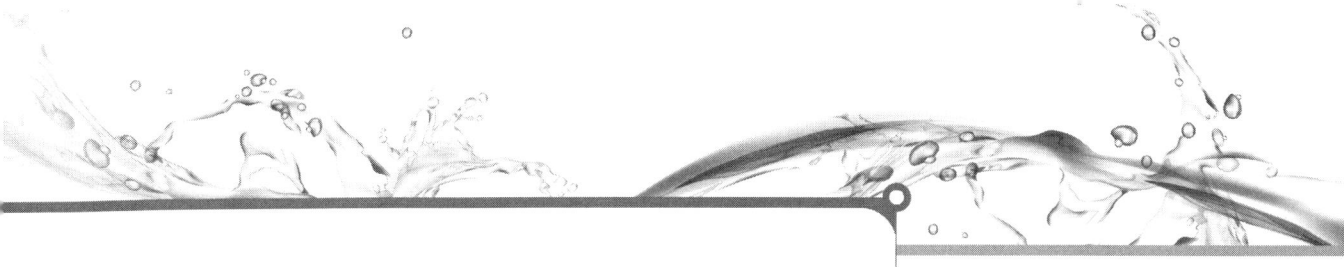

구매할 의도로 품질, 형상 및 가격 등의 조건에 대하여 여러 점포에서 구입대상 상품을 서로 비교·검토하여 가장 유리한 조건으로 구매하는 것이다.

(6) 소비자의 구매의사 결정과정

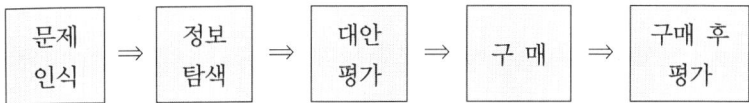

① 문제인식 : 자신이 처한 상태와 바람직한 상태의 차이로부터 필요를 인식하게 된다.

필요인식이 구매동기가 되고 구매하고자 하는 의지로 발전하게 된다.

■ 매슬로우의 5단계 욕구

1단계	생리적 욕구	의식주 생활에 관한 욕구 즉, 본능적인 욕구를 말한다.
2단계	안전의 욕구	사람들이 신체적 그리고 정서적으로 안전을 추구하는 것을 말한다.
3단계	애정의 욕구	어떤 단체에 소속되어 소속감을 느끼고 주위사람들에게 사랑받고 있음을 느끼고자 하는 욕구이다.
4단계	존경의 욕구	타인에게 인정받고자 하는 욕구이다
5단계	자아실현의 욕구	가장 높은 단계의 욕구로서 자기만족을 느끼는 단계이다.

② 정보탐색
  ⓐ 내적탐색 : 과거에 습득했던 제품의 정보를 탐색
  ⓑ 외적탐색 : 저장된 정보가 부족한 경우 외부에서 추가적인 정보를 탐색
   * 정보탐색의 의지는 제품에 대한 관여도의 차이에 따라 달라진다.
③ 대안평가
  ⓐ 보상적 대안평가 : 각 상표에 있어서 어떤 속성의 약점을

다른 속성의 장점에 의해 보완 평가 하는 것. 다양한 평가기준을 적용 여러 상표를 종합적으로 비교. 평가하는 것으로 고관여 상품선택에서 나타난다.

ⓑ 비보상적 대안평가 : 각 상표에 있어서 어떤 속성의 약정을 따른 속성의 장점으로 보상해 평가하지 않는 것으로 저관여 상품선택에서 나타난다.

④ 구매 : 구매의도가 클로징에 도달하는 것이다. 실제 구매과정에서 결정이 바뀔 수도 있다.

⑤ 구매 후 평가 : 제품 구매 후 소비자는 만족 또는 불만족을 느끼게 된다. 인식과 행동의 결과 일치하지 않은 구매 후 부조화(인지부조화) 상태가 올 수도 있다.

❹ 상권과 시장진입 전략

(1) 상권의 유형

상권이란 상업지구 또는 상점이 고객을 유인할 수 있는 지역으로 표현된다. 이것은 그 상업시설에 있어 잠재적 구매자인 소비자가 살고 있는 지리적 지역의 넓이를 의미한다. 상권의 크기는 그 상업시설이 취급하는 상품의 종류, 구비한 상품의 종류, 가격, 배송, 기타 서비스, 입지조건, 교통편 등에 의해 규정된다.

1) 규모에 의한 분류
① 지역상권(총상권)

대도시 규모로 분류하며 특정지역 전체가 가지는 상권으로 도시의 행정구역 개념과 거의 일치한다.

② 지구상권

상업이 집중된 상권으로서 특정입지(백화점, 유명전문점, 음식점 등)에 속하는 상업집적이 이루어지는 상권이다. 하나의 지역상권 내에는 여러 개의 지구상권이 있다.

③ 지점상권

점포상권을 의미하며 특정입지의 점포가 갖는 상권의 범위를 말한다.

예) 국민은행 사거리, 롯데리아 사거리 등
④ 개별점포 상권
지역상권과 지구상권 내의 개별점포들이 가지는 상권으로 1, 2차 상권에 속하지 않는 나머지 고객을 흡수할 수 있는 상권이다.

2) 고객 흡입률에 따른 분류
① 1차 상권
점포고객의 60~70%를 포괄하는 상권범위로 도보로 10~30분 정도 소요되는 반경 2~3km지역이며 마케팅 전략 수립 시 가장 중요한 주요 상권이다.
② 2차 상권
점포고객의 15~20%를 포함하는 상권으로 1차 상권 외곽에 위치하여 고객 분산도가 매우 높으며, 1차 상권에 비해 지역적으로 넓게 분산되어 있다.
③ 3차 상권(한계상권)
1·2차 상권에 속해 있지 않은 고객을 포함하는 지역으로 점포고객의 5~10%를 점유하며, 고객의 분포가 매우 넓다.

■ **시장점유율(Market share)과 일상점유율(Life share)**
특정 제품이 해당 업종 시장에서 판매되는 전체 물량 중 차지하는 비율로서 사업성과를 측정하는 척도로 사용된다. 일상점유율은 제일기획에서 개발된 용어인데 특정 제품이 고객의 일상생활에서 얼마나 활용되고 있는가를 의미하는 척도이다.

(2) 기업의 시장 진입 전략
① 시장침투전략
기존제품을 기존시장 내에서 보다 많이 판매하여 성장을 추구하는 전략이다. 제품 가격을 내리거나 광고나 및 판촉을 증가시키거나 또는 소매상의 점포 수를 늘리는 등의 방법을 통해 기존 고객의 제품 사용률 또는 사용량을 늘리거나(즉, 사용 빈도를 늘리거나 〈= 한번 샴푸할 것을 세번한다거나〉, 1회 사용량을 증가시키거나, 품질을 개선하거나, 새로운 용도를 개발함으로써), 제품의 비사용자를 사용자로 전환시키거나

심지어 경쟁 상표 구매 고객을 유인하는 방법 등을 통해 시장 침투 전략을 달성할 수 있다.

② 제품개발전략

기존고객들에게 새로운 제품을 개발·판매함으로써 성장을 추구하는 전략으로 제품특징을 추가(휴대폰에 인터넷이나 데이터통신기능을 추가)하거나, 제품계열을 확장(식품회사가 고추장, 된장, 쌈장, 불고기양념 등으로 확장) 또는 차세대 제품의 개발(기존 TV 시장에 PDP, LCD, LED TV개발이나 필름이 필요 없는 디지털카메라 개발 등)이 있다.

③ 시장개발전략

기존 제품을 새로운 시장에 판매함으로써 성장을 추구하는 전략으로 지리적으로 시장의 범위를 확대(맥도날드, 코카콜라 등이 세계적으로 사업영역을 확대)하거나, 새로운 세분시장에 진출(유아용품전문회사가 성인용품 시장으로 사업영역을 확대)하는 것 등이 예이다.

02 마케팅 전략

(1) 마케팅 전략의 3차원

1) 시장점유 마케팅 전략 – 공급자(생산자)중심

① STP전략

STP란 시장세분화(segmentation), 표적시장(target), 차별화(Positioning)를 표시하는 약자이며, 이 STP전략은 시장점유 마케팅 방법 중 하나이다.

② 4P MIX 전략

4P MIX 전략이란 제품(Product), 가격(Price), 유통경로(Place), 홍보(Promotion)의 제 측면에 있어서 차별화 하는 전략을 말한다.
4P [Product, Price, Place, Promotion] MIX

- **상품(Product)**

    상품 · 서비스 · 포장 · 디자인· 브랜드 · 품질 등의 요소를 포함한다. 결국 Product는 제품의 차별화를 기할 것인가,

서비스의 차별화를 기할 것인가, 아니면 둘 다 기할 것인가를 따져 보는 것이다.

- **가격(Price)**
제품의 가격이다. 통상 고객이 느끼는 가치(Value)에 비해 Price는 낮게, 생산비용인 Cost보다는 높게 매겨야 한다. 즉, V(가치)〉P(가격)〉C(비용)라 할 수 있다. 한편, 기업이 설정하는 가격은 이윤 극대화, 판매 극대화, 경쟁자 진입 규제 등 시장 전략에 따라서 달라질 수도 있다.

- **경로(Place)**
기업이 재화나 서비스를 판매하거나 유통시키는 장소를 가리킨다. 제품이 고객에게 노출되는 장소라는 물리적 개념이기도 하면서 동시에 유통경로와 관리 등을 아우르는 공간적 개념까지도 포함한다.

- **촉진(Promotion)**
광고, PR, 다이렉트 마케팅, 판매촉진 등 고객과의 커뮤니케이션을 의미한다. 고객과 이뤄지는 다양한 소통의 방식을 말하며, 기업이 사회적 책임을 앞세워 사회와의 연계성을 강화하는 것도 그 일환이라 할 수 있다.

2) 고객점유 마케팅 전략 – 수요자(소비자)중심

전통적인 시장접근방식이 공급자 중심이었다는 반성으로부터 소비자를 중심으로 하는 마케팅 페러다임이 고안되기 시작했다. 소비자의 지향점, 소비자의 구매패턴, 소비자의 소비심리에 이르기까지 소비자와의 접점을 창출하려는 고객지향중심의 전략이다.

- **AIDA 원칙**
소비자의 구매심리과정(購買心理過程)을 요약한 것이다. Attention, Interest, Desire, Action의 앞글자로 이뤄져 있다. "주의를 끌고, 흥미를 느끼게 하고, 욕구를 일게 한 후 결국은 사게 만든다"는 의미이다. 이 원칙과 함께 AIDMA와 AIDCA 도 널리 주장되고 있는데 M은 기억(memory), C는 확신(conviction)을 뜻한다.

3) 관계 마케팅 전략 – 공급자와 수요자의 상호작용

관계마케팅(connection marketing, relationship marketing) 이란 종전의 생산자 또는 소비자 중심의 한쪽 편중에서 벗어나 생산자(판매자)와 소비자(구매자)의 지속적인 관계를 통해 상호 이익을 극대화할 수 있도록 하는 관점의 마케팅 전략으로 기업과 고객 간 인간적인 관계에 중점을 두고 있다. 개별적 거래 이기의 극대화보다는 고객과의 호혜관계를 극대화하여 고객과 지속적인 우호관계를 형성한다면 이익은 저절로 수반된다는 마케팅 전략이다.

03 STP 전략

STP마케팅이란 마케팅 전략과 계획수립시 소비자행동에 대한 이해에 근거하여 시장을 세분화(Segmentation)하고, 이에 따른 표적시장의 선정(Targeting), 그리고 표적시장에 적절하게 제품을 포지셔닝(Positioning)하는 일련의 활동을 말하는 것으로 이러한 각 단계의 활동의 첫 글자를 따서 부르는 말이다.

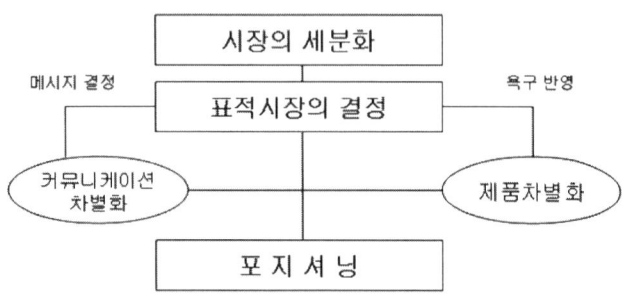

(1) 시장세분화 (segmentation)

1) 시장세분화의 개념 등
   ① 시장세분화의 개념
      시장세분화란 다양한 욕구와 서로 다른 구매능력을 가진 소

비자를 욕구가 유사하고 동질적 집단으로 세분하여 세분화된 고객의 욕구를 보다 정확하게 충족시키는 알맞은 제품을 공급하는 것을 말한다.
② 시장 세분화를 하는 목적
  ⓐ 시장기회를 탐색하기 위하여
  ⓑ 소비자의 욕구를 정확하게 충족시키기 위하여
  ⓒ 변화하는 시장수요에 능동적으로 대처하기 위하여
  ⓓ 자사와 경쟁사의 강약점을 효과적으로 평가하기 위하여
③ 시장세분화의 이유
  ⓐ 소비자의 욕구가 다양
  ⓑ 기업경영자원은 한계
  ⓒ 경쟁자의 존재

2) 시장세분화 마케팅전략
① 시장집중전략
  시장세분화에 따른 각 세분시장의 수요크기, 성장성, 수익성을 예측하고 그 중에서 가장 유리한 시장을 표적으로 하고 마케팅전략을 집중해 나가는 전략이다. 주로 자원이 한정되어 있는 중소기업에서 채택되는 경우가 많다.
② 종합주의전략
  세분된 각각의 모든 시장을 시장표적으로 하여 각 시장표적 고객이 정확하게 만족할만한 제품을 설계, 개발하고, 다시 각 시장표적에 맞춘 전략을 실행하는 것이다. 이는 주로 대기업에서 채택되는 형태이다.

3) 효율적인 세분화 조건
① 측정가능성 : 세분시장의 규모와 구매력을 측정할 수 있는 정도
② 접근가능성 : 세분시장에 접근할 수 있고 그 시장에서 활동할 수 있는 정도
③ 실질성 : 세분시장의 규모가 충분히 크고 이익이 발생할 가능성이 큰 정도
④ 행동가능성 : 세분시장을 유인하고 그 시장에서 효과적인 영업활동을 할 수 있는 정도

⑤ 유효정당성 : 세분화된 시장 사이에 특징·탄력성이 있어야 한다.
⑥ 신뢰성 : 각 세분화시장은 일정기간 일관성 있는 특징을 가지고 있어야한다.

4) 시장세분화의 이점
① 시장세분화를 통하여 마케팅기회를 정확히 탐지할 수 있다.
② 제품 및 마케팅활동을 목표시장 요구에 적합하도록 조정할 수 있다.
③ 시장세분화 반응도에 근거하여 마케팅자원을 보다 효율적으로 배분할 수 있다.
④ 소비자의 다양한 욕구를 충족시켜 매출액 증대를 꾀할 수 있다.

5) 시장세분화 기준
① 지리적 세분화 : 국가, 지방, 도, 도시, 군, 주거지, 기후, 입지조건 등
② 사회.경제학적 세분화 : 연령, 성별, 직업, 소득, 교육, 종교, 인종 등
③ 사회심리학적 세분화 : 라이프스타일, 개성, 태도 등
④ 행동분석적 세분화(구매동기) : 추구하는 편익, 사용량, 상표충성도 등

(2) 표적시장 (target)

① 표적시장의 개념
표적시장이란 일종의 시장영업범위라고 볼 수 있다. 세분화된 시장에서 자신의 상품과 일치되는 수요집단을 확인하거나 기업 혹은 상품의 특성에 일치하는 일부분의 시장(고객층)에 목표를 둔 마케팅전략을 전개시킨다.

■ 표적시장 선택의 평가기준
1. 수요측면 : 시장규모, 성장잠재력, 예상 수익률, 안정성, 가격탄력성, 구매자파워 등
2. 경쟁측면 : 경쟁자의 수, 점유율 분포, 대체상품의 위협, 공급자 파워 등

② 표적시장 선택의 전략

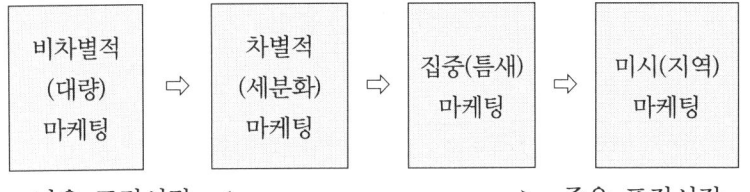

넓은 표적시장 ←————————→ 좁은 표적시장

ⓐ 비차별적 마케팅(Mass Marketing)
   ㉠ 세분시장 간의 차이를 무시하고 하나의 제품으로 전체 시장을 공략
   ㉡ 소비자들의 차이보다는 공통점에 집중하며 대량유통과 대량광고 방식을 취한다.
   ㉢ 소비자들의 욕구 차이가 크지 않을 때 유용하다.
   ㉣ 단일 마케팅믹스를 사용하므로 비용절감의 효과가 있다.(장점)
   ㉤ 소비자 욕구의 다양화에 대한 대처가 취약하고 소비자를 빼앗길 위험이 있다.(단점)
ⓑ 차별적 마케팅(Growth Marketing)
   ㉠ 여러개의 표적시장을 선정하고 각각의 표적시장에 맞는 전략을 구사한다.
   ㉡ 제품과 마케팅믹스의 다양성을 추구할 수있다.
   ㉢ 각 시장마다 다른 제품개발, 관리, 마케팅조사 비용이 발생한다.(단점)
   ㉣ 각 시장마다 다른 고객의 욕구를 충족시키기 위하여 다양한 제품계열, 다양한 유통경로, 다양한 광고매체를 통하여 판매하기 때문에 총매출액이 증대될 수 있다.(장점)
ⓒ 집중적 마케팅(Niche Marketing)
   ㉠ 기업의 자원이 제한되어 있는 경우 하나 혹은 소수의 작은 시장에서 높은 시장점유율을 누리기 위한 전략
   ㉡ 특정시장에 대한 독점적 위치 획득 가능
   ㉢ 한정된 자원으로 기업 마케팅전략을 집중하여 낮은 비용(생산, 유통, 촉진 면에서 전문화로 운영상의 경제성)으로 높은 수익률을 올릴 수 있다.(장점)
   ㉣ 시장의 기호변화나 강력한 경쟁사의 등장으로 위기에 빠질 수 있다.(단점)

ⓑ 단점: 한 기업의 성장성을 특정세분시장에만 의존하는 전략이기 때문에 위험성이 뒤따른다.

(3) 시장위치 선정 (Positioning : 차별화전략)

1) 포지셔닝 전략의 이해
   ① 포지셔닝의 개념
      ⓐ 시장위치선정(positioning)
         <u>소비자의 마음속에 자사제품이나 기업을 표적시장·경쟁·기업능력과 관련하여 가장 유리한 위치에 있도록 노력하는 과정으로 소비자들의 마음속에 자사제품의 바람직한 위치를 형성하기 위하여 제품효익을 개발하고 커뮤니케이션하는 활동을 말한다.</u>
      ⓑ 시장위치(position)
         제품이 소비자들에 의해 지각되고 있는 모습을 말한다
   ② 포지셔닝 전략
      ⓐ 소비자 포지셔닝 전략'
         소비자가 원하는 바를 준거점으로 하여 자사제품의 포지션을 개발하려는 전략
      ⓑ 경쟁적 포지셔닝 전략
         경쟁자의 포지션을 준거점으로 하여 자사제품의 포지션을 개발하려는 전략
      ⓒ 리포지셔닝(repositioning) 전략
         소비자들이 원하는 바나 경쟁자의 포지션이 변화함에 따라 기존제품의 포지션을 바람직한 포지션으로 새롭게 전환시키는 전략
   ③ 커뮤니케이션 방법에 따른 소비자 포지셔닝 전략의 유형
      ⓐ 구체적 포지셔닝
         소비자가 원하는 바에 대하여 구체적인 제품효익을 근거로 제시
      ⓑ 일반적 포지셔닝
         애매하고 모호한 제품효익을 근거로 제시
      ⓒ 정보 포지셔닝
         정보제공을 통해 직접적으로 접근

ⓓ 심상 포지셔닝
　심상(imagery)이나 상징성(symbolism)을 통해 간접적으로 접근
④ 경쟁적 포지셔닝 전략
　경쟁자를 지명하는 비교광고를 통해 수행되는데 시장선도자를 준거점으로 하고 직접적인 도전을 통해 자신의 상표를 포지셔닝하려는 수단으로 이용

2) 포지셔닝 전략의 5단계
① 소비자 분석 단계
　소비자 분석으로 소비자 욕구와 기존제품에 대한 불만족 원인을 파악한다.
② 경쟁자 확인단계
　경쟁자 확인으로 제품의 경쟁 상대를 파악한다. 이때 표적시장을 어떻게 설정하느냐에 따라 경쟁자가 달라진다.
③ 경쟁제품의 포지션 분석단계
　경쟁제품의 포지션 분석으로 경쟁제품이 소비자들에게 어떻게 인식되고 평가받는지 파악한다.
④ 자사제품의 포지션 결정단계
　자사제품의 포지션 개발로 경쟁제품에 비해 소비자 욕구를 더 잘 충족시킬 수 있는 자사제품의 포지션을 결정한다.
⑤ 포지셔닝 확인 및 리포지셔닝 단계
　포지셔닝의 확인 및 리포지셔닝으로 포지셔닝 전략이 실행된 후 자사제품이 목표한 위치에 포지셔닝되었는지 확인한다. 이때 매출성과로도 전략효과를 알 수 있으나 전문적인 조사를 통해 소비자와 시장에 관한 분석을 해야 한다. 또한 시간이 경과함에 따라 경쟁환경과 소비자 욕구가 변화하였을 경우에는 목표 포지션을 재설정하여 리포지셔닝을 한다.

제5장 | 수산물 마케팅

04 마케팅 믹스

(1) 마케팅 믹스의 개념
마케팅 믹스(marketing mix)란 기업이 표적시장에 도달하여 목적을 달성하기 위하여 마케팅의 구성요소를 조합하는 것을 말한다.

(2) 마케팅 믹스의 구성요소
① 유통경로(place) : 유통경로 선택, 유통계획 수립 등
② 상품전략(products) : 차별화전략, 포장, 상표, 디자인, 서비스 등
③ 가격전략(price) : 시가전략, 고가전력, 저가전략 등
④ 촉진전략(promotion) : 광고, 홍보, 전시, 시식회 등

(3) 4P와 4C

4P (기업관점)		4C (고객관점)
유통경로(Place)	⇔	편리성 (Convenience)
상품전략(Products)	⇔	고객가치 (Customer value)
가격전략(Price)	⇔	고객측 비용(Cost to the Customer)
촉진전략(Promotion)	⇔	의사소통(Communication)

1) 유통경로
사업대상지역의 선정, 즉 입지선정

2) 상품계획
상품계획 시 고려할 사항으로서는 품질, 설계, 입지조건, 상표 등이 있으며, 상품개발전략으로는 공업화와 규격표준화, 상품의 차별화, 시장의 세분화, 상품의 다양화, 상품의 고급화 등을 들 수 있다.

3) 가격전략(매가정책)
① 가격수준정책(시가, 저가 또는 고가정책 등)

| 회 기 출 문 제

수산물 마케팅 믹스 4P와 4C의 전략을 바르게 연결한 것은?

〈기업관점(4P)〉 - 〈고객관점(4C)〉
① 유통경로(Place) - 의사소통(Communication)
② 가격전략(Price) - 고객의 비용(Cost to the customer)
③ 상품전략(Product) - 편리성(Convenience)
④ 촉진전략(Promotion) - 고객가치(Customer value)

▶ ②

② 가격신축정책, 단일가격정책 또는 신축가격정책 등
③ 할인 및 할부정책 등

4) 커뮤니케이션(communication : 의사소통) 전략
① 홍보 : 주로 보도기관에 뉴스소재를 제공하는 활동(Publicity : 퍼블리시티) 등을 포함하는 넓은 개념
② 광고 : 상품과 서비스에 대한 수요를 자극하고 기업에 대한 호의를 창출하기 위한 커뮤니케이션
③ 인적 판매 : 고객 및 예상고객의 구입을 유도하기 위해 직접 접촉할 때 판매원의 고도의 유연성이 요구되는 개인적인 여러 가지 노력
④ 판매촉진 : 광고, 홍보 및 인적판매를 제외한 단기적인 유인으로서의 모든 촉진활동을

(4) 판매촉진

1) 좁은 의미의 판매촉진
광고, 홍보 및 인적판매와 같은 범주에 포함되지 않는 모든 촉진활동

2) 판매촉진수단
① 가격할인
② 쿠폰사용
③ 환불(rebates):
④ 경연, 경주, 게임 등에서 상품제공
⑤ 경품(프리미엄) 제공
⑥ 견본(샘플) 제공
⑦ 선물 제공

- 리베이트(rebates)
  판매자가 지불액의 일부를 구입자에게 환불하는 행위. 상품을 구입하거나 서비스를 이용한 소비자가 표시가격을 완전히 지불한 후, 그 지불액의 일부를 돌려주는 소급 상환제도이다. 판매 촉진이나 거래 장려 등의 목적을 갖고 있다. 리베이트율은 상거래의 관습에서 적절하다고 인정되는 한도를 벗어나

> **1회 기출문제**
>
> 수산물 소비자를 대상으로 하는 직접적인 판매촉진 활동이 아닌 것은?
> ① 시식 행사
> ② 쿠폰 제공
> ③ 경품 추첨
> ④ PR
>
> ▶ ④

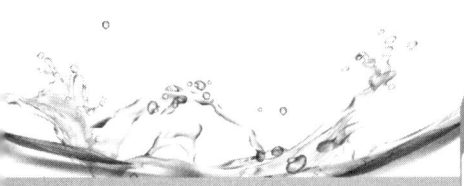

2회 기출문제

수산물 포장의 기능이 아닌 것은?

① 제품의 보호성
② 취급의 편리성
③ 판매의 촉진성
④ 재질의 고급화

➡ ④

제5장 | 수산물 마케팅

면 안 된다.
오늘날에는 고가품 판매나 대량 판매 등에서 가격을 할인하는 목적으로 주로 사용된다. 구매욕구를 자극한다는 점에서 정상적인 거래행위로 볼 수 있다.

■ 소매믹스 전략

소매믹스란 소비자와의 접점에서 구현 가능한 다양한 소매전략을 적정비용과 적정수단의 관점에서 혼합배분하는 것을 말한다.
소매믹스전략 중 가장 중요한 요인은 표적고객의 욕구에 부응하는 상품화 계획인 머천다이징이다. 머천다이징이란 상품화 계획 또는 상품 기획이라고도 하며 적절한 상품이나 장소·시기·수량·가격으로 판매하기 위한 계획활동이다. 이는 기업의 상품개발전략과도 관련이 있지만 소비자의 수요에 적당한 상품을 준비, 진열, 홍보하는 소매단계 전략에도 중요하다.

05 포장과 상표화

(1) 포장

① 포장의 정의
    물품을 수송·보관함에 있어서 가치 및 상태를 보호하기 위하여 적절한 재료나 용기 등을 물품에 시장(施裝)하는 기술 및 상태.

② 포장의 구분
    ⓐ 겉포장(外裝) : 농산물 또는 속포장한 농산물의 수송을 주목적으로 한 포장
    ⓑ 속포장(內裝) : 소비자가 구매하기 편리하도록 겉포장 속에 들어 있는 포장
    ⓒ 낱포장(個裝) : 물품을 직접 싸기 위한 포장으로서 단순히 제품의 보호라는 기술적인 요구만을 충족시키는 것이 아니고, 상점에 진열되어 구매자의 구매의욕을 자극하는 세련된 디자인이라는 시각적인 목적도 지닌다.

③ 포장의 중요성
  ⓐ 소비자는 같은 가격이라면 외관이 수려하게 포장된 제품을 선호한다.
  ⓑ 혁신적인 포장은 포장을 통해서 제품차별화를 유도할 수 있고 경쟁우위의 기회를 확보할 수 있다.
  ⓒ 잘 포장된 상품은 순간광고의 기능을 수행할 수 있다.
  ⓓ 유통의 효율을 증대시킬 수 있으며 유통주체의 수익을 증가시키기도 한다.
④ 포장의 기능
  ⓐ 포장은 가격을 전달하는데 사용된다.
  ⓑ 포장은 내용물 원형을 보존한다.
  ⓒ 중대 규모 포장은 더 많은 소비를 촉진시킨다.
  ⓓ 포장은 상표, 내용물을 명시하여 제품을 광고하고 촉진수단으로 이용된다.
  ⓔ 포장은 판매부서의 노동력을 감소시켜 비용을 크게 감소시킨다.
⑤ 포장의 원칙
  ⓐ 제품의 보호
  ⓑ 경제성
  ⓒ 제품인식 : 색깔, 모양, 크기를 포함한 디자인 관점을 통해 제품의 명시를 쉽게 하도록 설계하여 인식이 촉진될 수 있도록 해야 한다.
  ⓓ 취급특성 : 취급의 편리성, 저장의 유용성
  ⓔ 내용 일치 : 광고와 현물의 일치
⑥ 포장의 정보
  ⓐ 가격과 양 : 제품의 내용물과 상표이외에 포장에서 가장 중요한 정보이다. 단위당가격은 다른 제품과 비교하는 데에 있어서 소비자에게 있어서 매우 유용하다.
  ⓑ 폐기일 : 유통기간과 그 제품이 시장에서 제거되어야 할 일자이다
    ㉠ 포장일자 : 이것은 그 품목이 포장된 때를 나타낸다.
    ㉡ 사용유효기간 : 소비 혹은 사용을 위한 최종일을 나타낸다.
    ㉢ 판매유효기일 : 이것은 소매업자들이 진열대로부터 제

1회 기출문제

수산물 유통 시 포장에 관한 설명으로 옳은 것을 모두 고른 것은?

> ㄱ. 수산물의 신선도를 유지시켜 준다.
> ㄴ. 가격의 공개로 수산물의 신뢰도를 높인다.
> ㄷ. 생산내역을 명기하므로 광고 수단으로 유용하다.

① ㄴ
② ㄱ, ㄷ
③ ㄴ, ㄷ
④ ㄱ, ㄴ, ㄷ

▶ ④

제5장 | 수산물 마케팅

품을 재 이동해야 할 때를 가리킨다. 유효기간이 지난 상품일지라도 여전히 정상적인 가정저장 수명을 지닌다는 것을 유의해야 한다.
ⓒ 사용설명
ⓓ 품질보증
ⓔ 영양성분
ⓕ 환경효과 : 포장재의 재사용과 관련 미생물로 분해하거나, 재사용, 재생할 수 있는 포장을 표시하는 것

(2) 상표화

① 상표의 정의

<u>사업자가 자기가 취급하는 상품을 타인의 상품과 식별하기 위하여 상품에 사용하는 표지.</u>

즉, 상품을 업으로서 생산·제조·가공·증명 또는 판매하는 자가 그 상품을 타업자의 상품과 식별하기 위하여 사용하는 기호·문자·도형 또는 이들을 결합한 것을 말한다.

　ⓐ 상표명(brand name)
　　상표 중에서 말로 표현할 수 있는 부분을 말하며 문자, 숫자 혹은 단어로 구성된다.
　ⓑ 상표마크(brand mark)
　　상표 중에서 심벌·디자인·색상 등과 같이 눈으로는 알아볼 수는 있으나 발음할 수 없는 부분을 말한다.
　ⓒ 등록상표(trade mark)
　　이는 법적 보호에 의해 독점적으로 사용할 수 있도록 허가된 상표를 말하며 고유상표는 특허청에 등록하게 하는데 이때 등록상표는 통상 ®로 표시한다.

② 상표명의 특징
　ⓐ 상표명은 그 제품이 주는 이점을 표현할 수 있어야 한다.
　ⓑ 상표명은 실제적이고, 분명하고, 기억하기 쉬워야 한다.
　ⓒ 상표명은 제품이나 기업의 이미지와 일치해야 한다.
　ⓓ 상표명은 법적으로 보호를 받을 수 있어야 한다.

③ 상표의 기능
　ⓐ 상품식별기능

3회 기출문제

수산식품의 브랜드 명이 "B참치", "B어묵", "B젓갈" 등이라면, B수산회사가 채택한 브랜드 구조는?

① 브랜드 위계 구조
② 개별 브랜드 구조
③ 기업 브랜드 구조
④ 혼합 브랜드 구조

➡ ③

ⓑ 출처표시기능(제조, 가공, 증명, 판매업자와 관계 등)
ⓒ 품질보증기능
ⓓ 광고 선전기능
④ 상표충성도(brand loyalty , brand royalty , 商標忠實度)
 ⓐ 상표충성도의 의의
  특정의 상표를 애용하고 선호하는 소비자의 심리를 말한다. 즉, 고객이 사용 목적에 따라 특정의 상표를 선호하고 이를 반복하여 구매하게 되는 소비자 선호(consumer preference)를 말한다.
  ■ **상표충성도의 일관적 성격(J. Jacoby and D.B. Kyer)**
   ㉠ 상표충성도는 하나 또는 그 이상의 상표충성도를 가진다.
   ㉡ 상표충성도는 구매자의 의사결정주체에 있다.
    제품을 구매하려고 할 때 의사결정자는 여하히 상표를 통해서 제품을 구매하든지 구매하지 않든지를 결정한다.
   ㉢ 상표충성도는 일정기간 동안에 표출된다.
    즉, 상표충성도는 단시일 내에 형성되는 것이 아니고 일정기간이 지나면서부터 충성도로 나타나게 된다.
   ㉣ 상표충성도는 편견이 작용한다.
    상표충성도의 형성에 있어서 편견이 개재되어 구매행동으로 나타난다면 합리적인 구매행동이 어려워진다.
   ㉤ 상표충성도는 행동적 반응이 존재한다.
    이는 어떤 사람이 자기는 이 상표를 좋아한다고 반복적으로 언급하면서도 실제의 행동에 있어서는 충성도가 높은 다른 제품을 구매하는 것을 말한다. 이 경우 상표충성도가 명백히 나타난다고 할 수 있다.
   ㉥ 상표충성도는 심리적인 의사결정과정에서 형성된다.
    이 경우는 상표충성도에 내재되어 있는 심리적인 과정들을 외부적으로 나타난 결과만으로 평가한다는 것은 부당하다는 것이다.
 ⓑ 브랜드 파워 또는 브랜드 자산
  ㉠ 차별성을 유지하고 경쟁우위를 유지해 가기 위해서는 브랜드의 힘을 강화해야 한다.

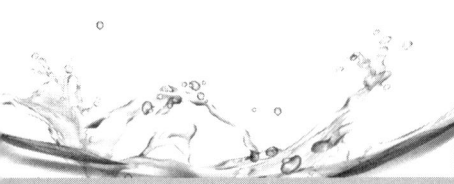

ⓒ 브랜드 파워(Brand Power : 상표력)의 강화란 그 브랜드만의 가치, 다시 말하면 브랜드 자산(Brand Equity : 상표 자산)을 확립하는 일이다.(김중배·김승욱, 국제마케팅)

ⓒ 브랜드와 기업 이미지는 융합적 성격을 가진다. 브랜드와 그것에 동반하는 이미지가 기업에 있어서 지속적인 경쟁우위를 얻기 위해 더욱더 중요한 경쟁의 도구가 되고 있다. 이것은 다른 도구와 비교하여 타사에 의해 쉽게 모방되고 추월당할 위험성이 낮기 때문이다.

ⓔ 브랜드 자산의 확립은 커다란 경쟁전략상의 무기가 될 뿐만 아니라 결과적으로 이익의 유지·향상에 연결되므로 이를 위하여 계속적이고 일관성 있는 광고활동이 불가결하다.

⑤ 상표화의 문제점

<u>상표화는 비용과 시간이 필요하다. 상표화 과정을 통해 기존 상표와의 경쟁관계가 성립되고 고정된 상표화 이미지를 개선하고 교체하는 것은 쉽지가 않다. 따라서 상표를 관리하고 경쟁우위를 지키도록 하는 지속적 마케팅이 필요하다.</u>

⑥ 농산물 브랜드화의 요건(출처 : 월간 유통저널)

① 기억하기 쉽고, 알아보기 쉽고, 쉽게 소리 낼 수 있어야 한다. 이러한 의미에서 짧은 이름이 좋다.(예: 꿈&들, 참고을, 맑은청)
② 농산물의 장점과 고품질 표시, 타 농산물 대비 선명하게 구별되는 참신하고 독특한 이름이어야 한다.(예: 얼음골 사과, 황금들녁, 임금님표)
③ 제품에 제공해 주는 편익을 암시해야 한다.(예: 과일낙원, 첫 눈에 반한, 하늘내린)
④ 외국어로 쉽게 번역(국제화에 대응)될 수 있어야 한다.(예: 포크밸리)
⑤ 써 놓았을 때도 보기 좋아야 한다.(예: 동구밖 과수원길)
⑥ 등록과 법적 보호를 받을 수 있는 이름이어야 한다.
⑦ 친근한 느낌을 주어야 한다.(예: 우리동네)
⑧ 생산지역이나 생산자, 생산방법, 품종 등(예: 횡성 한우, 음성 고추, 기장 미역)
⑨ 확장성이 좋아야 한다. 동일한 브랜드 컨셉을 다양한 상품에 적용할 수 있다면 이미 형성된 브랜드를 이용하고 브랜드 개발비를 절약할 수 있는 장점을 갖게 된다.

❺ 가격전략

(1) 가격의 개념

① 재화의 가치를 화폐 단위로 표시한 것.
② 교환으로서의 가격의 개념

일상생활적인 뜻의 가격은 상품 1단위를 구입할 때 지불하는 화폐의 수량으로 표시하는 것이 보통이지만, 넓은 뜻의 가격은 상품간의 교환비율을 뜻한다.
- ⓐ 절대가격 : 화폐단위로 표시되는 일상생활적인 뜻의 가격
- ⓑ 상대가격 : 상품간의 교환비율을 나타내는 넓은 뜻의 가격

③ 임금 또는 이자에 의한 보수를 받고 고용 또는 임대되는 노동이나 자본의 값

(2) 가격결정자(가격모색자)와 가격순응자

① 가격(결정자)모색자 : 자기 제품에 대한 시장가격을 통제하고 조정할 수 있는 판매자(가공업자, 도매상, 농기구 제조업자 등)

② 가격순응자
- ㉠ 주어진 시장가격에 종속되어 있는 자(농수산물 생산자)
- ㉡ 농수산물 생산자의 가격순응자 탈피노력
  - ⓐ 산지유통조직의 결성
  - ⓑ 협동조합의 개입
  - ⓒ 전문화, 규모화
  - ⓓ 생산자가 유통활동에 직접 참여(직거래 등)

(3) 가격결정

① 가격결정의 개념

이윤을 목적으로 하는 가격형성의 원리. 가격형성이라고도 한다.
- ⓐ 경제학의 가격이론경제 : 한계수입과 한계비용이 같을 때 최대이윤이 달성되고 기업은 이 지점에서 가격을 결정한다.
- ⓑ 실질적인 가격결정(full-cost principle) : 실제의 기업은 가격을 평균적 비용(원가)에다가 일정한 이윤(마크업)을 더하여 가격을 설정한다는 주장이다.
- ⓒ 마케팅이론의 가격 결정 : 가격은 재화 그 자체의 가치로 구성되는 것이 아니라, 여기에 서비스·조언(助言)·발송·신용공여(信用供與)·애프터 케어 등이 부가된 것으로 본다.

제5장 | 수산물 마케팅

(3) 가격결정의 방법

1) 원가기준가격결정법
제품원가를 기준으로 하여 가격을 결정하는 방법이다.
① 원가가산가격결정법(원가 + 비율가산액)
제품의 단위원가에 일정비율의 금액을 가산하여 가격을 결정하는 방법이다.
② 목표가격결정법(총원가 + 목표이익률가산금액)
예측된 표준생산량을 전제로 한 총원가에 대하여 목표이익률을 실현시켜 줄 수 있도록 가격을 결정하는 방법이다.

2) 수요기준가격결정법
수요에 대한 통제력을 가지는 경우 등에 있어서 수요의 강도를 기준으로 하여 가격을 결정하는 방법이다.
① 원가차별법
특정제품의 고객별·시기별 등으로 수요의 탄력성을 기준으로 하여 둘 혹은 그 이상의 가격을 결정하여 제시하는 방법이다.
② 명성가격결정법
소비자가 가격에 의해서 품질을 평가하는 경향이 특히 강하여 비교적 고급품질이 선호되는 상품에 설정되는 가격. 상품의 명성에 상응하는 정도로 가격을 설정해야 하기 때문에, 품질보다 다소 높은 가격을 설정하는 것이 보통이다. 가격을 너무 높게 혹은 너무 낮게 설정해도 판매량이 증가되지 않는다.
③ 단수가격결정방법(odd price)
상품에 판매가격에 구태여 단수를 붙이는 것으로 매가에 대한 고객의 수용도를 높이고자 하는 것이다. 예로 10,000원의 매가 대신에 9,989원으로 한다면 그 차이는 겨우 11원 이지만 절대가격보다 싸다는 감을 소비자가 갖기 쉬우므로 일종의 심리적 가치설정 (psychological pricing)이며 단수에는 짝수보다도 홀수를 쓰는 수가 많다.

3) 경쟁기준가격결정법
경쟁업자가 결정한 가격을 기준으로 해서 가격을 결정하는 방법

2회 기출문제

시장의 유통으로 거래되는 원양산 오징어의 가격결정방법으로 옳은 것을 모두 고른 것은?

| ㄱ. 입찰 |
| ㄴ. 경매 |
| ㄷ. 수의매매 |
| ㄹ. 정가매매 |

① ㄱ, ㄴ　② ㄱ, ㄷ
③ ㄱ, ㄴ, ㄷ　④ ㄴ, ㄷ, ㄹ

➡ ②

3회 기출문제

다음에서 부산횟집이 넙치회 2kg을 37,000원에 판매하였다면, 적용된 가격결정방식은?

| 넙치 구입원가 : 25,000원 |
| 총인건비 : 5,000원 |
| 기타 점포 운영비 : 4,000원 |
| 인근횟집 평균가격 : 50,000원 |
| 소비자 지각가치 : 34,000원 |
| 희망 이윤액 : 3,000원 |

① 가치 가격결정
② 원가중심 가격결정
③ 약탈적 가격결정
④ 경쟁자 기준 가격결정

➡ ②

이다.
ⓐ 경쟁수준 가격결정법
우세한 관습적 가격에 따른다.(라면, 담배, 짜자면 등)
ⓑ 경쟁수준 이하 가격결정법
가격에 민감한 소비자층을 흡수하기 위해 사용하는 방법이다.(침투가격)
ⓒ 경쟁수준 이상 가격결정법
고소득층을 흡수하기 위해 사용하는 방법이다.(고가품, 사치품 등)

6회 기출문제

오징어 1상자(10kg) 가격과 비용구조가 다음과 같다. 판매자의 (ㄱ) 가격결정방식과 그에 해당하는 (ㄴ)가격은?

○ 구입원가: 20,000원
○ 시장평균가격: 23,000원
○ 인건비 및 점포운영비: 2,000원
○ 소비자 지각 가치: 21,500원
○ 희망이윤: 2,000원

① ㄱ: 원가중심가격결정,
   ㄴ: 22,000원
② ㄱ: 가치가격결정,
   ㄴ: 23,500
③ ㄱ: 약탈자 가격결정,
   ㄴ: 25,000원
④ ㄱ: 경쟁자 기준 가격결정,
   ㄴ: 23,000원

▶ ④

(4) 가격전략

1) 가격전략의 개념(두산백과)

기업이 존속하고 발전하기 위하여는 반드시 그 기업이 취급하거나 생산하는 상품을 판매하여 이윤을 얻어야 한다. 그러므로 기업은 이윤을 얻을 수 있는 범위 안에서 적당한 가격을 선택하여야 한다. 이 선택을 어떻게 할 것인지가 기업의 가격정책이다. 기업은 특히 신제품을 개발한 경우나 생산이나 수요의 조건이 크게 변동한 경우에는 여기에 적응하기 위한 가격결정, 곧 가격전략이 필요하다. 기업의 가격정책은 제품의 한계이윤율과 제품의 품질·서비스·광고·판매촉진·원재료의 구입에도 영향을 끼치는 것으로 중요한 의미를 갖는다.

① 저가격정책 : 수요의 가격탄력성이 크고, 대량생산으로 생산비용이 절감될 수 있는 경우에 유리하다.
② 고가격정책 : 수요의 가격탄력성이 작고, 소량다품종생산인 경우의 가격결정에 유리하다.
③ 할인가격정책 : 특정상품에 대하여 제조원가보다 낮은 가격을 매겨서 '싸다'는 인상을 고객에게 심어주어 고객의 구매동기를 자극하고, 제품라인의 총매출액 증대를 꾀하는 경우에 사용한다.

2) 가격정책(전략)의 유형
① 단일가격정책과 탄력가격정책
ⓐ 단일가격정책 : 동일한 량의 제품을 동일한 조건으로 구

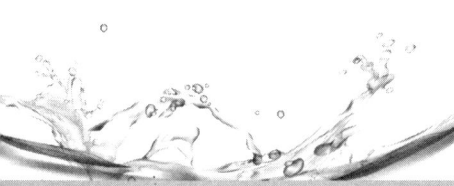

매하는 모든 고객에게 동일한 가격으로 판매하는 가격정책을 말한다.
ⓑ 탄력가격정책 : 동종동량의 제품일지라도 고객에 따라 상이한 가격으로 판매하는 가격정책을 말한다.(학생가격, 단체할인, 조조할인 등)

② 단일제품가격정책과 계열가격정책
ⓐ 단일제품가격정책 : 각 품목별로 따로따로 검토하여 가격을 결정하는 정책을 말한다.
ⓑ 계열가격정책 : 한 기업의 제품이 단일품목이 아니고 많은 제품계열을 포함하는 경우에 규격·품질·기능·스타일 등이 다른 각 제품계열마다 가격을 결정하는 정책을 말한다.

③ 상층흡수가격정책과 침투가격정책
ⓐ 상층흡수가격정책 : 신제품을 시장에 도입하는 초기에 있어서 먼저 고가격을 설정함으로써 가격에 대하여 민감한 반응을 보이지 않는 고소득층을 흡수하고, 그뒤 연속적으로 가격을 인하시킴으로써 저소득층도 흡수하고자 하는 가격정책을 말한다.
ⓑ 침투가격정책 : 신제품을 도입하는 초기에 저가격을 설정함으로써 신속하게 시장에 침투하여 시장을 확보하고자 하는 가격정책을 말한다.

③ 생산지점가격정책과 인도지점가격정책
ⓐ 생산지점가격정책 : 판매자가 모든 구매자에 대하여 균일한 공장도가격을 적용하는 정책을 말한다.
ⓑ 인도지점가격정책 : 공장도가격에 계산상의 운임을 가산한 금액을 판매가격으로 하는 정책을 말한다.

④ 재판매가격유지정책
제조업자가 자신의 제품이 소매되는 가격을 통제하기 위하여 권장소비자가격이나 희망소비자가격을 중간상인들에게 제시하고 이를 근거로 하여 할인과 공제를 적용한다.

■ 약탈가격과 끼워팔기 가격
ⓐ 약탈가격 : 경쟁자를 시장에서 추방하기 위해서 경쟁자가 감당할 수 없는 제품 가격을 설정하는 것
ⓑ 끼워팔기 가격 : 두 가지 다른 상품을 함께 묶어서 파는 것(프린터+자사토너)

3) 가격전략의 유형과 구분

① 심리적 가격전략
  ⓐ 단수가격 : 단위가격을 10,000원 등이 아닌 9,900원 등으로 설정해서 소비자들이 심리적으로 저렴하다고 하는 인식을 심는 방법으로서 소매점에서 많이 사용하는 방식이다.
  ⓑ 관습(우세)가격 : 소비자들이 관습적으로 느끼는 가격으로서 소비자들은 이러한 가격수준을 당연하게 생각하는 경향이 있다. 껌이나 라면 등과 같이 흔하고 대량으로 소비되는 상품의 경우에 많이 적용되며 만약 이 관습가격보다 가격을 인상하는 경우 오히려 매출이 감소하고 가격을 설혹 낮게 설정하더라도 매출은 크게 증가하지 않는 경향을 나타낸다.
  ⓒ 명성가격 : 가격이 높을수록 품질이 좋고 제품가격과 자신의 명성이 비례한다고 느끼게 되는 고급제품의 경우에 주로 적용한다.
  ⓓ 개수가격 : 고급품질 이미지를 통해 구매를 자극하기 위해 한 개당 얼마라는 식의 개수 가격을 설정하는 방식이다.

② 기타의 가격전략유형 구분
  ⓐ 고가전략 : 신상품 도입 시 원가와 상관없이 가격을 높게 설정하여 구매력이 있는 일부 고소득 소비자층에게 판매하는 방식이다.
  ⓑ 저가전략 : 처음 판매할 때부터 낮은 가격으로 단기간에 다수의 소비자에게 알려 대량판매를 통해 이익을 올리는 방식이다.
  ⓒ 유인(미끼)가격전략 : 소비자를 유인할 때 사용하는 방식으로 특정 제품의 가격을 낮게 책정하여 소비자들이 그 제품을 구매하도록 유인하고 한편 다른 제품가격이 저렴하다는 인상을 심어주어 다른 제품의 판매까지 유도하는 방식이다.
  ⓓ 특별가격전략 : 일정기간 동안 제품을 할인해서 판매하는 세일(sale)을 말하며 단기적으로 매출증대와 재고를 감소시키는 효과가 있으나 가격혼돈, 구매연기, 품질의심 등의 역효과 등을 고려해야 한다.
  ⓔ 구매조건가격전략 : 현금 또는 신용카드 등 결제수단에 따

4회 기출문제

심리적 가격전략에 해당하지 않는 것은?

① 단수가격　　② 침투가격
③ 관습가격　　④ 명성가격

▶ ②

1회 기출문제

수산물 가격결정에 있어 사전에 구매자와 판매자가 서로 협의하여 가격을 결정하는 방식은?

① 정가매매
② 수의매매
③ 낙찰경매
④ 서면입찰

▶ ②

2회 기출문제

B영어조합법인의 '어린이용 생선가스'가 인기를 얻자 다수의 업체들이 유사상품을 출시하고, B법인의 판매성장률이 둔화될 때의 제품수명주기상 단계는?

① 도입기 ② 성장기
③ 성숙기 ④ 쇠퇴기

▶ ③

라 가격을 다르게 책정하는 경우를 말한다.
ⓕ 구매수량가격전략 : 구매하는 수량에 따라 가격을 다르게 책정하는 방법으로 구입수량이 많을수록 단위당 가격을 낮게 책정하는 경우를 말한다.
ⓖ 구매종류가격전략 : 최종소비자, 도매상, 소매상 등 제품 구매자가 누구냐에 따라 가격을 달리 책정하는 방식이다.
ⓗ 계절가격전략 : 계절에 따라 수요가 크게 달라지는 제품의 경우에 사용하는 방식으로 성수기에는 비싸게, 비수기에는 싸게 판매하는 방식이다.
ⓘ 탄력가격전략 : 단일가격전략과 비교되는 것으로 시장상황에 맞춰 가격에 변화를 주는 방식이다.
ⓙ 침투가격전략 : 최초 시장 진입시 저가로 책정했다가 인지도가 올라감에 따라 고가로 전환하는 방식이 일반적이다.

수의매매
출하자 및 구매자와 협의하여 가격과 수량, 기타 거래조건을 결정하는 방식으로 상대매매라고도 한다.

---

(5) 제품라이프사이클(Product Life Cycle : 상품수명주기)

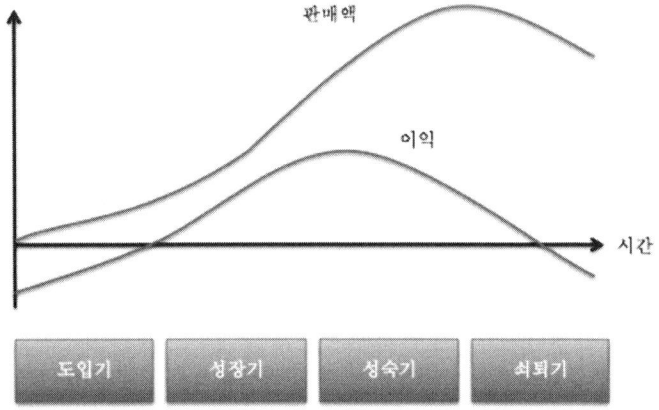

〈출처:http://blog.daum.net/darkbloody〉

1) 도입기
   ① 특징

ⓐ 일반적으로 상당기간 지속되며 완만하거나 평탄한 성장률
ⓑ 이익은 최저 또는 마이너스
ⓒ 유통과 촉진에 매출액의 대부분 할당(인지도증진, 시용유도, 유통판촉 등)
② 경쟁과 전략
　ⓐ 경쟁사 소수 또는 없음
　ⓑ 생산제품은 대개 범용스타일
　ⓒ 대개의 경우 고소득층을 겨냥한 고기능성, 고디자인성을 추구해 마진율을 높임
　ⓓ 생산원가, 유통비용, 촉진비용 등의 원인으로 고마진율 채택ⓔ

2) 성장기
① 특징
　ⓐ 본격적으로 판매가 증가하는 단계
　ⓑ 혁신자나 조기수용자들의 적극적 재구매 단계
　ⓒ 바이럴 마케팅 [viral marketing] 의 효과가 본격적으로 발휘되는 단계
　ⓓ 손익분기점을 탈피하여 본격적으로 이익이 증대되는 단계
　ⓔ 촉진의 효과가 대단위 생산량에 의해 분산되면서 제조원가가 하락하고 이익이 급속히 증가하는 단계
② 경쟁과 전략
　ⓐ 경쟁사의 활동이 본격화 되고 유통이 활발히 움직임
　ⓑ 대다수 시장에 제품공급이 이뤄짐
　ⓒ 각 세분시장에서 치열한 공방전
　ⓓ 제품의 품질개선, 새로운 제품 특성 및 제품라인을 추가
　ⓔ 새로운 세분시장 침투 및 유통경로 구축
　ⓕ 광고내용의 변경 (제품인지 -> 사용량 확대 & 브랜드 구축)
　ⓖ 소비자유인 및 시장확대를 위해 가격인하
　ⓗ 기업은 시장점유율 확대를 위한 투자와 단기순이익 증가를 위한 자금비축 중에 하나를 선택해야 하는 단계

3) 성숙기
① 특징

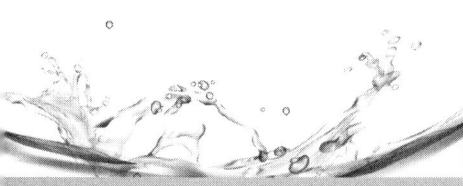

ⓐ 소비자가 인지하는 대다수 제품은 수명주기상 성숙기에 위치
ⓑ 성장율(매출) 곡선이 둔화되기 시작하는 시점
ⓒ 성장성숙기 -> 안정성숙기 -> 쇠퇴성숙기로 구분할 수 있다.
ⓓ 보통 장기간 지속되는 특징 (완만한 곡선으로)
ⓔ 마케팅관리도 대부분 성숙기에 집중
ⓕ 소수의 대기업 및 틈새기업이 시장을 지배
② 경쟁과 전략
ⓐ 추가적인 경쟁사 진입은 거의 없고 기존 경쟁사 중에서 경쟁우위를 확보하지 못한 기업은 하나씩 퇴출
ⓑ 과잉설비의 가동율을 유지하기 위해 생산은 지속
ⓒ 유통경로의 포화상태로 치열한 경쟁이 장기간 지속
ⓓ 단순히 지키는데 급급해서는 안됨, 최선의 방어는 공격
ⓔ 여유 있는 기업은 이때 연구개발비를 과감히 투자
ⓕ 마케팅믹스의 과감한 수정이 필요한 시기

4) 쇠퇴기
① 특징
ⓐ 기술변화, 소비자 기호변화, 경쟁의 격화로 인한 기업의 피로도 증가
ⓑ 성장곡선은(증가율)은 (-)로 떨어짐
ⓒ 대체해야 할 신제품 출시시점의 지연 등으로 여러 가지 불이익 동반
ⓓ 고객요구수용, 가격조정, 재고조정 등으로 인한 비생산적 업무시간 및 정력 소모
② 경쟁과 전략
ⓐ 경쟁사가 하나씩 시장을 빠져나감
ⓑ 더 이상의 촉진전략은 거의 없음
ⓒ 시장에 출시되는 제품의 수 감소
ⓓ 유지할 것인지 철수할 것인지 판단 필요

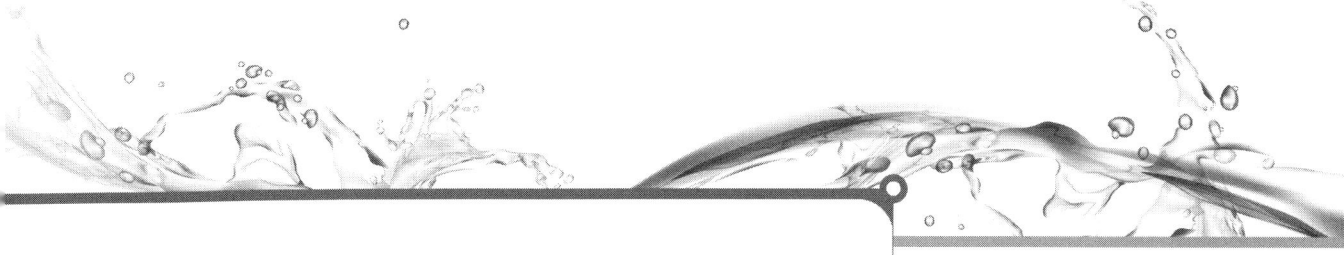

06 수산물 광고

(1) 수산물 광고의 개념
수산물 광고란 광고주의 의도에 따라 고객의 수산물 구입의사결정을 도와주는 정보전달 및 설득과정으로서 수산물에 대한 새로운 수요를 창출하고 유통혁신을 자극하는 수단이다. 수산물 광고는 동시에 다수의 소비대중에게 상품 또는 서비스 등의 존재를 알려 판매를 촉진하는 일종의 설득 커뮤니케이션 활동이다. 광고주에게는 사회적 책임이 뒤따르기 때문에 광고주명은 명시되어야 한다.

(2) 광고의 분류
1) 목적에 따른 분류
   ① 기업광고
   　일반인들에게 기업의 호의적인 이미지를 부각시키고 업체 이름을 기억시키기 위해 하는 광고이며, 기업광고와 제품광고가 같이 소개되는 수도 있다.
   ② 제품광고
   　대상 제품의 거래를 촉진하기 위하여 내는 광고를 말한다.
   ③ 계몽광고
   　계몽광고란 수산물과 수산물유통기업에 대한 일반 대중의 오해를 없애고 그 중요성을 인식시키거나 수산물의 지식을 제공하고자 내는 광고이다. 동업자 단체가 중심이 되기도 하고 수산물과 관련을 갖는 타업종과 공동으로 광고하는 수도 있다.

2) 매체에 따른 분류
   ① 신문광고 : 신문지상에 게재되는 광고

   ■ 신문광고의 특징
   　㉠ 신문의 발행부수가 매우 많기 때문에 널리 일반에게 호소할 수 있다
   　㉡ 신문광고의 비용은 그 발행부수에 비해 매우 싸다
   　㉢ 신문광고는 신속하고 발행부수가 많기 때문에 광고의 호시기를 용이하게 포착할 수 있다

3회 기출문제

수산물 판매량을 늘리기 위해 중간상인에게 적용되는 촉진수단이 아닌 것은?
① 가격 인하
② 무료 제품 제공
③ 광고
④ 할인 쿠폰

▶ ④

6회 기출문제

경품이나 할인쿠폰 등을 제공하는 수산물 판매촉진활동의 효과는?
① 장기적으로 매출을 증대시킬 수 있다.
② 신상품 홍보와 잠재고객을 확보할 수 있다.
③ 고급브랜드의 이미지를 구축할 수 있다.
④ PR에 비해 비용이 저렴하다.

▶ ②

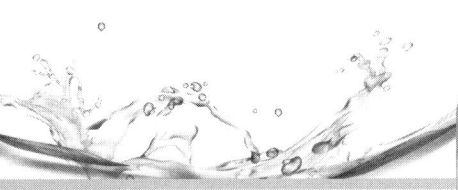
제5장 | 수산물 마케팅

ㄹ. 신문이 가지는 사회적 신용이 광고면에 대한 신용으로 전이된다.
ㅁ. 되풀이 광고함으로써 인상이 누적되어 강력하고도 선명해진다.

② 다이렉트메일(DM : direct mail) 광고

광고대상자에게 엽서 등을 우송하는 직접광고를 말한다. 불특정 다수인에게 광고하는것과는 달리 광고주가 희망하는 대상을 선택하여 광고를 할 수 있다는 장점이 있다.
반면에 상대방의 명부 작성과 관리 그리고 우송에 따른 비용이 많이 드는 단점이 있다.

③ 업계출판물 광고

수산물전문지나 동업자협회의 정기간행물을 이용하는 경우이다.

④ 교통광고

교통광고란 전철, 버스 등의 차내·외광고 또는 역 구내의 간판광고, 기업이 운용하는 차체 외면에 기업이름을 써 붙여 알리는 광고 등을 말한다.

⑤ TV·라디오 광고

TV·라디오 광고는 많은 고객에게 순간적으로 알릴 수 있으며, 또 신뢰성이 크다는 장점이 있다. 반면에 다른 매체에 비해 광고비 부담이 상대적으로 크므로 기업광고의 매체로 활용되는 경우가 많다.

⑥ 노벨티(novelty) 광고

광고 효과를 높이기 위해 광고주가 고객에게 증정하는 선물. 열쇠고리·캘린더·수첩·메모지·볼펜·라이터 등의 실용소품이 주로 이용된다. 광고매체로는 일반 고객이 항상 이용할 수 있고, 친숙하기 쉬우며, 사용회수가 많고, 내구성이 있으며, 우송하기 쉽고, 단가가 싸서 많은 사람에게 배포할 수 있으며, 다른 광고와 연결 가능하고 타인에게 보여주고 싶게 되며, 실용성·오락성이 있는 것으로 선정된다.

⑦ 퍼블리시티(publicity)

퍼블리시티란 기업 등이 자신에 관한 유익한 정보 등을 공정한 제3자의 보도기관에게 제공하여 신문기사나 TV, 뉴스 등으로 전달되도록 하여 고객들이 저항감 없이 받아들이게 하는 광고전략의 일종으로서 홍보라고 볼 수가 있다.

⑧ 점두광고

점포의 간판이나 색상 등에 의하여 광고의 효과를 극대화하는 방법이다. 지하철역의 입구나 가망고객의 이동이 많은 장소를 선정하여 임시사업장을 설치한 후 각종의 상담을 받으며 판촉활동을 전개하는 경우도 이에 해당한다.

⑨ IT광고

인터넷을 이용한 광고로서 홈페이지를 구축하거나 포털사이트를 이용해서 자체 홍보, 접수 및 상담을 유도하는 실시간 홍보방법이다.

3) 애드믹스(ad mix)(네이버 백과)

① 애드믹스의 개념

광고비를 선정해서 여러가지 광고활동을 적절하게 편성하는 것이다. 광고활동을 최적의 양과 질로 통합하려는 것으로, 광고를 마케팅 믹스와의 관련으로부터 광고활동 자체의 문제로 삼아, 광고 캠페인을 최고의 능률로 전개시키려는 것이다.

② 광고의 통합화

㉠ 광고비로부터의 통합화

최적 광고비를 산정하여 통합 광고력을 전개하려고 할 때, 산정기준으로서 마케팅 활동과의 관련으로부터 한계합계비용곡선을 추정하고, 한계광고비를 결정하는 방법이다.

㉡ 광고매체 선택으로부터의 통합화

매체 선택에 있어서 미디어 믹스(media mix)와의 관련하여 매체의 통합화를 꾀하는 것. 광고효과, 매체접촉 등의 조사결과를 가지고 광고노출, 광고빈도를 고려하여, 인쇄매체(신문·잡지 광고 등)와 전파매체(텔레비전·라디오 광고 등)가 적절히 조합되어 있는가, 또 신문·잡지 광고, 텔레비전·라디오 광고, 옥외 교통광고, 영화 슬라이드 광고, DM·POP 광고 등이 광고 캠페인 전체의 입장에서 볼 때 통합력을 발휘하도록 상호 결부되고 보완되어 있는가라는 점에서 통합력을 꾀하고, 도달효과(reach & frequency)로부터 광고의 심리적 효과(미지(未知) 지명(知名) 이해 구입의도 등)나 기억률, 망각률을 검토하여 그 통합화를 꾀하는 방법이 있다.

제5장 | 수산물 마케팅

ⓒ 광고표현으로부터의 통합화

'듣는다', '보고 듣는다' 등과 같은 광고매체의 특성을 고려하여 충격효과가 가장 큰 광고표현을 연구할 필요가 있다. 요컨대 가장 적절한 표현효과를 얻기 위해서는 누적적인 광고표현에 의한 이미지화를 꾀하거나, 이용하는 각 매체 모두에 일관된 캠페인 마크를 사용하며 탤런트를 고정시키는 것이 필요하고, 또한 캐릭터와 엔터테인먼트의 통합에 이미지의 전개가 필요하게 된다.

③ 마케팅 전략의 여러 유형(출처 : doodooman.net)

급변하는 시장에서 다양한 마케팅 전략들이 생성, 변화, 발전하고 있다. 농산물유통 역시 시장경제의 본질을 벗어날 수 없기에 일반 경제이론에서 전개되는 마케팅 전략에 대하여 살펴보기로 한다.

- 대의명분 마케팅(Cause Related Marketing)

  기업이나 상표(브랜드)를 자선이나 대의명분과 연관지어 이익을 도모한다는 전략적 위치설정의 도구이다. 예컨대 상품과 서비스 판매를 수재민 구호사업과 연계시키는 것이 있다.

- 임페리얼 마케팅

  가격 파괴와 정반대의 개념으로 높은 가격과 좋은 품질로써 소비자를 공략하는 판매기법이다. 이 전략은 최근 주류업계에서 고급소주 개발 등에 활용되었으며 다른 업종으로 빠르게 확산되고 있다.

- 퍼미션 마케팅

  고객에게 동의를 받은 마케팅 행위를 말한다. 퍼미션 마케팅은 오프라인 세계에서도 존재하여 오던 것이었지만 인터넷이 등장하면서 본격화되고 있다.

- DM 광고 마케팅 (Direct Mail Advertising)

  우편에 의해서 직접 예상 고객에게 송달되는 광고로 직접광고의 일종이다. DM 광고의 특성은 광고물을 예상 고객에게 직접 우송하는 점에서 시장의 세분화 전략에 적당하다. 따라서 DM의 가장 중요한 점은 메일 리스트의 작성이 있다.

- DB 마케팅
고객정보, 산업정보, 기업 내부정보, 시장정보 등 각종 1차 자료들을 수집, 분석해 이를 판매와 직결시키는 기법이다. 데이터베이스 마케팅은 타 고객과는 차별되는 인적정보와 구매정보를 활용, 고객의 요구에 따른 차별적인 정보를 제공함으로써 고객의 만족도를 높이고 효과적인 마케팅 효과를 얻을 수 있다.

- 네트워크 마케팅
네트워크 마케팅이란 기존의 중간 유통단계를 배제하여 유통 마진을 줄이고 관리비, 광고비, 샘플비 등 제 비용을 없애 회사는 싼 값으로 소비자에게 직접 제품을 공급하고 회사 수익의 일부분을 소비자에게 환원하는 시스템이다. 네트워크 마케팅은 프로세일즈맨이 아니라 보통사람이 하는 사업으로 대부분의 판매는 끊임없이 소비자를 찾아 판매를 하여야 하고 매월 새로 실적을 쌓아야 한다. 피라미드와 근본적으로 다른 점은 회원을 아무리 많이 가입시켜도 소용없고 그 회원들이 그 제품을 애용해야 한다는 것이다.

- 고객 로열티 마케팅
고객 데이터베이스를 기반으로 보상 프로그램과 퍼스널 마케팅 프로그램을 통합적으로 수행하여 장기적으로 고객 로열티를 구축하고 기업 수익성의 극대화를 추구하는 마케팅 방식을 의미한다.

- 공동상표마케팅
공동 상포 마케팅은 장기간의 소비 침체로 고심하고 있는 일본 기업들이 타개책의 일환으로 도입한 신동 마케팅 전략이다. 대표적인 사례가 토요타자동차와 마쓰시타전기 외에 맥주회사와 생활용품회사 등 다양한 업종의 유수 기업들이 참여하여 만든 윌(will)이라는 공동 상표이다. 공동 상표는 더 적은 비용으로 더 많은 판매를 달성하고 자사 제품의 브랜드 가치를 획기적으로 높일 수 있는 방법을 찾던 기업들 간에 이심전심으로 뜻이 통하여 새로운 전략적 제휴 방법으로 등장하게 된 것이다. 국내의 경우에는 주로 중소기업의 활로를 모색하는 차원에서 지역적 기반이 같고 유사한 업종의 영세업체들 사이에 공동 상표가 활발히 도입되고 있다.

- 관계 마케팅

<u>고객 등 이해관계자와 강한 유대관계를 형성, 이를 유지해 가며 발전시키는 마케팅 활동을 말한다.</u> 고객 만족 극대화를 위한 경영 이념으로 최근 관심을 끌고 있는 개념이다. 말하자면 기존 마케팅의 판매 위주의 거래 지향적 개념에서 탈피하여 장기적으로 고객과 경제, 사회, 기술적 유대관계를 강화함으로써 '나에 대한 고객의 의존도를 제고시키는 것이다. 개별적 거래의 이익 극대화보다는 고객과의 호혜 관계를 극대화하여 고객과 우호 관계를 구축하면 이익은 절로 수반된다고 보고 있으며 최근에 많은 관심을 끌고 있는 CRM과 관계가 있다.

- 구전 마케팅 (Word of Mouth Marketing)

<u>구전마케팅은 소비자 또는 그 관련인의 입에서 입으로 전달되는 제품, 서비스, 기업 이미지 등에 대한 말에 의한 마케팅을 말한다.</u> 사람들이 알게 모르게 이야기하는 입을 광고의 매체로 삼는 것이다. 구전 마케팅의 기본 원칙은 전체 10%에 달하는 특정인의 공략이며, 90%의 다수소비자는 10%의 특정인에 의해 영향을 받게 되므로 기업들은 10%의 특정인의 전달자를 공략한다. 특정인에게 무료 샘플을 보내거나 기업들이 무료 체험, 시공, 시음과 같이 소비자로 하여금 상품을 실제 써보고 품질, 성능을 파악해보게 하는 체험형 판촉도 구전 마케팅 효과를 노린 것이다.

- 귀족 마케팅 (Noblesse Marketing)

<u>VIP 고객을 대상으로 차별화 된 서비스를 제공하는 것을 말한다.</u> e-귀족 마케팅이라고도 한다. 온라인상에서의 귀족 마케팅은 철저한 신분 확인을 통해 선발한 특정 계측의 회원을 대상으로 고급 완인, 패션, 자동차 등 상류계측을

위한 정보와 귀족 커뮤니티, 사이버 별장 등의 인터넷 멤버십 서비스와 오프라인의 사교 공간 등을 제공한다. 귀족 마케팅은 의류업체들이 같은 상표라도 블랙라벨이라고 하여 디자인과 소재를 고급화하여 고가에 판매했던 것에서 비롯되었다. 일부에서는 신분 상승의 욕구를 자극하고 계층 간의 차별화를 조장하고 있다고 비판하기도 하지만 그럼에도 불구하고 젊은 층을 대상으로 한 〈영 노블리안 클럽〉, 〈노블리안 닷컴〉, 〈아이노블레스 닷컴〉 등 명품 전문 쇼핑몰이 성황리에 운영되고 있다.

- 그린 마케팅

고객의 욕구나 수요 충족뿐만 아니라 환경보전, 생태계 균형 등을 중시하는 마케팅 전략이다. 소비자보호운동에 입각하여 공해를 유발하지 않는 상품을 제조하고 판매함으로써 삶의 질을 높이려는 새로운 기업 활동을 의미한다. 전통적인 산업 시대에는 자연 환경의 훼손이 가시적이지 않았으나, 최근 들어 사회적, 경제적, 생태적 비용이 증가하면서 생산업체가 자연 환경 훼손에 대한 부담을 지게 되는 입법이 확대되고 있다.

- 기상 마케팅

기상 변화에 대한 정보를 활용해 사업계획을 조정하는 마케팅 전략을 말한다. 기상 마케팅은 정보 기술을 활용한 서비스 마케팅으로 미리 예측된 기상변화 정보를 제공받아 이를 사업 계획에 반영하는 것이다. 기상 정보 서비스 업체들은 국가 기상청으로부터 위성사진, 기상 데이터 등 자료를 건네받고 가공 분석한 뒤 필요로 하는 업체들에 제공합니다. 각 업체들은 기상 정보를 이용해 손실에 미리 대비하거나 재고량, 판매량 조절 등 여러 가지 경영 계획을 결정한다. 활용업체도 맥주, 음료, 빙과 등 식료품업체에서부터 의류, 냉 난방기, 항공, 해운업체 등에 이르기까지 그 폭이 점차 확대되고 있다. 국내에서는 1997년 7월 일기예보 사업자 제도가 시행된 이후 기상 정보 서비스 업체들이 속속 등장하여 다양한 기상 정보를 제공하고 있다.

제5장 | 수산물 마케팅

- 누드 마케팅

  제품의 속을 볼 수 있도록 투명하게 디자인함으로써 소비자들의 신뢰와 호기심을 높이는 판매 전략을 말한다. 누드 제품은 포화 상태인 가전제품 시장에서 기존의 틀을 깨는 파격적인 디자인으로 제품에 대한 소비자들의 구매 욕구를 높이고 있다. 국내뿐만 아니라 일본 등 외국에서도 누드 마케팅이 확산되고 있는데, 청소년층을 대상으로 한 휴대용 전화기, 컴퓨터 제품 등에서 그 예를 찾아볼 수 있다.

- 니치 마케팅

  빈틈을 공략하는 것이다. 틈새시장이라고도 한다.

- POS (Point of Sales 판매의 시점)

  POS는 금전등록기와 컴퓨터 단말기의 기능을 결합한 시스템으로 매상 금액을 정산해 줄 뿐 아니라 동시에 소매 경영에 필요한 각종 정보와 자료를 수집, 처리해주는 시스템으로 판매 시점관리 시스템이라고 한다. POS 시스템은 POS 터미널과 스토어 컨트롤러, 호스트 컴퓨터 등으로 구성되어 있으며, 상품코드(bar code) 자동판독장치인 바코드리더가 부착되어있어 이를테면 상품 포장지에 고유마크(바코드)를 인쇄하거나 부착시켜 판독기(스캐너)를 통과하면 해당 상품의 각종 정보가 읽혀지는 것이다. 담배광고가 많다. 편의점에서 많이 볼 수 있다.

- 다이렉트 마케팅

  생산자→도매상→소매상의 순서를 따르지 않고 직접 고객으로부터 주문을 받아 판매하는 것을 다이렉트 마케팅이라고 한다. 전형적 마케팅이 소비자에 대한 대량 광고를 통해 소비자의 소비 욕구를 자극하여 구입으로 연결시키는 과정을 거치는 데 비해 다이렉트 마케팅은 소비자와의 보다 긴밀한 광고 매체 접촉을 이용하여 소비자와 직거래를 실현하는 마케팅 경로를 의미한다.

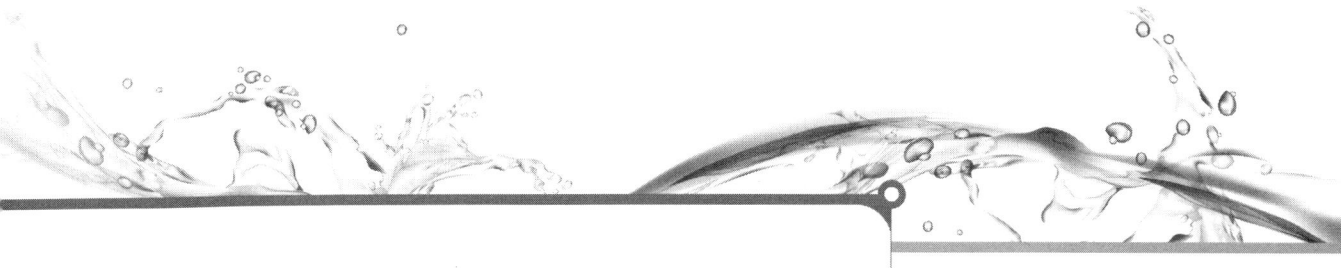

- 표적 마케팅

　소비자의 인구 통계적 속성과 라이프 스타일에 관한 정보를 활용, 소비자 욕구를 최대한 충족시키는 마케팅 전략이다. 이를 위해 소비자들을 가장 작은 단위로 나눈 다음 계층별로 소비자 특성에 관한 데이터를 수집해 마케팅 계획을 세운다. 주로 대형기업들에서 활용되는데 최근 대우자동차의 〈매그너스〉골든 키 챌린지와 중형차 비교 클리닉 등을 예로 들 수 있다. 대우자동차는 표적 마케팅을 통해 잇단 악재에도 불구하고 5월부터 판매 증가세를 유지하고 있다.

- 데이터베이스 마케팅

　데이터베이스 마케팅이란 고객에 관한 데이터베이스를 구축, 필요한 고객에게 필요한 제품을 직접 판매하는 것으로, 원 투 원(one-to-one) 마케팅이라고 한다. 다시 말해서 어느 고객이 무엇을 얼마나 자주 구매했는지, 어느 매장에서 어떤 유형의 제품을 구매했는지, 언제 재구매, 대체 구매를 할 것인지 등과 같은 데이터를 가지고 고객의 성향을 분석, 향후 필요한 마케팅 전략을 수립하는 것이다.

- 디마케팅 (Demarketing)

　디마케팅이란 기업들이 자사의 상품 판매를 의도적으로 줄이려는 마케팅 활동을 말한다. 이윤 대화가 기업의 목표라는 점에 비추어보면 얼른 이해하기 어려운 면도 있으나 소비자들의 건강 및 환경 보호 등 기업의 사회적 책임을 강조함으로써 오히려 기업의 이미지를 긍정적으로 바꾸는 효과를 기대하거나, 또는 해당 제품이 시장에서 독과점이라는 비난을 받을 위험이 있을 때 사용되는 마케팅 전략이다. 담배 식품 의약품 등의 포장이나 광고에 적정량 이상을 사용하면 건강을 해칠 수 있다는 경고 문구를 삽입하는 경우가 그것이다.

- 디지털 마케팅(Digital Marketing)

　기존 마케팅 활동에서 장해 요인으로 작용했던 시간, 공간의 장벽이 허물어지고 기업과 고객이 상호 연결되어 가치를 만들어 가는 통합형 네트워크 마케팅을 말한다. 구체적으로 디지털 쿠폰, 팩스, 셀룰러폰, 인터넷, e-메일 등 디지털 기술을 응용한 제품이 이용되는 모든 상업적 활동이 이에 속한다. 이에 비해 인터넷 마케팅은 인터넷을 기반으로 하는 상업적 활동을 가리키는 것으로 디지털 마케팅보다 협의의 의미로 사용된다.

- 릴레이션십 마케팅

고객의 기호가 다양해지고 신상품의 개발은 경쟁 기업의 즉각적인 유사 상품 개발로 이어져 이익이 오래가지 못하며, 광고를 통한 판촉활동 또한 막대한 비용이 이익과 직결되지 않기 때문에 전통적인 마케팅 수단인 4P(제품, 판촉, 가격, 유통) 만으로는 충분한 힘을 발휘하기가 어렵게 되었다. 이러한 전통적인 마케팅 수단의 한계를 극복하고 변화하는 시장 환경의 위협을 판매신장, 이익증진의 기회로 바꾸고자 하는 것이 릴레이션십 마케팅이다. 릴레이션십 마케팅은 사회 전체의 효익과 복지를 증진시킨다는 기본 테두리 안에서 자사의 판매 신장과 이익 증진에 도움이 된다면 무엇이든 협조자로 만든다는 것이 기본 입장이다.

- 마이크로 마케팅

소비자의 인구통계적 속성과 라이프 스타일에 관한 정보를 활용, 소비자의 욕구를 최대한 충족시키는 마케팅 전략이다. 이를 위해 시장을 가장 작은 상권 단위로 나눈 다음, 시장별로 소비자 특성에 관한 데이터를 수집해 마케팅 계획을 세운다. 주로 많은 매장을 가지고 영업하는 대형 유통업체, 은행, 보험회사 등에서 활용할 수 있다.

- 바이러스 마케팅

컴퓨터를 통해 자료를 다운로드받을 때 컴퓨터에 바이러스가 침투되듯이 자동적으로 홍보 내용 또는 문구가 따라 나오게 하는 마케팅 기법으로 미국의 무료 전자우편인 〈핫메일(hotmail)〉이 처음으로 시도해 큰 성공을 거둔 이후 보편화되었다. 핫메일은 무료 전자우편 서비스를 시작하면서 빠른 시간 내에 여러 사람들에게 핫메일의 존재를 알리기 위해 전자우편을 주고받을 때는 반드시 편지 말미에 '무료 전자우편 서비스 핫메일'이라는 홍보 문구를 붙이도록 하였다. 사이트 광고를 주변 사람들에게 재전송해 줄 경우 경품이나 현금을 주는 것도 바이러스 마케팅의 일종이다.

- 복합 마케팅

복합(hybrid marketing)
복합 마케팅 시스템이란 선도수요 창출, 판매수요 검토, 예비 판매, 판매 마무리, 판매 후 서비스, 거래선 관리 등 각 수요 창출 과정과 소비자 규모마다 마케팅의 경로와 방법을 달리해 시장 점유율 및 수익성을 극대화하는 효과적인 마케팅이다.

- 부동산 마케팅

부동산과 부동산업에 대한 태도나 행동을 형성, 유지, 변형하기 위하여 수행하는 활동을 말한다.

- 비차별적 마케팅

소비자들의 욕구에서 공통적인 부분에 초점을 맞추는 것으로 하나의 제품이나 서비스를 가지고 세분화되지 않은 전체 시장을 대상으로 비즈니스를 하는 것을 말한다. 필요한 정보를 찾기 위해 사용하는 〈야후〉나 〈알타비스타〉와 같은 검색엔진이나 디렉토리 등이 대표적인 예다.

- 사업 장소 마케팅 (Business site Marketing)

사업 장소 마케팅은 공장이나 점포, 사무실, 창고 및 회의실과 같은 사업장이나 장소를 개발하여 팔거나 혹은 임대해 주는 것을 포함하고 있다. 대규로 개발업자들은 기업의 토지에 대한 기본적인 욕구를 조사하고, 산업시설의 주차장과 쇼핑센터 및 새로운 사무실, 건물 등과 같은 부동산 문제를 해결하여 준다.

- 사이버 마케팅

사이버 딜링이라고도 불리는 사이버 마케팅은 사이버 공간을 이용한 마케팅 활동이다. 사이버 마케팅을 활용할 수 있는 분야는 오락, 정보, 유통, 광고, 전송, 교육, 전자출

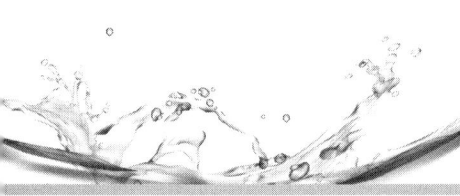

판 등으로 무궁무진하다. 현재 국내에서 추진 중인 사이버 마케팅은 데이콤에 의한 〈인터파크〉를 시작으로 주로 백화점을 중심으로 구축되어 있다. 특히 사이버 마케팅은 고객들의 거래 패턴, 구매습관, 제품 선호도 등이 정보화되기 때문에 보다 맞춤고객지향서비스가 가능해진다.

- 선점 마케팅

 고객이 선호하거나 기대하는 모델을 사전적으로 파악하여 이를 제품이나 서비스를 통해 홍보하는 마케팅을 말한다. 주로 고객의 온라인 소비 습관을 분석하여 대처하는 방법을 사용한다.

- 소시얼 마케팅

 소시얼 마케팅은 기업이 자기의 이익을 추구하기 전에 사회 전체의 이익을 손상시키지 않도록 하고 구매자의 이익뿐만 아니라 사회 전체의 이익을 고려해야 한다는 사고방식에 기초를 두고 있다. 기업이 사회 전체의 이익을 손상시키지 않도록 배려하는 것이 중요하다는 사실을 강조한 사고 방식이다.

- 스포츠 마케팅

 경기 시작 전부터 끝날 때까지 관련된 모든 업무를 대행하는 사업, 또는 여러 가지 프로모션 활동을 통해 팀 선수의 부가가치를 높이고 상품화를 도모하는 활동을 말한다. 주된 업무 내용은 라이센싱 사업, 연감 사진집 등의 출판 업무, 팀 선수의 매니지먼트 업무, 그리고 이벤트 매니지먼트 업무 등이다.

- 시간마케팅

 가격이나 품질 뿐만 아니라 고객의 시간을 아껴 줌으로써 판매촉진에 기여한다는 전략이다. 예를 들면 백화점에서 계산대를 늘려 고객의 대기 시간을 단축시켜 준다든지 30분 이내에 신사복을 수선해주는 서비스 등이 시간 마케팅이다. 은행도 현금자동지급기가 고장나거나 대출 신청 후 24시간 내에 처리되지 않을 때 직장에 객장에 비치된 '옐로우카드'를 제시하면 수표발행수수료, 송금수수료 등을 면제해 주기도 한다.

- **시스템 마케팅**

  판매 활동을 조직적으로 하는 것을 말한다. 시장 환경이 복잡해지고 제품 종류가 많아지며 또 그 수명이 짧다는 조건 하에서 효율적인 판매를 하기 위해 판매를 지원하는 다양한 전략의 전개를 조직적으로 추진해야 한다. 그렇게 하기 위해 필요한 정보의 신속한 처리가 요청되고, 그것이 판매 활동에 활용되는 것이다.

- **시험 마케팅**

  하나 이상의 시장을 선정하여 신제품과 마케팅 프로그램을 도입하고, 얼마나 성과가 좋은가를 검토하여 필요한 부분을 수정하는 것이다.

- **심바이오틱 마케팅기법 (Symbiotic Marketing)**

  대기업이 자사의 막강한 영업 조직을 통해 판로가 취약한 영세 업체들의 제품을 자사 상표를 붙여 판매하는 새로운 마케팅 기법이다.

- **애프터 마케팅**

  고객 만족 마케팅의 수준을 넘어, 다시 말해서 고객이 제품을 구입하도록 만드는 과정을 넘어 그 후까지 고객의 심리를 관리하고 고객에게 제품에 대한 확신을 심어주는 〈완전한 고객 중심 마케팅〉이라고 할 수 있다. 그래서 애프터 마케팅의 당면 목표는 또 다른 구매를 촉발시키는 것이 아니라 고객에게 제대로 된 제품을 구매했음을 확신시켜 주는 데 있으며 이러한 고객의 확신은 장기적으로 이익을 가져다 주는 요소가 된다. 특히 구매한 제품이나 서비스의 품질에 대한 고객의 기대가 현실적인 수준을 넘지 않도록 조절함으로써 만족도 얻을 수 있도록 도와주어야 한다는 것이 애프터 마케팅의 요체이다.

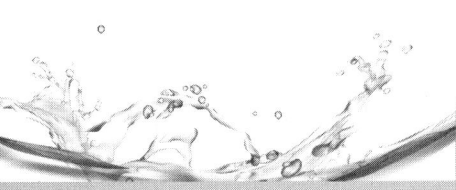

제5장 | 수산물 마케팅

- **앰부시 마케팅**

  앰부시 마케팅은 스폰서의 권리가 없는 자가 마치 자신이 스폰서인 것처럼 가장해 마케팅 활동을 펼치는 것이다.

- **에어리어 마케팅**

  전국을 동일한 성질의 하나의 시장으로 보고 전개하는 마케팅 수법에 대응되는 개념으로 각 지역의 특성을 파악하여 그에 맞는 치밀한 마케팅 수법을 통틀어 일컫는 말이다. 고도성장, 대량 소비시대에서 점차 안정성장, 소비 다양화 시대로 이행되어감에 따라 새로운 마케팅 수법으로 등장했으나 개념 규정도 아직 뚜렷하지 않으며 구체적인 방법론도 확립되지는 않았다. 메이커나 유통업계에서 이러한 발상에 차츰 관심을 모으고 있다.

- **원투원 마케팅**

  고객에 관한 데이터베이스를 구축, 필요한 고객에게 필요한 제품을 직접 판매하는 것이다. 개별 고객의 데이터베이스 분석을 통해 서비스와 제품을 고객의 필요에 맞게 제공해 고객을 유치하고 장기적으로는 경쟁력을 확보하기 위한 마케팅으로서 1 대 1 마케팅 또는 개별 마케팅이라고도 한다. 원 투 원 마케팅은 개별 고객의 성별, 나이, 소득 등 통계 정보와 고객의 취미, 레저 등에 관한 정보 및 구매 패턴을 데이터베이스화 하여 고객에게 가장 적절한 상품, 정보, 광고를 제공하는 것이 핵심이다.

- **인다이렉트 마케팅**

  상품 유통에 있어서 메이커가 소비자와의 사이에 판매업자를 개입시켜 메이커->판매업자-> 소비자라는 전형적인 마케팅 경로를 채택할 때 이것을 인다이렉트 마케팅이라 한다. 이것에 대하여 중간에 판매업자를 개입시키지 않고 자사 상품의 마케팅 경로 전반의 관리를 메이커 스스로 행하는 마케팅 활동을 다이렉트 마케팅이라 한다.

- **인더스트리얼 마케팅**

  생산재에 관한 마케팅을 말한다. 그 대상은 기업체로서 소비재인 경우와 같이 고객의 감정을 자극하여 구매 의욕을 부채질한다기보다 경제성, 합리성을 갖춘 신제품을 개발하여 고객의 이성에 호소함으로써 판매를 촉진한다.

- 인디케이터 마케팅

  소비자의 편의를 높이기 위하여 제품 사용 시기나 상태를 알려주는 상품 개발이다. 예를 들면 오줌을 싸면 색깔이 변하는 기저귀, 맥주를 마시는 최적 온도를 알려주는 특수 마크 등이 인디케이터 마케팅을 이용한 것이다.

- 인터넷 마케팅

  개인이나 조직이 인터넷을 이용하여 양 방향 의사소통을 바탕으로 마케팅 활동을 하는 것을 말한다. 전통적인 마케팅과 비교할 때 인터넷 마케팅은 불특정 다수가 아닌 1대 1 마케팅을 할 수 있고 비용을 절감할 수 있으며, 실시간으로 고객의 욕구를 파악해 신속하게 대응할 수 있는 장점이 있다.

- 지역 마케팅

  지역 마케팅은 특정한 지역이나 장소에 대한 태도나 행동을 새로이 창출해 내고, 유지 또는 변화시키기 위해 행해지는 제반 활동을 포함한다. 지역 마케팅은 크게 휴가 마케팅과 사업 장소 마케팅의 두 가지로 구분할 수 있다. 최근 들어 우리나라에서도 국가적인 차원, 또는 지방자치단체 차원에서 관광객이나 기업체 시설 유치를 위해 많은 노력을 기울이고 있다.

- ·착신 텔레마케팅

  TV, 카탈로그, 우편물 등과 같은 기존의 광고 매체에 의해 이미 제품에 대해 알고 있는 고객이 직접 걸어온 전화를 받음으로써 단순히 주문을 접수하는 것들을 의미한다.

- 컨트리 마케팅

  컨트리 마케팅은 경제적 잠재력은 크지만 개발 노하우와 운영능력이 부족한 개발도상국을 상대로 경제 정책 제안과 아이디어를 투입해 고부가가치를 올리는 해외사업 전략의 하나이다.

- 텔레마케팅

텔레마케팅에 대한 정의는 여러 가지가 있다. 텔레마케팅이란 "계획된 전화 통화를 이용하여 예상되는 표적 고객으로부터 의무감(obligation)을 유발하여 이익을 얻고자 하는 노력이다"가 있고, 또는 마케팅의 관점에서 보다 간결하게 정의한 것으로서 "텔레마케팅은 보통 비대면 접촉을 사용하는 인적 판매로 특징지어지는 것으로서 잘 계획되고, 조직화되고 관리된 마케팅 프로그램의 일부로서 텔레커뮤니케이션 기술을 사용하는 새로운 마케팅 분과 학문이다"가 있다. 텔레마케팅의 적용 분야는 1) 전화 판매 2) 직접 반응 마케팅 3)주문 접수 4) 고객에 대한 정보 서비스 5) 시장 조사 6) 마케팅 이외의 적용 등이 있다.

- 테스트모니얼 마케팅 (Testimonial Marketing)

소비자나 구매자들을 직접 광고나 이벤트에 등장시켜 제품 성능을 테스트하게 한 후 증언이나 진술을 받는 방식으로 이뤄집니다. 유명 연예인을 등장시키지 않기 때문에 비용이 적게 들 뿐 아니라 소비자들에게 친근감을 줍니다.

- 퍼스널 마케팅

<u>고객 한 사람 한 사람의 개별 욕구에 적합한 마케팅 활동을 통해 차별적인 고객 각자의 니즈를 충족시켜줌으로써 만족도를 극대화시키는</u> 기업 활동을 뜻한다. 고객 개개인의 주관이 뚜렷해져 자신의 욕구에 적합하지 않은 서비스는 수용하지 않는 경향이 생겨나자 퍼스널 마케팅의 필요성이 증대되었다.

- 풀 마케팅

<u>광고, 홍보 활동에 고객들을 직접 주인공으로 참여시켜 벌이는 판매 기법</u>을 의미한다. TV나 신문, 잡지 고아고, 쇼윈도 등에 물건을 전시하여 쇼핑을 강요하던 종전의 '푸시(Push)'마케팅에 대치되는 개념이다. 예를 들면 새로운 제품을 출시하면서 전국을 누비며 모델 선발대회를 개최한다거나 어린이 그림잔치 등을 열어 고객이 제품의 홍보에 적극 참여토록 유도하는 것이다.

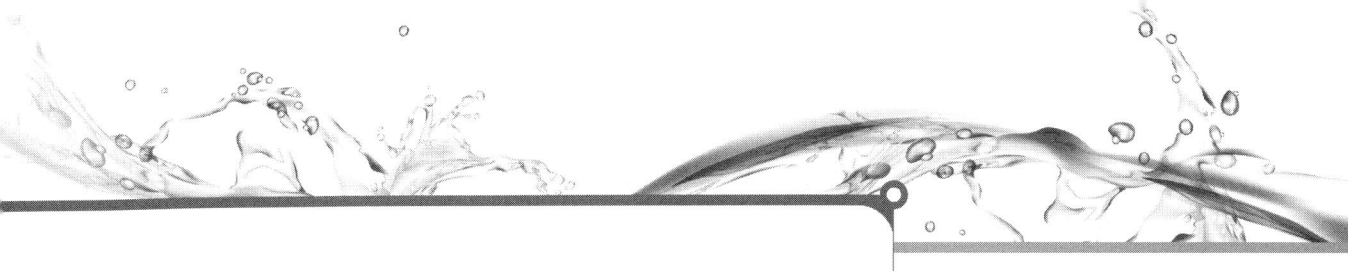

- 컬러 마케팅

    색상으로 소비자의 구매욕을 자극하는 마케팅 기법이다. 컬러 TV와 함께 성장한 감각적인 20-30대 여성층이 늘어나면서 식음료를 비롯한 가구, 자동차, 가전 등 소비재 전 분야에 걸쳐 확산되고 있다. 노랑, 파랑 등 원색의 목재가구, 검정색 냉장고, 색상을 활용한 패션 음료 등 컬러 마케팅 전략이 실제 매출 증대에 많은 도움을 주자 업체에서는 상품 기획부터 생산, 사후 관리까지 종합적인 컬러 마케팅에 주력하고 있다. 컬러 마케팅의 효시는 미국 파커사로, 1920년대 당시로는 파격적인 빨간색 만년필을 시장에 내놓아 선풍적인 인기를 끌었다.

- 프로슈머 마케팅

    프로슈머란 앨빈 토플러 등 미래학자들이 예견한 상품 개발 주체에 관한 개념으로 기업의 생산자(producer)와 소비자(consumer)를 합성한 말이다. 기업들이 신제품을 개발할 때 일반적으로 기획, 생산하여 소비자 욕구를 파악하는 단계에서 고객의 만족을 강조하고 있다. 프로슈머 마케팅 개념은 이 단계를 뛰어넘어 소비자가 직접 상품의 개발을 요구하며 아이디어를 제안하고 기업이 이를 수용해 신제품을 개발하는 것으로 고객 만족을 최대화시키는 전략이다. 국내에서도 컴퓨터, 가구, 의류회사 등에서 공모작품을 적극적으로 수용하고 있다.

- 프리마케팅

    서비스와 제품을 공짜로 제공하는 마케팅 방법으로 말한다. 유료 정보를 공짜로 열람하는 대신 화면에 광고를 노출시키거나 인터넷 무료 접속 서비스를 사용하는 대신 개인의 신상정보를 공개하는 등 소극적 프리 마케팅이 주를 이루어왔으나, 최근에는 특정 통신 서비스를 몇 년간 사용하겠다고 약속하면 PC를 무료로 제공하는 형태로도 발전하였다. 국내 이동 통신업체가 특정 시간대에 무료 통화를 제공하는 것도 프리 마케팅의 일종이다.

제5장 | 수산물 마케팅

- **플래그십 마케팅**

플래그십 마케팅이란 시장에서 성공을 거둔 특정 상품 브랜드를 중심으로 마케팅 활동을 집중하는 것이다. 이를 통해 다른 관련 상품에도 대표브랜드의 긍정적 이미지를 전파, 매출을 극대화하는 전략이다. 토털 브랜드 전략과는 상반된 개념이다. 토털 브랜드는 강력한 기업 인지도를 바탕으로 통합된 이미지를 앞세워 제품 매출을 확대하는 것인 반면, 플래그십 마케팅은 주로 초일류 이미지를 가진 회사와 정면 대결을 피하기 위해 구사하는 전략이다. 조선맥주가 〈하이트〉맥주로 사명을 변경한 것이 그 대표적인 예이다.

- **휴가 마케팅**

휴가 마케팅은 온천이나 휴양지, 특정 도시 등으로 휴가를 떠나는 사람들을 유치하려는 활동을 말한다. 이런 활동은 주로 여행사나 항공사, 호텔, 지방자치단체 등이 수행하고 있다. 오늘날 거의 대부분의 도시나 국가는 일반인들에게 그 지역을 관광지로서 알리는 활동을 하고 있다.

- **하이브리드 마케팅**

하이브리드 마케팅이란 비용을 절감하는 동시에 비교 우위를 확보하려는 마케팅 기법을 말한다. 이 방법은 기존 산업부문에 인터넷을 접목하는 방식으로 이용되고 있다. 국내에서는 SK 그룹이 주유소와 이동통신 등의 사용 실적을 종합 관리하면서 포인트 제도를 운영하고 있는데, 이것이 하이브리드 마케팅의 대표적인 예라고 할 수 있다.

- **한국고객만족도(KCSI)**

한국고객만족도는 한국 산업의 각 산업별 상품, 서비스에 대한 고객들의 만족 정도를 나타내는 지수로 한국능률협회 컨설팅이 1992년 국내 최초로 측정방법론을 개발, 1992년부터 8회째 시행해오고 있다. 조사는 국내 산업에 영향을 많이 미치는 74개 업종을 선정, 서울 및 6대 광역시에 거주하는 20세 이상 60세 미만의 남녀를 대상으로 일대일 면접을 통해 실시한다.

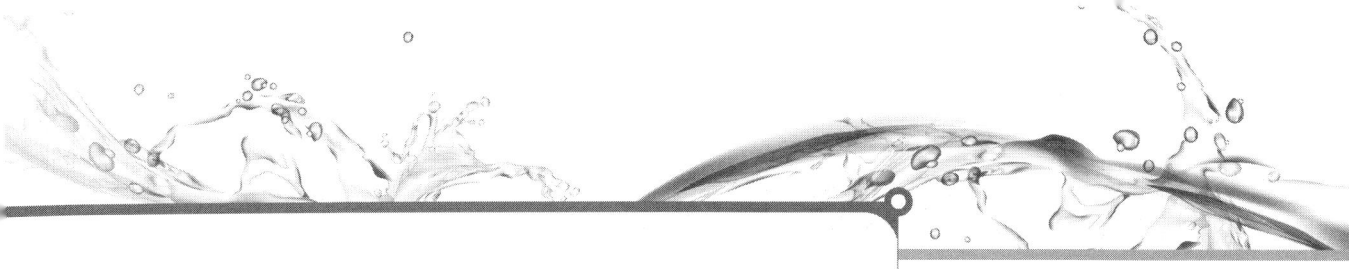

- MOT 마케팅 (Moment of Truth 진실의 순간)

  일상생활 공간을 파고드는 마케팅 기법을 말한다. MOT는 'Moment of Truth'의 영문 약자로 굳이 번역하자면 "결정적인 순간 또는 진실의 순간을 포착하라"는 뜻이다. 소비자들이 아침에 일어나서 신문을 보는 순간부터 집을 나와서는 교통수단을 통해, 식당에서 또는 친구를 만나 차를 마시는 곳, 그 어느 곳에서나 제품의 이미지를 심어주는 것이 MOT 마케팅의 핵심 전략이다. MOT 마케팅은 본래 70-80년대 스웨덴 항공사인 〈스칸디나비아 항공〉이 세계 최초로 고안해 큰 성공을 거둔 이후 많은 다국적 기업들이 벤치마킹을 해오고 있다.

■ 신유통환경하에서 필요한 농산물마케팅의 3요소(출처: 월간 유통저널)

신유통 환경 하에서 필요한 농산물 마케팅의 3요소

항목	내용	전략
1. 품질	· 최상급~최하급간 상품단계구분 · 안전성, 신선도 요구 강화	· 품질에 따른 판로 차별화 · 친환경농산물 차별화 · 예냉, 예건 등 수확 후 관리
2. 규격	· 정확한 선별 (표준등급) · 다양한 규격 (소포장, 개방형) · 전처리, 반가공 요구	· 표준등급 제정, 운용 · 공동선별(통합선별) · 상품기획 (세척, 가공)
3. 물량	· 연중 안정공급 · 수요변화에 따른 주문 대응	· 주산지간 협력사업 추진 · 사전 물량계획 및 조정 · 단기 저장능력 보유

Point! 실전문제 수산물 마케팅

1. 수산물 시장을 분리하여 각각 서로 다른 판매가격으로 차등화하는 가격차별화 전략 중 가장 적절한 것은?
  ① 수산물 시장구조의 경쟁정도를 강화시켜 경제적 효율성을 증진시킨다.
  ② 수요의 가격탄력성이 비교적 탄력적인 시장에 대해서는 과감히 낮은 가격을 설정한다.
  ③ 각 수산물 시장의 수요의 가격탄력성 차이를 가급적 줄이도록 노력한다.
  ④ 새로운 판매주체를 유입시켜 서로 담합한다.

> **정답 및 해설** ②
> 가격차별화(price discrimination)란 동일한 상품에 대하여 지리적·시간적으로 서로 다른 시장에서 각기 다른 가격을 매기는 것이다. 동일한 상품에 별개의 가격이 매겨지는 경제적인 이유는 뚜렷이 구별할 수 있는 몇몇 시장에서 수요의 가격탄력성의 크기가 서로 다르기 때문이다. 가격차별이 성립되는 조건은 시장이 명확히 구별되어 있어야 하고, 시장간의 상품의 전매비용(轉賣費用)이 시장간의 가격차보다 클 것 등이다.

2. 동일한 상품에 대해 서로 다른 소비자에게 각각 다른 가격수준을 부과하는 것을 가격차별(Price discrimination)이라고 한다. 이에 대한 설명 중 적절하지 않은 것은?
  ① 가격탄력성이 동일한 두 개 이상의 시장이 존재하여야 한다.
  ② 유통주체가 어떤 수산물에 대해 독점적 위치를 확보할 수 있는 여건이 구비될 때 실시한다.
  ③ 소비자의 선호, 소득, 장소 및 대체재의 유무 등에 따라 서로 다른 가격을 부과한다.
  ④ 서로 다른 시장에서 매매된 상품이 시장 간에 이동될 수 없어야 한다.

> **정답 및 해설** ①
> ① 탄력성이 다른 두 개의 시장이 존재해야 한다.

3. 선별된 잠재 구매자에게 광고물을 발송하여 제품구매를 유도하는 판매방식은?
  ① 텔레마케팅(Telemarketing)   ② 다이렉트 메일 마케팅(Direct mail marketing)
  ③ 다단계 마케팅(Multi-level marketing)   ④ 인터넷 마케팅(Internet marketing)

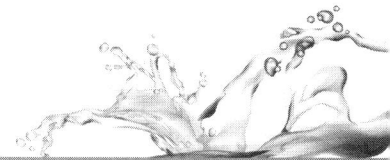

> **정답 및 해설** ②
> 다이렉트 메일 마케팅(Direct mail marketing)이란 상품 등의 광고나 선전을 위해서 특정 고객층 앞으로 직접 우송(서신·카탈로그 등의 인쇄물)하는 마케팅이다.

4. 많은 대상을 단시간에 일제히 조사할 수 있는 질문조사법(survey)에 대한 설명으로 옳은 것은?
   ① 조사대상자와의 대화를 통해 정보를 수집하는 방법
   ② 조사대상자의 집단적 토의를 통해 정보를 수집하는 방법
   ③ 조사대상이 되는 사물이나 현상을 조직적으로 파악하는 방법
   ④ 일련의 질문사항에 대하여 피조사자가 대답을 기술하도록 하는 방법

> **정답 및 해설** ④
> ① 면접법
> ② 표적집단면접법
> ③ 실험조사법
> ④ 서베이조사법은 설문지를 이용하여 조사대상자들로부터 자료를 수집하는 방법이다

5. 동일표본의 응답자에게 일정기간동안 반복적으로 자료를 수집하여 특정구매나 소비행동의 변화를 추적하는 마케팅 조사법은?
   ① 소비자 패널조사법   ② 심층 집단면접법
   ③ 초점집단조사   ④ 실험조사법

> **정답 및 해설** ①

6. 신제품에 대한 광고시안을 몇 개의 소비자 집단에 보여주고 그 중에서 소비자의 선호정도 및 기억정도가 가장 높은 광고를 선정하고자 할 때 적합한 마케팅 조사방법은?
   ① 관찰법(observational research)   ② 서베이조사(survey research)

③ 표적집단면접법(focus group interview)   ④ 실험조사(experimental research)

정답 및 해설 ④

7. 직접 시장시험을 통해서 신제품 수요를 예측하는 마케팅조사 기법으로 적절한 것은?
① 델파이법
② 고객의견조사법
③ 모의시장시험법
④ 회귀분석법

정답 및 해설 ③

① 전문가 집단의 의견과 판단을 추출하고 종합하기 위하여 동일한 전문가 집단에게 설문조사를 실시하여 집단의 의견을 종합하고 정리하는 연구 기법이다.
④ 회귀분석은 기본적으로 하나 이상의 독립변인(들)(또는 '예측변인'이나 '설명변인'이라고도 함)이 한 단위 변할 때, 종속변인(또는 '결과변인'이나 '피설명변인'이라고도 함)이 얼마나 변할 것인지를 통계적으로 파악하는 방법이다.

8. 마케팅 조사에 대한 설명 중 관계가 먼 것은?
① 시장의 사정이나 소비자의 요구 또는 동업자의 실태 등을 면밀히 파악한다.
② 상품의 공급 상황과 수요예측을 정확하게 파악하기 위한 시장조사이다.
③ 판매목표 설정을 위해 정확한 판매예측을 한 다음 마케팅 조사를 실시한다.
④ 수요예측은 유효수요뿐만 아니라 잠재수요도 파악해야 한다.

정답 및 해설 ③

마케팅 조사의 순서(조사 후 판매목표를 설정하고 판매예측을 한다.)
㉠ 예비조사-㉡ 문제설정-㉢ 조사계획 수립-㉣ 자료수집 및 정리-㉤ 결과해석-㉥ 결과보고

9. 마케팅부서에 의해 통제되는 마케팅 환경요인에 속하지 않는 것은?
① 표적시장의 선정
② 소비자의 인식조사

③ 사업영역의 결정 ④ 마케팅믹스의 구성

정답 및 해설 ③

마케팅 환경요인은 미시적, 거시적 환경요인으로 구분된다. 사업영역의 결정은 마케팅부서가 하는 일이 아니라 최고경영자의 의사결정 분야이다. 조사 후 보고를 하여 의사결정에 도움을 주거나 결정된 의사를 기반으로 마케팅을 하는 것이 실무부서의 일이다.

10. 수산물 마케팅 환경분석에 대한 설명으로 옳지 않은 것은?
① 강점과 약점, 기회와 위협 요인을 분석하는 SWOT분석이 자주 이용된다.
② 미시적 환경요인은 유통업자 스스로의 마케팅 노력에 의해 변경이나 개선이 불가능하다.
③ 미시적 환경요인에는 고객, 경쟁업자, 중간상인, 원료 공급업자 등이 포함된다.
④ 거시적 환경요인에는 인구통계학적 환경, 경제적 환경, 자연적 환경, 사회적·문화적 환경 등이 포함된다.

정답 및 해설 ②

SWOT분석이란 기업의 환경분석을 통해 기업 내부적으로 강점(Strength)과 약점(Weakness)을 기업 외부적으로 기회(Opportunity)와 위협(Threat) 요인을 규정하고 이를 토대로 전략을 수립하는 기법이다. 미시적 환경요인은 유통주체(고객, 경쟁업자, 중간상인, 원료 공급업자 등)의 환경을 말한다.

11. 수산물마케팅에서 거시적 환경요인에 해당하는 것은?
① 금융회사 ② 가처분소득
③ 농산물 물류시설 ④ 유통조직 관리자

정답 및 해설 ②

유통주체에 해당하지 않은 것을 고르면 된다. 가처분 소득은 경제적 환경이다.

12. 수산물마케팅 환경을 분석할 때 직접적으로 고려해야 할 요인에 해당되지 않는 것은?

① 소비자의 수산물 기호변화 등 소비구조의 변화
② 경쟁자의 생산량, 가격정책 등 경쟁환경의 변화
③ 국내외 정치상황, 지역분쟁 등 정치적 요인의 변화
④ 수산물 유통기구, 유통경로 등 시장구조의 변화

정답 및 해설 ③

시장과 관련된 정치적요인의 변화(도매시장에 시장도매인제도를 도입하는 등)는 고려대상이 되지만 지문의 내용은 시장과 관련이 없다.

13. 다음은 마케팅전략 수립을 위한 상황분석이다. ( )안의 용어로 옳은 것은?

> 기업 내부여건으로 ( )과(와) ( ), 기업 외부요인으로 ( )과(와) ( )을(를) 분석한다.

① 기회 - 강점 - 약점 - 위협
② 강점 - 기회 - 위협 - 약점
③ 강점 - 약점 - 기회 - 위협
④ 기회 - 위협 - 강점 - 약점

정답 및 해설 ③

10번 해설 참조

14. 소비자들이 특정상품이나 상표를 선택할 때 영향을 미치는 요인에 대해 가장 잘 설명한 것은?

① 사회적 요인으로서 사회계층, 준거집단, 가족, 라이프스타일 등이 포함된다.
② 제도적 요인으로서 직업, 소득, 교육, 소비 스타일 등이 포함된다.
③ 정치적 요인으로서 국내 및 국제적 정치 상황이 포함된다.
④ 법률적 요인으로서 법이 어떻게 바뀌는가에 따라 달라진다.

정답 및 해설 ①

사회적 요인	사회계층, 준거집단, 가족, 라이프스타일 등
문화적 요인	생활양식, 국적, 종교, 인종, 지역 등
개인적 요인	연령, 성별, 생활주기, 직업, 경제적 상황, 인성 등
심리적 요인	욕구, 동기, 태도, 학습, 개성 등

15. 소비자의 구매행위에 영향을 미치는 심리적 요인이 아닌 것은?
① 욕구　　　② 동기
③ 성별　　　④ 개성

정답 및 해설 ③

16. 소비자의 수산물 구매행동에 대한 설명으로 알맞지 않은 것은?
① 김, 미역 등을 구입할 때 소비자는 경험이나 습관에 의해 쉽게 구매결정을 내리는 저관여 구매행동을 한다.
② 유기수산물과 같이 소비자의관심이 큰 상품은 신중하게 의사결정을 내리는 고관여 구매행동을 한다.
③ 제품관련도가 낮은 수산물의 경우는 브랜드 간 차이가 크더라도 소비자가 브랜드 전환(brand switching)을 시도하는 경우가 드물다.
④ 저관여 상품의 판매를 확대하려면 친숙도를 높여야 하고, 고관여 상품은 다양한 상품정보를 제공해야 한다.

정답 및 해설 ③
저관여 수산물은 제품에 대한 중요도가 낮고, 값이 싸며, 상표간의 차이가 별로 없고, 잘못 구매해도 위험이 별로 없는 제품을 구매할 때 소비자의 의사결정 과정이나 정보처리 과정이 간단하고 신속하게 이루어지는 제품을 말한다. 브랜드 간 차이가 크면 쉽게 브랜드 전환을 한다.

17. 소비자의 상품구매 특성이 건강 및 환경문제에 민감하고 기업의 윤리적 측면을 고려함에 따라 마케팅과제를 삶의 질 향상과 인간지향 및 사회적 책임을 중시하는 데에 두는 마케팅 개념 유형은?
① 생산지향 개념　　　② 제품지향 개념
③ 판매지향 개념　　　④ 사회지향 개념

정답 및 해설 ④

18. 소비자가 상품을 구매하는 의사결정 과정을 순서대로 연결한 것은? 3회

① 정보탐색 - 문제인식 - 선택대안의 평가 - 구매
② 정보탐색 - 선택대안의 평가 - 문제인식 - 구매
③ 문제인식 - 선택대안의 평가 - 정보탐색 - 구매
④ 문제인식 - 정보탐색 - 선택대안의 평가 - 구매

> **정답 및 해설** ④

19. 수산물 소매기구의 마케팅 전략(소매믹스 전략)에 대한 설명 중 가장 알맞은 것은? 6회

① 일반적으로 높은 유통마진을 추구하는 소매점은 고객에 대한 서비스 수준을 높이고 평균재고의 회전율을 낮춘다.
② 소매믹스전략 중 가장 중요한 요인은 표적고객의 욕구에 부응하는 상품화 계획인 머천다이징이다.
③ 상권은 1차, 2차, 3차로 구분되는데 1차 상권은 구매고객의 60% 내외, 2차 상권은 30% 내외가 거주하고 있는 지역을 말한다.
④ 소매점의 단기적 성과의 촉진수단으로서 광고와 PR이 흔히 사용된다.

> **정답 및 해설** ②
> ① 평균재고의 회전율을 높인다.
> ③ 1차(65%), 2차(30%), 3차(5%)
> ④ 광고와 PR은 기업광고에 해당한다.

20. 마케팅 믹스 요소 중 촉진의 기능과 관련이 없는 것은?

① 기업의 새로운 상품에 대하여 정보를 제공한다.
② 소비자의 구매와 관련된 행동의 변화를 유도한다.
③ 소비자의 브랜드에 대한 이미지를 제고시킨다.
④ 소비자가 원하는 가격으로 제품을 생산한다.

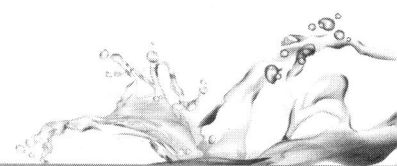

정답 및 해설 ④

4P MIX중 제품(Products)에 해당한다.

21. 기업의 입장에서는 마케팅 믹스의 4P이지만 고객의 입장에서는 4C가 된다. 다음 중 4P와 4C를 올바르게 대응한 것은? 1회

| · 마케터관점(4P) | · 고객관점(4C) |

① 상품(Products) - 편리성(Convenience)
② 가격(Price) - 고객가치(Customer value)
③ 유통(Place) - 고객측 비용(Cost to the Customer)
④ 촉진(Promotion) - 의사소통(Communication)

정답 및 해설 ④

① 상품(Products) - 고객가치(Customer value)
② 가격(Price) - 고객측 비용(Cost to the Customer)
③ 유통(Place) - 편리성(Convenience)
④ 촉진(Promotion) - 의사소통(Communication)

22. 친환경수산물의 그린마케팅에서 시장의 그린화와 상품의 그린화가 모두 미진한 경우에는 시장침투 전략이 유리하다. 이에 해당되는 품목으로 가장 적당한 것은?

① 돔
② 김
③ 미역
④ 홍합

정답 및 해설 ①

그린마케팅(Green Marketing)
환경적 역기능을 최소화하면서 소비자가 만족할 만한 수준의 성능과 가격으로 제품을 개발하여 환경적으로 우수한 제품 및 기업 이미지를 창출함으로써 기업의 이익 실현에 기여하는 마케팅을 말한다.
지문의 의도는 제시된 항목 중 그린화가 가장 미흡한 수산물은 무엇인가이다.

친환경인증품목 : 넙치, 무지개송어, 굴, 홍합, 김, 미역, 톳, 마른김, 마른미역, 간미역 등

23. 표적시장의 선정과 마케팅 전략의 선택에 대한 설명으로 옳지 않은 것은?
① 집중적 마케팅 전략은 동일한 마케팅 믹스로 접근 가능한 1~2개의 세분시장을 표적으로 한다.
② 집중적 마케팅 전략은 제품을 생산하고 판매촉진을 하는데 필요한 자원이 제한적일 때 효율적이다.
③ 차별적 마케팅 전략은 다양한 마케팅 믹스를 바탕으로 다양한 세분시장을 표적으로 한다.
④ 차별적 마케팅 전략은 총 매출액이나 수익을 증대시킬 뿐만 아니라 마케팅 비용도 절감한다.

정답 및 해설 ④
차별적 마케팅은 세분된 시장에 각각 다른 마케팅 전략을 구사하는 것으로서 총 매출액이나 수익을 증대시킬 수 있으나 마케팅 비용은 증가한다.

24. 친환경수산물의 STP(Segmentation-Targeting-Positioning) 전략이 아닌 것은?
① 친환경수산물의 가격을 낮출 수 있는 유통과정 효율화 및 구매편의성 제고가 필요하다.
② 친환경수산물의 소비확대를 위해 안전성에 대한 신뢰도를 높여야 한다.
③ 친환경수산물의 생산확대를 위해 생산기술개발이 필요하다.
④ 친환경수산물의 판매확대를 위해 학교급식과 연계하여 대량소비처를 확보할 필요가 있다.

정답 및 해설 ③
STP전략은 판매를 위한 마케팅 전략이다.

25. 시장을 세분화하고 표적시장을 선정한 다음 시장을 공략하기 위해 구사하는 마케팅전략에 대한 설명으로 틀린 것은?
① 보유한 자원이 매우 제한적일 경우 집중 마케팅전략을 구사하는 것이 적합하다.
② 제품의 품질이 균일한 경우 무차별적 마케팅이 적합하다.
③ 제품구색이 복잡한 경우 차별적 마케팅이나 집중마케팅전략이 적합하다.

④ 소규모시장에서 신제품을 출시하는 경우 무차별적 마케팅전략보다 차별적 마케팅전략이 적합하다.

정답 및 해설 ④
소규모시장은 시장의 세분화가 어렵다. 세분화가 어렵다면 무차별적 마케팅이 효율적이다.

26. 시장 세분화(market segmentation) 전략을 가장 적절히 설명한 것은?
① 제한된 자원으로 전체 시장에 진출하기 보다는 욕구와 선호가 비슷한 소비자 집단으로 나누어 진출하는 전략이다.
② 소비자의 개별적 욕구를 충족하기 보다는 전체를 하나로 보아 비용을 절감하고 관리하는 전략이다.
③ 소비자들 인식하고 있는 취향과 선호에 따라 부분적으로 취하는 소비전략이다.
④ 모든 개인의 취향과 욕구를 충족하고 관리하여 이익의 극대화를 추구하는 전략이다.

정답 및 해설 ①
② 전체를 하나로 본다면 시장을 세분하지 않는 것이다.
③ 소비자들 인식하고 있는 취향과 선호에 따라 전체를 부분적으로 나누는 전략이다.
④ 이익의 극대화를 추구하지만 세분화 후 타게팅(목표시장)을 어떻게 두느냐에 따라 전체를 대상으로 할 지 부분을 대상으로 할 지가 결정된다.

27. 시장규모가 너무 작거나 자신의 상표가 시장 내에서 지배상표이기 때문에 시장을 세분화하면 수익성이 적어질 경우, 어떤 마케팅 전략이 적절한가?
① 비차별적 마케팅 전략　　② 집중화 마케팅 전략
③ 틈새 마케팅 전략　　　　④ 그린 마케팅 전략

정답 및 해설 ①

28. 개인별 마케팅보다는 더 적은 비용을 지출하면서도 동시에 대량 마케팅보다는 더 많은 고객을 확보할 수 있도록 하기 위하여 시장을 세분화 하려고 한다. 이때 시장을 효과적으로 세분하기 위한 요건으로 볼 수 없는 것은?

① 세분시장 간에는 어느 정도 동질성이 확보되어야 한다.
② 세분시장의 크기와 구매력을 측정할 수 있어야 한다.
③ 세분시장의 잠재고객에게 쉽게 접근할 수 있어야 한다.
④ 세분시장은 상당한 이익이 실현될 수 있는 규모가 되어야 한다.

정답 및 해설 ①

세분시장 간에는 이질성이 존재하여야 한다.

29. 표적시장선택을 위한 전략의 사례로 적절하지 않은 것은?

① 가내수공업으로 어묵을 소량생산하는 A 업체는 틈새 마케팅이 적절하다.
② 한 종류의 참치통조림을 대량생산하는 B 업체는 비차별적 마케팅이 필요하다.
③ 서로 다른 한국과 미국 시장에 각각 진출하려고 하는 C 업체는 차별적 마케팅이 적절하다.
④ 개별고객의 욕구와 선호에 부응하는 상품을 생산하는 D 업체는 집중적 마케팅이 효과적이다.

정답 및 해설 ④

상품의 계열이 다양하다는 것은 상품종류별 소비자 시장이 다르다는 것을 의미한다.
이런 기업은 시장을 세분화하여 차별적 마케팅을 시도하는 것이 유리하다.

30. 마케팅믹스 중 가격관리에 관한 설명으로 옳지 않은 것은?

① 업체들은 혁신 소비자층에 대해 초기저가전략을 사용한다.
② 업체간 경쟁이 치열할수록 개별업체는 가격을 독자적으로 결정하기 어렵다.
③ 일반적으로 소비자는 농산물의 품질이 가격과 직접적인 관련이 있다고 본다.
④ 가격관리는 마케팅믹스 중 수익을 창출하는 유일한 요소이다.

정답 및 해설 ①

혁신 소비층은 높은 가격을 부담할 준비가 되어 있으므로 고가전략이 유리하다.

31. 시장세분화기준 중에서 "행동적 기준"의 유형과 마케팅전략의 예시가 잘못 연결된 것은?

	행동적 기준	마케팅전략
①	사용량	– 독신 생활자를 위한 낱개 포장
②	사용상황	– 제철 농산물의 판촉
③	추구효익	– 건강 기능성 식품개발
④	브랜드 충성도	– 유명 특산물의 지역브랜드 연계

정답 및 해설 ②

사용상황이란 장소나 시간대 등에 따라 소비자 행태를 분석, 제품을 제시하는 것이다.
예) 야구장에서 소비하는 제품 유형

32. 마케팅 믹스(marketing mix) 전략을 적절히 설명한 것은?

① 마케팅 믹스요소는 상품전략, 수송전략, 유통전략, 광고전략으로 나눈다.
② 기업이 표적시장을 선정한 다음에 여러 가지 자사상품을 잘 섞어서 판매하는 전략이다.
③ 기업의 마케팅노하우, 상표, 기업 이미지 등을 경쟁자가 쉽게 모방할 수 없도록 하는 종합적인 전략이다.
④ 기업이 소비자의 욕구와 선호를 효과적으로 충족시키기 위하여 4P를 활용한 마케팅 전략을 말한다.

정답 및 해설 ④

4P는 Product, Price, Place, Promotion을 말한다.
③은 상표화

33. 좁은 의미의 판매 촉진에 관해 가장 잘 설명하고 있는 것은?

① 좁은 의미의 판매촉진에서는 광고와 홍보가 가장 중요한 수단이다.
② 광고, 홍보 및 인적판매와 같은 범주에 포함되지 않은 모든 촉진 활동을 말한다.
③ 가격 할인, 경품, 샘플 제공 등을 사용하지 않는다.
④ 광고, 홍보 및 인적판매와 같은 모든 수단을 기업 이미지 개선과 매출 증가를 위해 사용한다.

정답 및 해설 ②

광고, 홍보 및 인적판매와 같은 수단을 제외한 가격 할인, 경품, 샘플 제공 등의 촉진활동을 말한다.

34. 소비자를 대상으로 한 판매촉진 수단이 아닌 것은?
① 무료 샘플(free sample)
② 쿠폰(coupon)
③ 경품(premium)
④ 구매보조금(buying allowances)

정답 및 해설 ④

쿠폰(coupon) : 소매상이 백화점 등의 대규모 판매점에 대항하기 위하여 협동자위수단으로 발전시킨 신용판매방법 또는 여기에 사용되는 표.
경품(premium) : 소비자의 구매의욕을 자극하기 위하여 상품에 부가적으로 제공하는 물품이나 서비스의 일종.
구매보조금(buying allowances) : 제조업자가 특정기간 동안에 자사의 특정제품을 구매하는 중간상에게 구매량 당 일정금액을 할인해 주는 제도

35. 제조업자가 직접 소비자를 대상으로 실시하는 판매촉진수단만을 나열한 것은?
① 리베이트(Rebates), 보상판매(Trade-ins)
② 사은품(Premium), 구매공제(Buying allowances)
③ 판매원 훈련, 콘테스트(Contests)
④ 사은품(Premium), 진열공제(Display allowances)

정답 및 해설 ①

보상판매 : 어떤 제품의 제조업자 또는 판매업자 등이 제품을 판매하면서 자사의 구제품을 가져오는 고객에 한하여 구제품에 대해 일정한 자산가격을 인정해주고 신제품 구입시 일정률 또는 일정액을 할인해 주는 판매방법

36. 수산물판매확대를 위한 촉진전략에 대한 설명으로 알맞지 않은 것은?
① 소비자가 수산물의 구매결정을 내리기 이전단계에서는 홍보 및 광고가 판매촉진보다 효과가

높다.
② 지방자치단체가 여름휴양지에서 휴양객에게 지역특산물을 나누어 주는 무료행사는 풀(pull) 전략에 해당한다.
③ 산지유통센터가 대형할인점에 납품하는 김가격을 인하하여 판매를 확대하는 것은 푸쉬(push) 전략에 속한다.
④ 공산품과 달리 차별화하기 어려운 수산물의 경우는 일반 대중을 상대로 한 PR(공중관계) 전략의 효과가 미미하다.

정답 및 해설 ④

풀(Pull)전략 : 소비자를 대상으로 제품·브랜드·기업명 등을 광고함으로써 소비자가 지명구매(指名購買)하도록 하려는 메이커의 판매전략을 말한다. 풀 전략에서는 광고, 무료견본, 경품의 제공, 소비자의 조직화 등을 이용한다.

■ 기업광고 → 소비자 유인 → 소비자의 판매점 방문

푸쉬(Push)전략 : 푸시전략은 직접적으로 거래하고 있는 판매업자에게 판매촉진활동을 행하여 도매업자나 소매업자를 통해 자기의 제품을 푸시하려는 메이커의 판매전략을 말한다. 푸시전략에는 주로 판매원에 의한 인적판매(대리점 인센티브)를 이용한다

■ 기업의 판매점 지원 → 판매점 판촉 → 소비자의 판매점 방문

37. 마케팅전략에서 촉진의 기능이 아닌 것은?
① 운영비용의 절감
② 상품정보의 전달
③ 상표에 대한 기억유지
④ 구매행동 강화를 위한 설득

정답 및 해설 ①

촉진(promotion)은 소비자와의 커뮤니케이션으로 볼 수 있다.
운영비용절감은 기업 내부환경요인이다.

38. 수산물 포장에 대한 설명으로 옳지 않은 것은?
① 수산물의 손상 및 파손으로부터 보호한다.
② 수산물의 수송, 저장, 전시 등을 용이하게 한다.
③ 유통비용 중 포장비용이 계속 줄어드는 추세이다.

④ 소비자의 안전 및 환경을 고려해야 한다.

정답 및 해설 ③

39. 최근 제품 포장의 중요성이 더욱 증대되고 있는 이유를 설명한 것으로 틀린 것은?
① 수산물의 포장이 단순화, 대형화되는 추세에 있기 때문이다.
② 소비자는 같은 가격이라면 외관이 수려하게 포장된 제품을 선호하기 때문이다.
③ 혁신적인 포장은 제품 차별화를 통해 경쟁우위 확보의 기회를 제공하기 때문이다.
④ 셀프서비스제로 운영되고 있는 많은 소매점에서 상품의 포장은 순간 광고의 기능을 수행하기 때문이다.

정답 및 해설 ①

포장개념에 디자인과 편리성, 운송효율성, 소비자유인 등의 요소가 반영되면서 포장이 단순하지는 않다. 포장은 상품진열시 소비자의 소구점을 자극하므로 소형화되는 추세다.
■ 소비자 소구(consumer appeal) : 광고를 통해 소비자 측의 구매욕을 자극시키기 위해 상품이나 서비스의 특성이나 우월성을 호소하여 공감을 구하는 것이다.

40. 수산물 포장의 목적이 주로 취급을 용이하게 하거나 상품을 보호하는 데에 있는 것은?
① 개별포장(primary package)   ② 외부포장(secondary package)
③ 내부포장(inner package)   ④ 환경친화적 포장(green package)

정답 및 해설 ②

운송과 수송목적의 포장이다.

41. 포장의 원칙에 대한 설명 중 관계가 먼 것은?
① 소비자의 사용에 편리하도록 해야 한다.
② 포장비용에 구애되지 말고 포장은 화려하게 해야 한다.

③ 광고면에 나타낸 호소와 인상을 현물포장과 일치되도록 계획한다.
④ 소비자의 상품구매 관습, 지적수준, 환경 등을 고려하여야 한다.

정답 및 해설 ②

42. 상품 이름 짓기(brand-naming)에 있어 상표명이 가져야 할 특징 중 옳지 않은 것은?
① 상표명은 가급적 쉽고 흔한 명칭으로 하여야 한다.
② 상표명은 그 제품에 주는 이점을 표현할 수 있어야 한다.
③ 상표명은 제품이나 기업의 이미지와 일치하여야 한다.
④ 상표명은 법적 보호를 받을 수 있어야 한다.

정답 및 해설 ①
상표명은 도용이나 유사상품이 등장하지 않도록 특색을 갖추어야 한다.

43. 상표의 기능이 아닌 것은?
① 상징 기능
② 광고 기능
③ 원산지 표시기능
④ 품질보증기능

정답 및 해설 ③

44. 수산물브랜드에 대한 설명으로 옳지 않은 것은?
① 시장에 정착시키는 과정에서 시간이 많이 소요된다.
② 다수의 다른 경쟁상품과의 식별을 가능하게 하고 그 책임소재를 분명히 한다.
③ 소비자에게 제공하는 가치를 증가시키거나 감소시킬 수 있다.
④ 공동브랜드를 통해 다품목 소량생산이라는 맞춤식 경쟁력을 보유할 수 있다.

정답 및 해설 ④

공동브랜드는 다수의 생산자가 연대하여 단일 브랜드를 사용하는 것이다.
단품목 대량생산 제품에 경쟁력이 있다.

45. 수산물브랜드의 기능이 아닌 것은?
① 수급조절기능
② 상징기능
③ 광고기능
④ 품질보증기능

정답 및 해설 ①

46. 소비자가 특정 브랜드(상표)에 대해서 일관성 있게 선호하는 행동경향은 무엇인가?
① 브랜드 파워
② 브랜드 로열티
③ 브랜드 이미지
④ 브랜드 충성도

정답 및 해설 ②④

상표충성도(brand loyalty)
상표충실도·상표애호도라고도 한다. 제품을 구매할 때 특정한 브랜드를 선호하여 동일한 브랜드를 반복적으로 구매하는 정도를 나타내는 것으로, 브랜드 자산의 핵심적인 구성요소이다. ②④는 동일한 개념이다.

47. 수산물 생산자가 가격순응자라는 것은 수산물 특성상 어떠한 점과 관계가 깊은가?
① 지역적 특화
② 계절성
③ 수요·가격 변동에 시차가 존재
④ 생산자의 영세 다수

정답 및 해설 ④

생산자가 조직화되지 않고 분산되 있으면 가격교섭능력이 떨어지고 주어진 시장가격에 순응할 수 밖에 없다.

48. 가격과 품질의 상관성에 의한 소비자 심리에 바탕을 둔 가격전략으로 적당한 것은?
① 단수가격 전략
② 미끼가격 전략
③ 고가 전략
④ 특별염가 전략

> **정답 및 해설** ③
> ① 단지 가격(숫자)에만 관심이 있다.
> ② 해당 상품의 품질은 고려치 않고 소비자를 끌어들이기 위한 미끼 상품을 내세워서 방문 고객의 방문을 유도한 후 소비자의 관심을 해당상품으로 돌리도록 하는 전략이다.
> ③ 가격이 높으면 품질도 우수할 것이라고 믿는 소비자의 심리를 이용한 전략(명성가격)

49. 제품의 단위당 비용에 적정 이익률을 더하여 최종판매가격을 결정하는 방법은?
① 단수가격결정(odd pricing)
② 가산 이익률에 따른 가격 결정(mark-up pricing)
③ 목표투자이익률에 따른 가격 결정(target return pricing)
④ 손익분기점 분석에 의한 가격 결정(break-even analysis pricing)

> **정답 및 해설** ②

50. 상품가격이 1,000원에 비해 990원이 매우 싸다고 느끼는 소비자 심리를 이용한 가격전략은?
① 단수가격전략
② 유보가격전략
③ 관습가격전략
④ 계수가격전략

> **정답 및 해설** ①
> 유보가격 : 경제적 행동에 대한 의사결정을 설명하는 개념으로 경제활동 x의 유보가격은 어떤 경제주체가 x를 실행하는 것과 실행하지 않는 것 사이에 무차별한 가격을 말한다.

51. 심리적 가격전략 중에서 상품의 가격을 높게 책정하여 품질의 고급화와 상품의 차별화를 나

타내는 전략은?
① 개수가격 전략 ② 명성가격 전략
③ 관습가격 전략 ④ 단수가격 전략

정답 및 해설 ②

52. 유형별 설명으로 옳지 않은 것은?

① 유인가격전략은 특정제품의 가격을 낮게 책정하여 자사의 다른 제품판매까지 유도하는 것이다.
② 특별가격전략은 현금 또는 신용카드 등 결제수단에 따라 가격을 다르게 책정하는 것이다.
③ 저가전략은 단기전에 대량판매를 하기 위해 처음부터 가격을 낮게 책정하는 것이다.
④ 개수가격전략은 구매동기를 자극하기 위해 한 개당 가격을 설정하는 것이다.

정답 및 해설 ②
특별가격전략 : 일정기간 동안 제품을 할인해서 판매하는 세일(sale)
구매조건가격전략 : 현금 또는 신용카드 등 결제수단에 따라 가격을 다르게 책정하는 경우를 말한다.

53. 제품수명주기(product life cycle)의 각 단계에 대한 설명으로 틀린 것은?

① 도입기 : 신제품의 인지도를 높이기 위해 상대적으로 높은 광고비와 판매촉진비가 투입되어야 한다.
② 성장기 : 혁신소비자 및 조기수용자의 호의적인 구전(口傳)이 시장 확대에 매우 중요한 역할을 한다.
③ 성숙기 : 높은 매출을 실현하게 되며, 제품의 스타일을 개선함으로써 매출을 확대할 수 있다.
④ 쇠퇴기 : 제품의 판매량이 증가하지만 판매증가율은 감소한다.

정답 및 해설 ④
제품의 판매량이 감소하며 팜매증가율도 감소한다. 유지냐 퇴출이냐를 결정하는 시기다.

54. 제품수명주기(product life cycle)에서 성숙기에 나타나는 특징은?
① 광고활동의 축소
② 시장수용도의 급증
③ 홍보비용의 과다 발생
④ 신제품의 개발

> **정답 및 해설** ④
> ① 쇠퇴기
> ② 성장기
> ③ 도입기
> ④ 성숙기는 쇠퇴기 직전 단계이다. 적극적인 마케팅 활동이 필요한 시기이며 쇠퇴기를 대비한 신제품개발 등이 필요한 단계이다.

55. 다음에 제시된 사례에 해당하는 제품수명주기단계(A ~ D)는?

> 어묵을 생산·유통하고 있는 K 영어조합법인은 경쟁업체들의 유사상품출시에 대응하여 연구소에 기능성 어묵의 개발을 의뢰하였다.

① A
② B
③ C
④ D

> **정답 및 해설** ③

56. 다음의 설명은 상품수명주기 중 어디에 해당하는가?

> 대량생산이 본궤도에 오르고, 원가가 크게 내림에 따라서 상품단위별 이익은 최고조에 달한다.

① 쇠퇴기
② 성숙기
③ 도입기
④ 성장기

> **정답 및 해설** ②

Point 실전문제

57. 제품수명주기(PLC)의 단계별 특성과 그에 대응한 수산물 마케팅 전략에 대한 설명으로 맞는 것은?

① 새로운 수산물이 개발보급되는 도입기에는 홍보보다 판매촉진활동이 우선시 된다.
② 농산물의 매출액이 늘어나고 시장이 확대되는 성장기에는 공급을 확대하는 한편 상품 및 가격 차별화를 도모한다.
③ 시장이 포화단계에 이르는 성숙기에는 가격탄력성이 크기 때문에 가격을 인하하면 총수익이 큰 폭으로 줄어든다.
④ 해당 농산물에 대한 시장수요가 줄어드는 쇠퇴기에는 광고를 비롯한 판매촉진활동을 과감하게 시행하여야 한다.

정답 및 해설 ②
① 홍보와 판매촉진활동이 동시에 요구된다.
③ 가격의 인하는 총수익의 증가를 가져온다.
④ 시장퇴출을 준비하는 시기이다.

58. 수산물 광고의 역할에 대해 가장 잘 설명하고 있는 것은?

① 수산물 광고는 소비자 가격을 상승시키므로 불필요하다는 것이 정론이다.
② 수산물 광고는 유통업체간의 경쟁을 완화시켜 준다.
③ 수산물 광고는 인적판매 방식에 주로 의존한다.
④ 수산물 광고는 새로운 수요를 창출하고 유통혁신을 자극한다.

정답 및 해설 ④

Point! 실전문제
마케팅 집중 문제
* 정답은 문제 끝에 있습니다.

1. 다음 설명 중 옳지 않은 것은?
① 전환마케팅은 어떤 제품이나 서비스 등을 싫어하는 사람들에게 그것을 좋아하도록 태도를 바꾸려고 노력하는 것이다.
② 동시마케팅은 제품이나 서비스의 공급능력에 맞추어 수요 발생 시기를 조정 또는 변경하려는 것이다.
③ 디마케팅(역마케팅)은 하나의 제품이나 서비스에 대한 수요를 일시적으로나 영구적으로 감소시키려는 것이다.
④ 심비오틱마케팅은 특정한 제품이나 서비스에 대한 수요나 관심을 없애려는 것이다.

2. 마케팅활동에서 시간의 중요성을 인식하여 경쟁자보다 경쟁적 이점을 인식하려는 마케팅은?
① 아이디어마케팅   ② 메가마케팅
③ 터보마케팅   ④ 관계마케팅

3. 다음은 마케팅 전략에 관한 설명이다. 옳지 않은 것은?
① 개별기능의 개선을 중요시한다.
② 전략은 장기적이며 전개방법이 혁신적이다.
③ 전개의 폭은 통합적이어야 한다.
④ 전략찬스를 발견하기 위한 분석, 전략의 입안, 조직 전체적인 전개를 하는 3차원적이다.

4. 다음은 BCG의 성장-점유 메트릭스에 관한 설명이다. 각각의 연결이 잘못된 것은?
① 별 – 고점유율, 고성장율을 보이는 전략산업단위
② 자금젖소 – 저성장, 고점유율을 보이는 실패한사업
③ 의문표 – 고성장, 저점유율을 보이는 사업
④ 개 – 저성장, 저점유율을 보이는 사업

5. 새로운 시장에 신제품을 출시하여 기존의 제품이나 시장과는 완전히 다른 새로운 사업을 시작하거나 인수하는 전략은?
   ① 시장침투전략
   ② 시장개척전략
   ③ 다각화전략
   ④ 제품개발전략

6. 마케팅 목표를 효과적으로 달성하기 위하여 마케팅 활동에서 사용되는 여러 가지 방법을 전체적으로 균형잡히도록 조정·구성하는 활동은?
   ① 마케팅 믹스
   ② 에드믹스
   ③ STP전략
   ④ 내부성장전략

7. 일정한 기준에 따라 몇 개의 동질적인 소비자집단으로 구분하는 전략은?
   ① 시장표적화
   ② 시장세분화
   ③ 시장위치화
   ④ 시장의 차별화

8. 다음 중 수요자의 소비행태를 보여주는 이론은?
   ① AIDA
   ② STP전략
   ③ 포트폴리오
   ④ PULL전략

9. 다음은 4P MIX 전략에 관한 설명이다. 차별화전략과 관계되는 것을 고르시오.
   ① 상품전략(products)
   ② 유통경로(place)
   ③ 판매촉진(promotion)
   ④ 가격전략(price)

10. 기업이 소비자에 대한 광고활동보다는 주로 판매원에 의한 인적 판매를 지원하는 마케팅전략은?
① 4P MIX
② PULL전략
③ PUSH전략
④ GREEN 마케팅

11. 다음 중 마케팅환경에 관한 설명으로 옳지 않은 것은?
① 마케팅환경은 마케팅관리활동에 영향을 미치는 여러 행위주체와 영향요인을 말한다.
② 기업.원료공급자.중간상.고객 등은 미시적 환경이다.
③ 마케팅환경이 마케팅활동을 제약하는 요인이 되기도 한다.
④ 마케팅환경은 마케팅에 관련된 자료를 수집.기록.분석한 거시적환경이다.

12. 서로 대립되는 범주로 분류하는 마케팅조사의 척도는?
① 명목척도
② 서열척도
③ 간격척도
④ 비율척도

13. 많은 대상을 단시간에 일제히 조사할 수 있고, 그 결과도 비교적 신속하게 계적으로 처리가 가능한 마케팅조사 방법은?
① 관찰조사법
② 델파이기법
③ 실험조사법
④ 질문조사법

14. 고객의 관점에서 편리성(convenience)에 해당하는 것이 4P에서는 어느 것인가?
① 유통경로
② 상품전략
③ 가격전략
④ 촉진전략

15. 시장세분화의 필요성이 없는 마케팅은?
① 비차별적 마케팅　　② 차별적 마케팅
③ 집중적 마케팅　　　④ 고객점유 마케팅

16. 효율적인 세분화의 조건으로 옳지 않은 것은?
① 측정가능성　　② 접근가능성
③ 완전성　　　　④ 개별성

17. 소규모시장에 신제품을 출시하는 경우 효율적인 마케팅전략은?
① 비차별적 마케팅　　② 차별적 마케팅
③ 시장세분화 전략　　④ 소량마케팅

18. 소비자의 마음속에 자사의 제품을 유리하게 위치시키는 전략은?
① 시장세분화　　② 표적시장 전략
③ 포지셔닝　　　④ 관계마케팅

19. 진열상품을 보고 이에 대한 필요성을 구체화하여 나타나는 구매행태는?
① 충동구매　　② 회상구매
③ 암시구매　　④ 선정구매

20. 소비자 행동에 영향을 미치는 개인적 심리상태의 정도, 동기부여수준, 흥미의 정도, 개인적 중요성의 정도를 반영하는 개념은?
① 마케팅환경　　② 마케팅조사
③ 관여도　　　　④ 마케팅정보

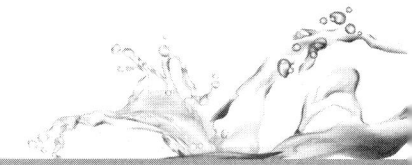

21. 온라인 상에서 사람들의 입소문을 이용한 마케팅전략은?
① 프렌차이즈 마케팅　　② 고객점유마케팅
③ 바이럴 마케팅　　　　④ 관계마케팅

22. 마케팅 믹스를 5P라고 할 때 추가되는 한 가지는?
① paper　　　　② people
③ produce　　　④ pen

23. 수평적 관계의 다수의 사람들에 의한 판매활동을 무슨 마케팅이라 하는가?
① 네트워크 마케팅　　② MLM(MULTI LEVEL MARKETING)
③ 다단계 마케팅　　　④ 마케팅 믹스

24. 수요-민감도가 큰 경우의 가격결정 방법은?
① 시장점유율이 목적이라면 저가정책을 취한다.
② 경쟁사의 가격을 따라간다.
③ 관행적인 가격을 따라간다.
④ 명성가격을 취한다.

25. 모든 고객에게 동일한 가격을 제시하는 제시하는 방식은?
① 단일 제품가격　　② 단일가격
③ 원가기초가격　　　④ 단수가격

마케팅 집중 문제 정답 및 해설

1. ④

④의 설명은 카운터마케팅의 설명이다.

2. ③

아이디어마케팅 : 아이디어나 명분, 습관따위를 목표집단들이 수용할 수 있는 프로그램을 기획하고 실행하며 통제하는 마케팅

메가마케팅 : 4P뿐만 아니라 영향력, 대중관계, 포장까지도 주요 마케팅전략도구로 취급하는 마케팅

관계마케팅 : 고객과 접촉하는 모든 과정이 마케팅이라고 인식하고 고객과의 계속적인 관계를 중시하는 마케팅

3. ①

마케팅 전략은 마케팅 목표를 달성하기 위한 다양한 마케팅 활동을 통합하는 가장 적합한 방법을 찾아 실천하는 일을 말한다. 따라서 개별기능의 개선만을 노리는 전술과는 다르다.

4. ②

BCG 성장-메트릭스의 그래프는 수직축이 시장성장율(시장의 매력척도), 수평축은 상대적 시장점유율(기업의 강점 척도)로 구성되어 있다.

별-고점유율,고성장율을 보이는 전략사업으로 성장을 유지하기 위하여 많은 투자가 필요하다.

자금젖소-저성장, 고점유율을 보이는 성공한 사업으로 기업의 자금을 지원하며, 다른 투자재원을 지원해 주는 잔략사업단위이다.

의문표-고성장, 저점유율을 보이는 사업단위로서 시장점유율을 증가시키기 위해 많은 자금이 소요되는 사업이다.

개-저성장, 저점유율을 보이는 사업으로 자체를 유지하기 위한 충분한 자금은 있지만 상당한 현금창출을 할 전망이 없는 사업이다.

5. ③

시장침투전략 - 기존시장에 기존의 제품으로 기존고객들을 상대로 판매전략을 수립

시장개척전략 - 새론운 시장에 기존제품으로 시장개척의 가능성을 고려한 전략

제품개발전략 - 기존시장에 신제품을 출시하여 수정된 제품을 공급하는 전략

6. ①

7. ②

STP 전략에 관한 설명이다.

8. ①

나머지는 기업중심의 전략이다.

9. ①

상품전략은 소비자가 가치있게 생각하는 상품을 개발하는 것으로 다른 기업의 상품과 차별화를 추구한다.

10. ③

11. ④

마케팅조사에 관한 설명이다.

12. ①

명목척도의 예 - 농촌형과 도시형
서열척도의 예 - 어떤 물질을 무게의 순으로 배열
간격척도의 예 - 크기 등의 차이를 수량적으로 비교할 수 있도록 표지가 수량화 된것
비율척도의 예 - 간격척도에 절대영점(기준점)을 고정시켜 그 비율을 알 수 있도록 한것

13. ④

관찰조사법 - 대상이 되는 사물이나 현상을 조직적으로 파악하는 방법(자연적 관찰법, 실험적 관찰법)
델파이기법 - 전문가의 경험적 지식을 통한 문제해결 및 미래예측기법
실험조사법 - 집단을 선별하고 그들에게 서로 다른 자극을 제시하고 관련된 요인들을 통제한 후 집단간의 반응의 차이를 점검하는 조사방법

14. ①

15. ①

16. ④

개별성이 아니라 종합성이다.

17. ①

시장규모가 너무 적거나 자신의 상표가 시장 내에서 지배적 상표일 때 채택되는 전략이다.

18. ③

19. ④

선정구매란 상품의 품질.형상 및 가격 등의 조건에 대하여 여러 점포에서 구입대상 구입대상 상품을 비교.검토하여 가장 유리한 조건으로 구매하는 것

20. ③

21. ③

바이럴마케팅이란 온라인 상에서 제품을 구매해서 사용해본 경험자들의 댓글 또는 후기 등을 게시판이나 카페, 블로그 등에 올리도록 하여 또 다른 고객들의 신뢰와 흥미를 이끌어 낸 후 구매에 나서도록 하는 마케팅기법이다.

22. ②

23. ②

네트워크마케팅은 수많은 사람들이 그물처럼 엮어진 판매조직 유형이다.

24. ①

25. ②

제 6 장 | 수산물 무역

(1) 무역의 개념

① 무역은 국민경제간의 상품교환으로서 단순한 상품의 교환과 같이 보이는 무역(visible trade)뿐만 아니라 기술 및 용역과 같이 보이지 않는 무역(invisible trade) 및 자본의 이동까지도 포함한다.
② 무역이란 특정 상품의 효용가치(效用價値)가 적은 곳에서 효용가치가 높은 곳으로 이양(移讓)시킴으로써 재화의 효용 및 경제가치를 증가시킨다.
③ 무역은 국가간 거래이기 때문에 결제수단이나 통관절차 등의 문제가 발생한다.

* 무역의 개념

(2) 무역이론

1) 고전적 무역이론

① 절대생산비설(A. Smith)
 ⓐ 각국은 절대우위(다른 국가보다 더 낮은 실질생산비를 투입하여 생산할 수 있는 상태)에 있는 제품을 생산하여 이를 수출하고, 그렇지 않은 제품을 수입하면 이득을 얻게 된다는 것.
 ⓑ 무역의 조건 : 노동의 동질성(同質性), 완전고용, 생산수단의 산업간 자유이동 등
 ⓒ 이론적 취약점
   생산비상 절대우위의 것이 없는 나라와 모두 절대우위에 놓여 있는 나라 사이의 무역이론을 설명하기에는 어렵다.

② 비교생산비설(D. Ricardo)
 ⓐ 어떤 나라가 다른 나라에 비해 만든 생산물의 생산이 절대열위에 있다 하더라도 그 절대열위의 정도가 낮은 〈비교우위〉에 있는 산업부문에 특화 생산하여 이를 수출하고 이와 교환으로 절대열위의 정도가 큰 〈비교열위〉에 있는 생산물을 외국으로부터 수입한다면 각국은 모두 무역이익을 얻을 수 있다는 것.

ⓑ 이 이론은 나라마다 각기 다른 생산함수를 전제하고 수요조건의 상이와 생산요소의 부존조건에 영향을 받지 않는 것으로 되어 있다.
ⓒ 이론적 취약점
  ㉠ 두 재화의 교환비율이 어떻게 결정되는가에 대한 명확한 해명 불가능
  ㉡ 이 이론은 나라마다 각기 다른 생산함수를 전제하고 수요조건의 상이와 생산요소의 부존조건에 영향을 받지 않는 것으로 되어 있다.
  ㉢ 일반적으로 생산물을 생산하는 데에 있어서는 노동이외에도 자본·토지 등의 결합이 있어야 하나, 리카도는 노동만이 생산요소이며 노동만이 부(富)를 창조한다고 가정하고 있다.
  ㉣ 무역이 발생하면 당사국 모두가 한 재화의 생산에 완전특화한다고 가정하나 현실적으로는 부분특화가 일반적이다.

2) 근대적 무역이론
① 핵셔·올린 정리 (Heckscher-Ohlin)
  ⓐ 비교우위의 원인을 각국에 있어서의 생산요소의 부존량 차이에서 설명
  ⓑ 생산요소의 상대가격이 국제간에 균등화하는 경향이 있다는 이론
  ⓒ 전제조건
    ㉠ 제1명제: 요소부존이론 -> 비교생산비의 결정요인
      각국은 그 나라에 비교적 풍부하게 존재하는 생산요소를 보다 집약적으로 사용하는 재화의 생산에 비교우위를 가진다는 것이다.
      요소부존량의 차이는 절대적 부존량의 차이가 아니라 상대적 부존량의 차이를 말한다.
    ㉡ 제2명제: 요소가격균등화정리
      요소부존상태의 차이에 의해 국가 간의 비교생산비차가 발생되고, 이에 따라 무역이 성립하면 생산요소가 국제간에 이동하지 않더라도 제품무역에 의하여 생산요소의

상대가격이 국제간에 결국은 균등화 하는 경향이 있다는 것.
노동풍부국(노동가격▽자본가격△), 자본풍부국(노동가격△자본가격▽)

② 레온티에프의 역설
ⓐ 1947년 미국은 노동집약적 상품을 수출하고 자본집약적 상품을 수입했다고 하는 계산결과를 발표하였다.
ⓑ 미국과 같이 상대적으로 자본이 풍부한 나라에서는 노동집약적 상품을 수입하고 자본집약적 상품을 수출한다고 생각되고 있었으나 그것과 반대되는 결과가 나타난 것이다.
ⓒ 이것은 종래 무역이론에서 받아들여지고 있는 헥셔-오린 정리와 모순되므로, 레온티에프 역설이라고 부르고 있다.
ⓓ 이러한 역설의 배경으로 미국의 노동생산성이 다른 국가에 비하여 3배 이상이라는 사실을 주장하며 헥셔.올린정리와 타협을 시도하고 있다.

3) 현대적 무역이론
① 수요이론
ⓐ 공산품간의 무역에 있어서 무역당사국의 수요패턴이 유사할수록 그 무역규모는 확대된다는 이론
ⓑ 1인당 국민소득(GNP)의 수준이 유사할수록 두 국가 간의 수요구조는 유사해지고, 그 수요구조가 유사해질수록 무역량은 많아진다는 것이다.

■ S. B. Linder의 대표적 수요이론
1. 제조업 부문에 한 나라의 비교우위는 그 나라의 '대표적 수요'에 의해 결정된다고 보는 이론이다.
2. 즉, 자국 내에서 상대적으로 수요가 많은 생산물은 많이 생산되어 '규모의 경제'로 인하여 당해 생산물에 대한 제조업 부문이 비교우위를 가진다고 보는 것이다.
3. 대표적 수요는 그 나라의 1인당 국민소득수준에 의해 결정된다고 본다.
4. 각국은 자국 내 수요가 상대적으로 많은 생산물을 많이 생산하기 때문에 당해 생산물 생산에 비교우위가 있어 곧 이를 수출을 하게 된다고 본다.

② 연구·개발요소이론
   국가 간 기술부존의 차이가 신제품의 시장점유율을 결정함으로써, 무역은 국가 간 기술격차에 기초한다.
③ 기술격차이론
   ⓐ 각국 간 생산기술상의 격차가 무역발생의 원인이 되고 무역패턴의 결정에 지배적 작용을 한다는 이론
   ⓑ 기술혁신국이 수출이익을 얻을 수 있는 이유는 기술모방국의 반응시차가 길기 때문이다.
   ⓒ 반응시차와 수요시차간의 차이가 크면 클수록 기술혁신국의 이익은 커진다.
④ 산업내무역이론
   과거 무역이론의 제한적 가정에서 탈피하여 보다 현실에 접근하여 상품교역에 수반되는 운송비, 저장비, 규모의 경제, 제품차별화 등을 인정한다면 이종산업 간의 무역뿐만 아니라 동종산업 간의 무역도 발생한다는 이론이다.
⑤ 신무역이론(Paul Robin Krugman)
   산업조직이론과 국제무역이론을 결합하여 산업의 특성이 국제무역패턴을 일으킨다고 설명한다.

■ 신무역이론의 2가지 원리
   ① 규모경제의 원리
      현대의 대부분 상품은 대량생산을 통하여 생산비용을 낮추고 있고 어느 나라에서든지 별다른 차이가 없다
   ② 독점적 경쟁원리
      그럼에도 같은 종류 상품의 국제교역이 이루어지는 이유는 소비자의 다양한 기호가 수요를 지배하기 때문에 대량생산자가 같은 상품이라 할지라도 다른 대량생산자와 경쟁하기 위하여 다른 디자인과 브랜드의 상품을 생산하기 때문이다.

(3) 농수산물 무역자유화의 영향
① 농수산물의 가격을 낮출 수 있다. 그러나 장기적인 가격하락의 효과를 장담하기는 어렵다.
② 농어업경제의 구조조정(농어업인력의 유출 등)을 가져올 것이다.
③ 고부가가치 전문화된 상품생산의 영농형태를 가져올 것이다.

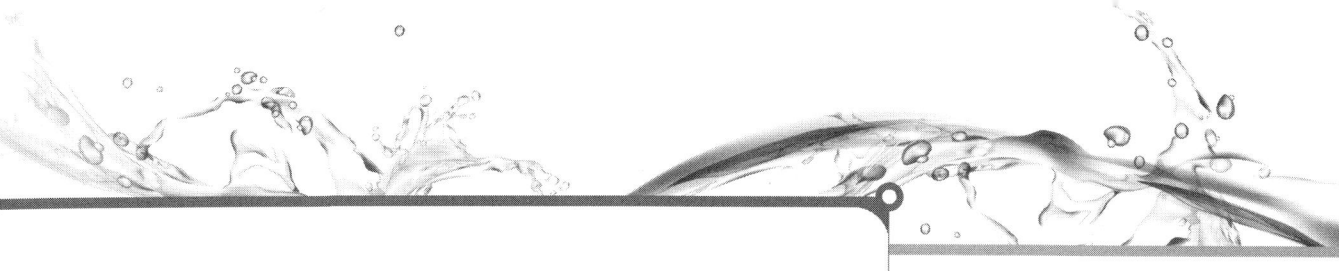

④ 필수재중심의 영어농에서 고부가가치 중심의 생산구조를 띨 것이다.
⑤ 노동집약적 구조를 자본집약적 영농구조로 변화시킬 것이다.

(4) 한미자유무역협정(FTA, Free Trade Agreement)

1) 2007년 6월 30일 협상타결

2) 상품(공산품/임·수산물) 분야에서는 수입액 기준으로 94%에 해당하는 품목의 관세를 3년 내에 철폐하기로 합의하였고, 농산물 분야에서는 쌀, 오렌지(수확기), 식용대두, 식용감자, 분유, 천연꿀 등 한국 측의 민감 품목에 대해 양허 제외, 현행 관세 유지, 농산물 세이프가드(safeguard) 등 다양한 방식으로 민감성을 반영하였다.

3) 서비스·투자 분야에서는 기존 개방 내용의 법적 안정성을 확보하고, 한국이 자체적으로 수립한 바 있는 사업서비스(법률, 회계, 세무) 개방 계획을 재확인하는 등 개방을 통한 경쟁력 강화가 가능한 분야에 대해서는 단계적인 개방을 하기로 합의하였다.

4) 한·미 자유무역협정 주요 타결 내용

분야	주요 내용
상품무역	· 공산품 시장접근 개선(자동차, 디지털 텔레비전, 기계류 등) · 양측 관세 3년 내 철폐 94% 수준 · 미국 물품취급 수수료 철폐(4,700만 달러 부담 면제 효과)

농업	· '쌀' 양허 제외
	· 농산물 세이프가드(safeguard) 도입 등 민감성을 최대한 반영
	  - 현행관세 유지: 오렌지(수확기), 분유, 천연꿀, 감자, 대두[HS(Harmonized System) 10단위 15개]
	  - 쇠고기: 15년 철폐 + 세이프가드
	  - 기타: 관세할당(TRQ, Tariff Rate Quotas), 계절관세, 세 번 분리

섬유	· 미국 섬유 관세 철폐(즉시 철폐 61% 확보) · 원사기준 예외 확보 · 원산지 예외 쿼터(TPL, Tariff Preference Levels) 근거 마련 · 우회방지 세관협력 강화 · 섬유 세이프가드 반영

자동차	· 자동차에 대한 미국 관세 철폐
	  - 승용차: 즉시 철폐(3,000cc 이하), 3년 (3,000cc 이상)
	  - 자동차 부품: 즉시 철폐
	  - 타이어: 5년 철폐
	  - 픽업(pick-up)트럭: 10년 철폐
	· 세제개편 및 표준현안 해결
	· 자동차 관련 분쟁해결절차 강화

의약품	· 의약품 분야 상호인정 협의 메커니즘 마련 · 독립적 이의신청절차 마련 · 윤리적 영업 관행 촉진 · 의약품·의료기기위원회 설치

무역구제	· 반덤핑 관련 한국 측 요구사항 반영
	  - 조사 개시 전 사전통지 및 협의
	  - 가격·물량 합의에 의한 조사 정지
	  - 무역구제 협력위원회 설치
	· 다자 세이프가드 선택적 적용배제 확보
	· 양자 세이프가드 도입

개성공단	· 개성공단 관련, 역외가공지역 지정을 통한 특혜관세 부여 메커니즘 마련 - 한반도 역외가공지역 위원회 설치 및 일정 기준 하에 역외가공지역 지정

원산지
/ 통관
	· 통관절차 신속화 방안 반영
	  - 수입화물 신속 반출제, 특송화물 절차 간소화, 원산지 사전 판정제 등
	· 우회수입방지 장치 제도화
	  - 현지실사제도, 특혜관세 배제조치 등
	· 자유무역협정 특혜관세 적용을 위한 원산지 판정기준 명확화

기술장벽	· 표준/기술규정 제정 및 개정 과정에 상대국 참여 허용

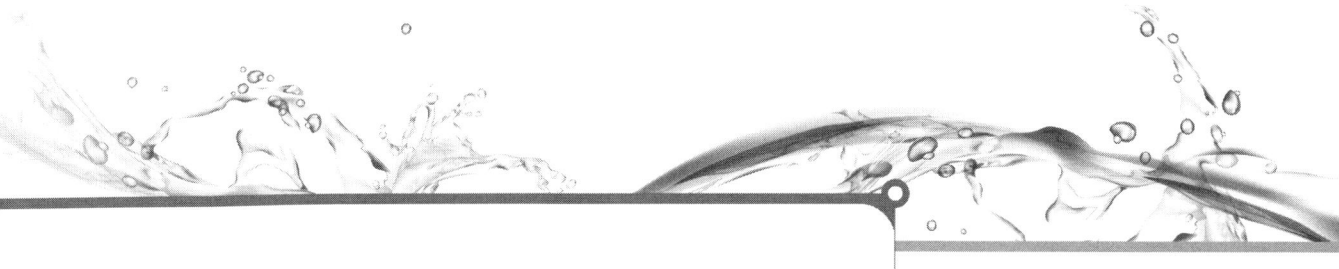

(TBT)	· 시험·인증기관 지정 시 내국민 대우 제공 · 무역에 대한 기술장벽(TBT, Technical Barriers to Trade) 위원회 설치
위생검역 (SPS)	· 위생검역(SPS, Sanitary and Phytosanitary) 위원회 설치 · 위생검역 기술협력 강화
투자	· 투자자-국가간 소송제(ISD, Investor-State Dispute) 도입 · 간접수용범위 축소 - 건강, 환경, 안전, 부동산정책, 조세 등은 간접수용에서 원칙적 제외

서비스	· 교육·의료 및 사회서비스의 포괄 유보
	· 법률·회계서비스 개방 계획 반영
	· 방송서비스 제한적 개방
	  - 방송채널사용사업자(보도, 종합편성, 홈쇼핑 제외)에 대한 간접투자 제한철폐, 만화·영화 쿼터 완화, 1개국 쿼터 완화 등
	  - 단, 방송·통신 융합서비스에 대한 규제권한은 포괄유보, 더빙은 불허용
	· 일정 조건 하에 기간통신에 대한 간접투자 100% 허용
	  - 단, KT/SKT 제외, 2년 유예
	· 스크린쿼터(Screen Quotas) 현행 동결(73일)
	· 전문직 자격 상호인정 협의체계 마련

금융	· 일시적 세이프가드 도입 · 국책금융기관 예외 인정 · 제한적 범위 내 국경간 공급서비스 허용 · 신금융서비스 허용(일정 요건하)
통신	· 기술선택의 자율성 반영(정부의 정당한 정책권한 확보) · 통신분야의 공정한 경쟁원칙 수립
전자 상거래	· 온라인(on line) 전송물 무관세 지속 · 오프라인(off line) 디지털 제품 무관세 · 소비자 보호 및 협력조항
경쟁	· 동의명령제 도입 · 재벌관련조항 삭제 · 독점·공기업 의무조항 · 소비자보호 관련 협력

제6장 | 수산물 무역

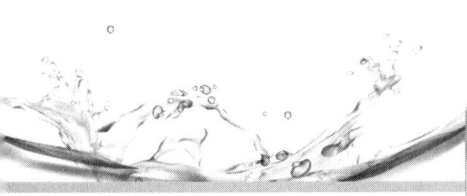

1회 기출문제

수산물 국제교역에 있어 특정 국가(지역) 간 배타적인 무역특혜를 상호 부여하는 협정은?

① DDA   ② WTO
③ FTA   ④ WHO

➡ ③

지적 재산권	· 저작권 보호기간 연장(70년): 발효 후 2년 유예기간 확보 · 심사지연 시 특허존속기간 연장: 출원 후 4년, 심사청구 후 3년 · 지적재산권 비위반제소는 불허용 · 법정 손해배상제도 도입 · 상표 사용권 등록요건 폐지 · 의약품 시판허가·특허 연계 일정수준 허용
정부조달	· 중앙정부 양허하한선 인하(20만 달러 → 10만 달러) · 지방정부/공기업 양허배제 · 입찰·낙찰 시 자국 내 조달실적 요건을 배제 · 학교급식 및 중소기업 예외조항 반영
노동/환경	· 노동·환경 관련 국제기준 및 자국 법의 효과적 집행 · 공중의견제출제도(환경은 대중참여 확대) 도입 · 일반 분쟁해결절차 적용 · 노동·환경 협의 메커니즘
투명성 /총칙	· 입법예고기간 연장(20일→40일) · 효율적 분쟁해결절차 마련 · 한국어·영어 동등 정본

5) 한·미 자유무역협정의 기대효과

한·미 자유무역협정(FTA, Free Trade Agreement)은 한국 기업의 미국 시장 진출 입지를 크게 개선 하고, 한국 경제 시스템의 선진화를 촉진하며, 대외신인도 제고를 통한 외국인 투자 유치 증대에도 크게 기여함으로써, 한국 경제 전반에 걸쳐 새로운 성장 동력을 제공할 것으로 기대되고 있다.

FTA

국가 간 상품의 자유로운 이동을 위해 모든 무역 장벽을 완화하거나 제거하는 협정.

영문 머리글자를 따서 FTA로 약칭한다. 특정 국가 간의 상호 무역증진을 위해 물자나 서비스 이동을 자유화시키는 협정으로, 나라와 나라 사이의 제반 무역장벽을 완화하거나 철폐하여 무역자유화를 실현하기 위한 양국간 또는 지역 사이에 체결하는 특혜무역협정이다. 그러나 자유무역협정은 그동안 대개 유럽연합(EU)이나 북미자유무역협정(NAFTA) 등과 같이 인접국가나 일정한 지역을 중심으로 이루어졌기 때문에 흔히 지역무역협정(RTA:regional trade agreement)이라고도 부른다.

세계무역기구(WTO) 체제에서는 크게 두 가지 형태가 있는데, 하나는 모든 회원국이 자국의 고유한 관세와 수출입제도를 완전히 철폐하고 역내의 단일관세 및 수출입제도를 공동으로 유지하는 방식으로, 유럽연합이 대표적인 예이다. 다른 하나는 회원국이 역내의 단일관세 및 수출입제도를 공동으로 유지하지 않고 자국의 고유관세 및 수출입제도를 그대로 유지하면서 무역장벽을 완화하는 방식으로, 북미자유무역협정이 대표적인 예이다.

WTO가 모든 회원국에게 최혜국대우를 보장해 주는 다자주의를 원칙으로 하는 세계무역체제인 반면, FTA는 양자주의 및 지역주의적인 특혜무역체제로, 회원국에만 무관세나 낮은 관세를 적용한다. 시장이 크게 확대되어 비교우위에 있는 상품의 수출과 투자가 촉진되고, 동시에 무역창출효과를 거둘 수 있다는 장점이 있으나, 협정대상국에 비해 경쟁력이 낮은 산업은 문을 닫아야 하는 상황이 발생할 수도 있다는 점이 단점으로 지적된다.

2002년 당시 WTO 회원국 가운데 거의 모든 국가가 1개 이상의 FTA를 체결하고 있으며, 효력을 유지하고 있는 협정만도 148개에 달했다. 한국은 1998년 11월 대외경제조정위원회에서 FTA 체결을 추진하기 시작하여 한국 최초의 한-칠레 FTA가 2004년 4월 1일부터 발효되었다. 그 뒤로 한-싱가포르 FTA는 2006년 3월 2일에, 한-유럽자유무역연합(EFTA) FTA는 2006년 9월 1일에 발효되었다. 2007년 6월 발효된 한-ASEAN(동남아시아국가연합) FTA 상품무역협정은 2008년 11월 캄보디아 등 9개국에 대한 발효가 완료되었다. 2011년 현재 한국은 16개국과 5건의 FTA 발효, 29개국과 3건의 FTA 체결, 12개국과 7건의 FTA 협상 진행, 16개국과 9건의 FTA 협상 준비 및 공동 연구를 하고 있다.

[네이버 지식백과] 자유무역협정 [free trade agreement, 自由貿易協定] (두산백과)

제 7장 | 수산물 유통의 법과 제도

1회 기출문제
저온상태를 유지하면서 수산물을 유통하는 방식은?
① 수산물유통이력제
② 콜드 체인
③ 쿼터제
④ 짓가림제

➡ ②

2회 기출문제
수산물 유통 정책의 목적과 수단이 옳게 연결된 것은?
① 유통효율극대화 – 수산물 가격정보 공개
② 가격안정 – 정부비축
③ 적정한 가격 수준 – 수산물 물류표준화
④ 식품안전 – 물가의 감시

➡ ②

2회 기출문제
민간협력형 수산물 가격 및 수급 안정 정책이 아닌 것은?
① 수산업관측
② 유통협약
③ 자조금
④ 수산물유통시설 지원

➡ ④

3회 기출문제
수산식품의 생산단계부터 판매단계까지의 정보를 소비자에게 전달하는 체계는?
① 지리적 표시제   ② GAP
③ 수산물 이력제   ④ QS-9000

➡ ③

(1) 품질인증제도
해양수산부장관은 수산물과 수산특산물의 품질을 향상시키고 소비자를 보호하기 위하여 품질인증제도를 실시한다.

(2) 이력추적관리제
"이력추적관리"란 수산물(축산물은 제외한다. 이하 이 호에서 같다)의 안전성 등에 문제가 발생할 경우 해당 수산물을 추적하여 원인을 규명하고 필요한 조치를 할 수 있도록 수산물의 생산단계부터 판매단계까지 각 단계별로 정보를 기록·관리하는 것을 말한다.

(3) 지리적표시제
"지리적표시"란 수산물 또는 수산가공품의 명성·품질, 그밖의 특징이 본질적으로 특정 지역의 지리적 특성에 기인하는 경우 해당 수산물 또는 수산가공품이 그 특정 지역에서 생산·제조 및 가공되었음을 나타내는 표시를 말한다.

(4) 위해요소중점관리제도(HACCP)
농수산물품질관리법 제70조2항에 따라 생산·출하전단계 수산물에 대한 위해요소중점 관리기준을 정하여 안전한 수산물을 생산·공급함으로써 소비자를 보호하고 소비를 촉진시켜 어업인의 이익증대를 도모함을 목적으로 한다.

(5) 수산물 유통시장과 유통주체
① 개요
  수산물시장 환경의 유통주체로서 공간적 유통환경인 시장과 그 시장 내에서 활동하는 유통주체에 대하여 법적 규제와 통

제가 이루어지고 있다.

② 농수산물도매시장

"농수산물도매시장"이란 특별시·광역시·특별자치도 또는 시가 양곡류·청과류·화훼류·조수육류(鳥獸肉類)·어류·조개류·갑각류·해조류 및 임산물 등 대통령령으로 정하는 품목의 전부 또는 일부를 도매하게 하기 위하여 제17조에 따라 농림축산식품부장관, 해양수산부장관의 업무규정 승인이나 또는 시.도지사의 허가를 받아 관할구역에 개설하는 시장을 말한다.

③ 중앙도매시장

"중앙도매시장"이란 특별시·광역시 또는 특별자치도가 개설한 농수산물도매시장 중 해당 관할구역 및 그 인접지역에서 도매의 중심이 되는 농수산물도매시장으로서 농림수산식품부령으로 정하는 것을 말한다.

④ 지방도매시장

"지방도매시장"이란 중앙도매시장 외의 농수산물도매시장을 말한다.

⑤ 농수산물공판장

"농수산물공판장"이란 지역농업협동조합, 지역축산업협동조합, 품목별·업종별협동조합, 조합공동사업법인, 품목조합연합회, 산림조합 및 수산업협동조합과 그 중앙회(농협경제지주회사포함, 이하"농림수협 등"이라 한다), 그 밖에 대통령령으로 정하는 생산자 관련 단체와 공익상 필요하다고 인정되는 법인으로서 대통령령으로 정하는 법인("공익법인")이 농수산물을 도매하기 위하여 특별시장·광역시장·도지사 또는 특별자치도지사("시·도지사")의 승인을 받아 개설·운영하는 사업장을 말한다.

⑥ 민영농수산물도매시장

"민영농수산물도매시장"이란 국가, 지방자치단체 및 제5호에 따른 농수산물공판장을 개설할 수 있는 자 외의 자가 농수산물을 도매하기 위하여 시·도지사의 허가를 받아 특별시·광역시·특별자치도 또는 시 지역에 개설하는 시장을 말한 다.

⑦ 도매시장법인

"도매시장법인"이란 농수산물도매시장의 개설자로부터 지정을 받고 농수산물을 위탁받아 상장(上場)하여 도매하거나 이를

2회 기출문제

수산물의 식품안전성을 확보하기 위해 도입한 제도가 아닌 것은?

① 수산물 안전성 조사제도
② 식품안전관리인증기준제도 (HACCP)
③ 지리적표시제도
④ 수산물이력제도

▶ ③

4회 기출문제

A는 중국에 수산물을 수출하기 위해 생산·가공시설을 부산광역시 남항에서 운영하고자 한다. 해당 생산·가공시설 등록신청서를 어느 기관에 제출하여야 하는가?

① 부산광역시장
② 국립수산과학원장
③ 국립수산물품질관리원장
④ 식품의약품안전처장

▶ ③

4회 기출문제

최근 완도지역의 전복 산지가격이 kg당(10마리) 50,000원에서 30,000원으로 급락하자, 생산자단체에서는 전복 소비촉진 행사를 추진하였다. 이 사례에 해당되는 사업은?

① 유통협약사업
② 유통명령사업
③ 정부의 수매비축사업
④ 수산물자조금사업

▶ ④

제7장 | 수산물 유통의 법과 제도

5회 기출문제

수산물 유통체계의 효율화의 수산물 유통산업의 경쟁력 강화에 관하여 규정하고 있는 법률은?

① 수산업법
② 수산자원관리법
③ 공유수면관리 및 매립에 관한 법률
④ 수산물 유통의 관리 및 지원에 관한 법률

➡ ④

5회 기출문제

수산물 도매시장의 시장도매인 제도에 관한 설명으로 옳지 않은 것은?

① 도매시장의 개설자로부터 지정을 받고 수산물을 매수 또는 위탁받아 도매하거나 매매를 중개하는 영업을 하는 법인을 말한다.
② 시장도매인은 해당 도매시장의 도매시장법인·중도매인에게 수산물을 판매하지 못한다.
③ 현재 부산공동어시장, 노량진수산물도매시장, 대구북부수산물도매시장 등에서 운영 중이다.
④ 도매운영주체에 따라 도매시장법인만 두는 시장, 시장도매인만 두는 시장, 도매시장법인과 시장도매인을 함께 두는 시장으로 구분할 수 있다.

➡ ②③

매수(買受)하여 도매하는 법인을 말한다.

⑧ 시장도매인

"시장도매인"이란 농수산물도매시장 또는 민영농수산물도매시장의 개설자로부터 지정을 받고 농수산물을 매수 또는 위탁받아 도매하거나 매매를 중개하는 영업을 하는 법인을 말한다.

⑨ 중도매인

"중도매인"(仲都賣人)이란 농수산물도매시장·농수산물공판장 또는 민영농수산물도매시장의 개설자의 허가 또는 지정을 받아 다음 각 목의 영업을 하는 자를 말한다.

  가. 농수산물도매시장·농수산물공판장 또는 민영농수산물도매시장에 상장된 농수산물을 매수하여 도매하거나 매매를 중개하는 영업

  나. 농수산물도매시장·농수산물공판장 또는 민영농수산물도매시장의 개설자로부터 허가를 받은 비상장(非上場) 농수산물을 매수 또는 위탁받아 도매하거나 매매를 중개하는 영업

⑩ 매매참가인

"매매참가인"이란 농수산물도매시장·농수산물공판장 또는 민영농수산물도매시장의 개설자에게 신고를 하고, 농수산물도매시장·농수산물공판장 또는 민영농수산물도매시장에 상장된 농수산물을 직접 매수하는 자로서 중도매인이 아닌 가공업자·소매업자·수출업자 및 소비자단체 등 농수산물의 수요자를 말한다.

⑪ 산지유통인

"산지유통인"(産地流通人)이란 농수산물도매시장·농수산물공판장 또는 민영농수산물도매시장의 개설자에게 등록하고, 농수산물을 수집하여 농수산물도매시장·농수산물공판장 또는 민영농수산물도매시장에 출하(出荷)하는 영업을 하는 자를 말한다.

⑫ 농수산물유통종합센터

"농수산물종합유통센터"란 농수산물의 출하 경로를 다원화하고 물류비용을 절감하기 위하여 농수산물의 수집·포장·가공·보관·수송·판매 및 그 정보처리 등 농수산물의 물류활동에 필요한 시설과 이와 관련된 업무시설을 갖춘 사업장을 말한다.

⑬ 경매사

"경매사"(競賣士)란 도매시장법인의 임명을 받거나 농수산물공판장·민영농수산물도매시장 개설자의 임명을 받아, 상장된 농수산물의 가격 평가 및 경락자 결정 등의 업무를 수행하는 자를 말한다.

⑭ 농수산물전자거래

"농수산물 전자거래"란 농수산물의 유통단계를 단축하고 유통비용을 절감하기 위하여 「전자문서 및 전자거래 기본법」 제2조제5호에 따른 전자거래의 방식으로 농수산물을 거래하는 것을 말한다.

5회 기출문제

수산물 유통기구에 관한 설명으로 옳지 않은 것은?

① 생산자와 소비자 사이에 유통기구가 개입하는 간접적 유통이 일반적이다.
② 간접적 유통기구는 수집, 분산, 수집·분산연결 기구의 세 가지 유형이 있다.
③ 산지 위판장이나 산지 수집도매상은 분산기구이다.
④ 노량진수산물도매시장은 수집·분산연결 기구이다.

▶ ③

6회 기출문제

수산식품 안전성 확보 제도와 관련이 없는 것은?

① 총허용어획량제도(TAC)
② 수산물원산지표시제도
③ 친환경수산물인증제도
④ 수산물이력제도

▶ ①

Point! 실전문제 — 수산물 무역 / 수산물 유통의 법과 제도

1. 다음 중 수산물 유통의 개념으로 옳은 것은?

① 최근 인터넷이나 통신판매가 늘어나면서 유통의 중요성이 감소하고 있다.
② 생산자 입장에서는 유통의 효용이 나타나지 않는다.
③ 생산자에서 소비자에게 이르기까지의 모든 경제활동을 의미한다.
④ 어업인과 상인 간의 관계는 필연적으로 경쟁적일 수밖에 없다.

정답 및 해설 ③

① 근대적 의미의 유통개념에서 현대에 이르러 유통의 개념이 확장되고 그 중요성 또한 커지고 있다.
② 유통은 생산단계에서 의사결정으로부터 시작된다.
④ 어업인과 상인은 경쟁적 관계임과 동시에 상호 의존적이다.

2. 수산물 유통에 대한 설명으로 틀린 것은?

① 유통은 생산보다 더욱 중요한 경제활동으로 이해되고 있다.
② 유통은 수요와 공급을 예측하여 생산자의 의사결정에 기여한다.
③ 유통은 판매 후 서비스까지를 포함하는 개념이다.
④ 생산자 입장에서 유통은 상인에게 제품이 인도되면서 종료된다.

정답 및 해설 ④

④ 인도 후 소비자의 반응이나 새로운 생산계획에 반영시킬 정보의 수집, 판매 후 서비스까지를 포함한다는 면에서 제품이 인도된다고 해서 유통이 종료되는 것은 아니다.

3. 다음은 수산물의 특성에 관한 설명이다. 틀린 것은?

① 수산물은 양과 질이 불균일하다.
② 수산물은 수요는 탄력적이지만 공급은 비탄력이다.
③ 수산물은 유통경로가 복잡하다.
④ 수산물은 부피가 가격에 비하여 큰 편이다.

정답 및 해설 ②
수산물은 수요자 입장에서도 필수재적 성격이 강하여 비탄력적이다.

4. 다음 수산물 유통에 관한 설명으로 옳은 것은?
① 수산물 유통을 통하여 생산자의 소득증대와 소비자의 가격절감을 기대할 수 있다.
② 수산물 유통의 최대 효용은 지역 내 자급자족을 가능하게 하는 것이다.
③ 도시의 인구가 증가하면서 유통의 역할이 축소되고 있다.
④ 비농어업분야와 농어업분야 간에는 유통이 기능하지 않는다.

정답 및 해설 ①
② 유통활동을 통하여 수산물의 이동이 촉진된다.
③ 도시인구의 소비를 지원하기 위하여 유통의 역할이 증대되고 있다.
④ 비농어업분야(예, 생산자재 생산기업)가 농업분야를 지원한다.

5. 수산물이 표준화되고 등급화될 필요가 있는 근본적 이유로 옳은 것은?
① 계절적 편재성　　　　② 부피와 중량성
③ 부패성　　　　　　　④ 용도의 다양성

정답 및 해설 ②
② 수산물은 그 가치에 비하여 부피가 크고 중량이 많이 나간다. 이는 물류비용을 증가 시키는 원인이 된다. 규격화되고 등급화된 상태로 포장함으로써 이러한 비용을 절감할 수 있다.

6. 수산물이 수요와 공급이 비탄력적인 이유로서 옳지 않은 것은?
① 수산물은 가격변화에 따라 수요와 공급을 조절하기가 어렵다.
② 수산물은 생산에서 수확까지 일정한 시차가 존재한다.
③ 생산에 있어서 시차의 존재는 과잉공급이나 공급부족을 야기한다.
④ 수산물은 공산품에 비하여 물류비용이 많이 발생한다.

정답 및 해설 ④

④ 물류비용은 수요.공급의 탄력도와 직접적인 원인이 되지 않는다.

7. 수산업생산의 특성으로 옳지 않은 것은?

① 수산업생산은 지역에 따라 생산방식이 다르다.
② 수산업생산은 자연적 영향으로 생산시기를 조절하기가 어렵다.
③ 수산업생산은 다른 산업에 비하여 수확체감의 현상이 발생하지 않는다.
④ 수산업생산은 자본의 유동성이 약하다.

정답 및 해설 ③

③ 수산업생산은 다른 산업에 비하여 수확체감의 현상이 크게 나타난다.
    단위 당 생산요소를 더 투입한다고 해서 비례적으로 생산량이 늘어나는 것은 아니다.

8. 다음 수산물 소비와 관련한 설명으로 옳은 것은?

① 수산물의 한계소비성향은 고소득사회보다 저소득사회에서 더 크게 나타난다.
② 소득수준이 증가하면 수산물에 대한 수요증가율은 소득증가율보다 크게 나타난다.
③ 수산물의 소비요인으로 경제적요인만이 직접적 영향을 미친다.
④ 어가소득 증대를 위하여 수요의 소득탄력성이 낮은 수산물을 생산하는 것이 유리하다.

정답 및 해설 ①

① 수산물의 한계소비성향은 소득증가분에 대한 농산물의 소비증가분으로 나타난다.
    고소득사회에서는 소득의 증가에 따른 소비형태나 양의 변화가 크지 않다.
② 소득수준에 따른 수산물의 수요증가율은 소득증가율보다 완만하게 나타난다.
③ 수산물의 소비요인으로 자연적 요인, 사회적 요인, 경제적 요인 등을 들 수 있다.
④ 수요의 소득탄력성이 큰 작물은 소득이 증가하면 수요증가가 더 크게 나타나 매출의 증대에 기여할 수 있다.

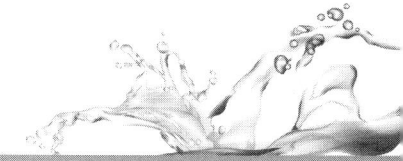

9. 경제발전에 따른 식품소비구조의 변화로 바르지 않은 설명은?
① 가공식품의 소비가 늘고 있다.
② 전처리 수산물의 수요가 증가하고 있다.
③ 친환경유기수산물의 수요가 증가하고 있다.
④ 소득의 증가로 소포장보다는 대포장 중심의 판촉활동이 증가하고 있다.

> **정답 및 해설** ④
> ④ 낱개포장 등 소포장 중심의 소비가 증가하는 추세다.

10. 국제무역장벽이 제거됨에 따라 유통시장의 개방이 미치게 될 영향으로 옳은 것은?
① 수산물의 수입은 증가되지만 어촌경제의 악화로 수출은 감소하게 된다.
② 수산물에 대한 국내보조금이 감축되게 된다.
③ 외국계 대형 유통업체의 국내 진출로 수산물의 국내 유통활동이 활성화 된다.
④ 수입수산물의 증가는 국내 수산물 가격의 인상요인이 된다.

> **정답 및 해설** ②
> ① 수입뿐만 아니라 수출의 증대도 이뤄진다.
> ③ 국내 유통활동은 위축되게 된다.
> ④ 저가 수입수산물과 국내수산물간의 경쟁은 국내수산물가격을 인하시키는 요인이 된다.

11. 수산물 유통의 기능 중 유통조성기능에 해당하는 것은?
① 구매기능과 판매기능
② 수송.저장.가공기능
③ 표준화.등급화 기능
④ 판매 후 서비스 기능

> **정답 및 해설** ③
> ① 구매기능과 판매기능은 교환기능이라고도 하며 소유권이전기능에 해당한다.
> ② 수송.저장.가공기능은 물적유통기능이다.
> ③ 유통조성기능은 소유권이전기능과 물적유통기능을 원활하게 해주는 표준화. 등급화, 유통금융, 위험부담의 전가, 시장정보의 제공 등을 포함한다.

④ 수산물 4대 유통기능 중 하나이다.

12. 수산물을 가공하여 판매할 때 나타나는 효용은?
① 시간효용과 장소효용
② 장소효용과 소유효용
③ 소유효용과 형태효용
④ 형태효용과 시간효용

정답 및 해설 ③

③ 수산물을 가공한다는 것은 생산물의 형태가 바뀐다는 것이며, 판매되었다는 것은 소유자가 변경되었다는 의미이다.

13. 구매충동을 일으키는 광고활동은 수산물 유통기능 중 어디에 해당하는가?
① 소유권이전기능
② 물적유통기능
③ 유통조성기능
④ 판매 후 서비스 기능

정답 및 해설 ①

① 소유권이전기능은 구매기능(수집)과 판매기능(분배)으로 분류된다.
생산자로부터 수집해오는 과정에서 소유자가 변경되고 판매상이 소비자에게 판매할 때 소유권이 변경된다. 판매가 활발이 이뤄지도록 하는 판촉활동은 판매기능에 해당한다.

14. 장거리 수송에는 비용이 적게 들지만 단거리 수송에는 비용효율이 떨어지는 수송수단으로서 융통성은 떨어지지만 정확성, 신속성, 안전성이 있는 수송수단은?
① 철도수송
② 자동차수송
③ 선박수송
④ 비행기수송

정답 및 해설 ①

① 지문은 철도수송에 대한 설명이다.
② 유통성이 높고 단거리 수송에 유리하다.

③ 장거리 수송에 유리하지만 융통성은 떨어진다. 다만 정확성, 신속성, 안전성은 약한 편이다.

15. 다음 단위화물적재시스템(Unit Load System)에 관한 설명으로 옳은 것은?

① 우리나라 표준펠릿 T11의 규격은 1,200mm × 1,200mm 이다.
② 하역과 수송에는 유리하지만 파손과 오손의 위험성이 있다.
③ 저장공간을 충분히 확보할 때 효율성이 높다.
④ 펠릿의 사용으로 포장비용이 줄어든다..

정답 및 해설 ④

① 우리나라 표준펠릿 T11은 1,100mm ×1,100mm 이다.
② 파손과 오손, 분실을 방지할 수 있다.
③ 작은 공간에도 효율적 적재가 가능하다
④ 포장이 간소화됨에 따라 포장비용이 줄어든다.

16. 생산과 소비 간에 시간적 불일치를 해소하기 위한 물적유통기능은?

① 수송기능
② 저장기능
③ 가공기능
④ 판매기능

정답 및 해설 ②

수송기능-장소적 효용,   저장기능-시간적 효용
가공기능-형태적 효용   판매기능-소유권이전기능

17. 다음 설명 중 틀린 것은?

① 효율적인 유통과정을 위해 필요한 재고를 유지하는 것을 운영적 저장이라 한다.
② 공급이 많은 수확기에 하는 저장을 계절적 저장이라 한다.
③ 주로 정부에 의하여 이뤄지는 저장을 비축적 저장이라 한다.
④ 가격차이에 의한 이윤 추구만을 목적으로 하는 투기적 저장은 시장에 악영향만 미친다.

정답 및 해설 ④

④ 투기적 저장은 역기능과 순기능이 존재한다. 순기능으로 생산자에게 자본을 조달하는 역할을 들 수 있다.

18. 물적유통 기능에 관한 설명으로 옳은 것은?

① 단위화물적재시스템의 약점은 쓰레기 발생이 많다는 것이다.
② 수산물을 가공처리하면 소비와 생산 간에 시간적 불일치가 해소된다.
③ 가공을 통하여 유통마진을 증대시킬 수 있다.
④ 수송비용이 최단거리에서는 0이 된다.

정답 및 해설 ②, ③

① 규격에 맞게 포장된 상태로 출고되므로 쓰레기 발생이 억제된다.
② 저장.가공을 통하여 시간적 불일치를 해소한다.
③ 최종소비자 구매가격에서 생산자수취가격을 뺀 것이 유통마진이다.
  가공을 통하여 부가가치가 증대되므로 유통마진은 증대된다.
④ 0이 될 수도 있지만 장소적 이동은 최소비용으로부터 시작된다.

19. 다음 수산물의 등급화에 관한 설명으로 옳지 않은 것은?

① 수산물의 견본거래 또는 통명거래가 가능하여 진다.
② 상품의 공동화 작업을 통하여 등급별로 일괄거래가 가능하여 진다.
③ 개별어가의 영농다각화를 통하여 상품의 개별성이 가능하여 진다.
④ 거래가격에 있어 일물일가가 형성되기 용이해 진다.

정답 및 해설 ③

③ 수산물생산에 있어 상품별로 통일된 등급의 제품생산을 위하여 영어가의 개별성을 줄이고 통일된 생산방식 또는 공동화작업을 통하여 영어의 통일성이 강조된다.

20. 수산물 등급화의 내용을 설명한 것 중 가장 올바른 것을 고르시오.
① 등급화는 표준규격에 따라 객관성 있는 제3자가 등급규격을 정하는 것이다.
② 등급간의 차이는 가능한 세분화시켜 등급을 여러 가지로 나누는 것이 좋다.
③ 등급화 작업을 통하여 경제적 비용이 증가하여 농가의 수익이 줄어드는 면도 있다.
④ 어가나 소비자는 등급수를 가급적 줄이려 하나, 상인은 등급을 세분화하려 한다.

> **정답 및 해설** ①
> ② 등급을 지나치게 세분화시키면 등급간의 차이가 불분명하게 되어 등급간 가격의 차이가 무의미하게 된다.
> ③ 등급화 작업을 통하여 등급간 가격차이를 적정화시키면 농가의 소득이 극대화될 수 있다.
> ④ 상인은 물류비용을 줄이기 위하여 등급을 단순화시키려 하는 반면, 어가나 소비자는 상품의 질을 차등화시켜 적정가격을 최대한 수취(제공)하고자 등급을 세분화하려 한다.

21. 다음은 수산물의 위험부담에 관한 설명이다. 올바른 것을 고르시오.
① 유통과정 중에 수산물의 가치변화로 발생하는 위험을 물적위험이라 한다.
② 견본거래나 통명거래를 통하여 물적위험을 줄일 수 있다.
③ 선물거래는 수산물의 경제적 위험을 전가시키기 위한 하나의 수단이 된다.
④ 정부가 직접 시장에 개입하면서 위험을 예방하는 것은 시장질서를 해친다.

> **정답 및 해설** ③
> ① 수산물의 가치변화로 발생하는 위험을 시장위험 또는 경제적 위험이라 한다.
> ② 물적위험은 수산물이 유통기능을 수행하는 과정에서 발생하게 되는 물리적 피해, 즉 파손, 마모, 부패, 화재, 동해, 풍수해, 열해, 지진 등으로 발생하는 피해이다.
> 견본거래나 통명거래는 물적위험과 직접적 관계는 없다.
> ④ 정부의 시책을 통하여 시장에 존재하는 위험을 예방하거나 경감시킬 수 있다.

22. 유통조성 기능 중 시장정보에 관한 설명으로 적절한 것은?
① 시장정보는 시장주체의 차별적 접근이 가능하여야 한다.
② 유통주체의 정보접근 능력에 따라 자원배분의 비효율성이 증가하게 된다.
③ 시장정보는 생산자, 상인에게는 유용하지만 소비자에게는 의미가 없다.

④ 시장정보는 생산자의 생산계획 뿐만 아니라 투자계획과도 관련되어 있다.

> **정답 및 해설** ④
> ① 시장정보는 생산자, 상인, 소비자 모두에게 접근이 가능하여야 한다.
> ② 유통주체간 계속적인 경쟁력을 유지하여 자원배분의 비효율성이 감소된다.
> ③ 시장정보는 소비자의 유효한 상품선택 등의 정보를 제공하는 기능이 있다.

23. 다음은 수산물유통기구에 관한 설명이다. 옳지 않은 것은?
① 수산물유통기구란 유통기능을 실제로 담당하고 있는 각종 유통기관이 상호 관련되어 있다.
② 유통기관으로 생산자와 소비자를 연결하여 주는 상인이 있다.
③ 유통기구로서 수집기구의 역할을 수행하는 것 중 5일 시장이 있다.
④ 중계기구로서 지역농수협의 중요성이 높아지고 있다.

> **정답 및 해설** ④
> ④ 지역농수협은 산지 수집기구 역할을 수행한다.

24. 다음 중 유통기구 중 중계기구로 잘 묶여 있는 것은?
① 도매시장-공판장-대형 슈퍼마켓
② 단위조합-지역농수협-작목반
③ 위탁상-중앙도매시장-종점시장
④ 전문점-편의점-백화점

> **정답 및 해설** ③
> ① 대형슈퍼마켓-분산기구
> ② 수집기구의 조합
> ④ 분산기구의 조합

25. 다음 보기가 설명하고 있는 것으로 맞는 것은?

[보기]
단일의 유통기관이 수행해 오던 여러 가지 기능을 하나 또는 약간의 기능만으로 한정하여 담당하고, 노동분업의 필연적 결과가 된다. 특화의 형태로서 '상품특화', '기능특화', '기관특화'로 구분된다.

① 전문화　　　　　　　　　　　② 다변화
③ 집중화　　　　　　　　　　　④ 분산화

정답 및 해설 ①
① 위 설명은 '전문화'에 대한 내용이다.
② 전문화와 반대되는 개념이 '다변화'이다.
③ 수산물이 특정 지점으로 모이는 과정이 '집중화'이다.
④ '분산화'의 특징은 중계기구를 경유하지 않고 소비자에 제품이 직접 전달되는 것이다.

26. 다음은 유통기구의 '통합화'에 관한 설명이다. 옳은 것은?
① 기존의 유통기구가 수평적 또는 수직적으로 통합되는 것으로 유사한 유통활동을 단일 경영체 내로 결합하여 확장하는 것이다.
② 수직적통합의 하나로 제조업자가 모든 중간상을 소유하는 형태를 '후방통합'이라 한다.
③ 서로 다른 유통활동을 하던 유통기구가 결합하는 형태를 수평적 통합이라 한다.
④ 수평적 통합의 장점은 원료에서 제품까지 일관성을 확보하여 경쟁력을 높일 수 있다는 점이다.

정답 및 해설 ①
② 제조업자가 이후 유통기구들을 장악하는 형태는 '전방통합'이다.
③ 서로 유사한 유통활동 기구간의 결합을 수평적 통합이라 한다.
④ 수직점 통합의 장점이다.

27. 수산물 유통경로에 관한 설명으로 옳지 않은 것은?
① 유통경로란 생산자로부터 소비자까지 수산물이 전달되어 가는 경로이다.
② 수산물의 유통경로는 공산품에 비하여 그 경로가 복잡하다.
③ 수산물 유통은 유통마진이 낮은 특성을 가지고 있다.

④ 수산물은 단위구매량이 작고 규칙적이고 구매빈도가 높다.

정답 및 해설 ③
③ 수산품은 유통경로가 복잡하여 유통마진이 높다.

28. 다음 유통경로에 관한 설명으로 옳지 않은 것은?
① 수산물의 부패성이 높을수록 유통경로가 짧아진다.
② 수산물의 무게와 크기가 클수록 유통경로가 짧아진다.
③ 수산물의 동질성이 높을수록 유통경로가 짧아진다.
④ 수산물의 생산자들이 영세할수록 유통경로는 짧아진다.

정답 및 해설 ③
③ 동질성이 높으면 유통경로(길이)는 길어진다.

29. 수산물의 산지유통기능으로서 옳지 않은 것은?
① 산지유통기능은 대형유통업체의 등장으로 점점 위축되고 있다.
② 산지유통시장에서 시간적·형태적 효용이 창출되고 있다.
③ 산지유통시장에서 수급조절기능이 이뤄지고 있다.
④ 산지유통시장에서 상품화기능도 이뤄진다.

정답 및 해설 ①
① 산지유통기능은 점점 활성화되고 상품화기능이 커지고 있다.
④ 산지유통시장에서 표준규화, 공동브랜드화, 등급화작업 등 상품화기능이 수행되고 있다.

30. 산지에서 직거래가 이루어지는 이유가 아닌 것은?
① 부패성의 위험을 극복할 수 있다.
② 유통마진의 축소가 소비자가에 반영될 수 있다.

③ 판매의 위험부담을 줄일 수 있기 때문이다.
④ 원양산 어업활동의 전초기지 역할을 한다.

정답 및 해설 ④

31. 수산물산지유통센터에 관한 설명으로 옳지 않은 것은?
① 수산물을 체계적으로 생산 또는 수집하여 시설처리를 통하여 수확 후 관리하는 시설이다
② 엄격한 품질관리를 통하여 표준.규격화된 상품을 산지에서 직판하는 시설이다.
③ 수산물 유통의 효율화를 추구한다.
④ 산지유통조직의 중심적 기구이다.

정답 및 해설 ②
② 산지직판보다는 상품을 도매시장이나 대형 유통기구에 출하하는 시설이다.

32. 도매시장 중 지역수산업협동조합이나 농수산식품유통공사가 운영하는 시장은?
① 중앙도매시장   ② 지방도매시장
③ 농.수산물공판장   ④ 유사도매시장

정답 및 해설 ③
③ 협동조합법에 근거하여 개설된 시장이다.

33. 농수산물도매시장 또는 민영농수산물도매시장의 개설자로부터 지정을 받고 농수산물을 매수 또는 위탁받아 도매하거나 매매를 중개하는 영업을 하는 유통기구는?
① 도매시장법인   ② 시장도매인
③ 중도매인   ④ 매매참가인

Point 실전문제 | 235

> **정답 및 해설** ②
>
> ② 법인인 시장도매인에 관한 설명이다.

34. 도매시장의 개설자가 수취할 수 있는 위탁수수료가 잘못된 것은?

① 양곡부류 : 거래금액의 1,000분의 20
② 청과부류 : 거래금액의 1,000분의 70
③ 수산부류 : 거래금액의 1,000분의 50
④ 화훼부류 : 거래금액의 1,000분의 70

> **정답 및 해설** ③
>
> ③ 수산부류 : 거래금액의 1,000분의 60
> 그 외 축산부류(1,000분의 20), 약용작물부류(1,000분의 50)

35. 다음 중 소매상에 해당되지 않는 것은?

① 백화점
② 슈퍼마켓
③ 매매참가인에 낙찰가 공급
④ 회원제 창고형 판매

> **정답 및 해설** ③
>
> ③ 매매참가인은 도매시장에서 활동한다.

36. 시장 외 거래에 관한 설명으로 옳지 않은 것은?

① 수산물을 도매시장 등의 시장을 거치지 않고 거래하는 형태를 말한다.
② 가격결정과정에 생산자가 직접 참여하는 형태이다.
③ 생산자에게 유통비용의 절감을 가져온다.
④ 거래규격이 간략화 되어 있다.

정답 및 해설 ③

③ 거래규모가 최소효율규모인 경우 유통비용이 더 들기도 한다.

37. 다음 선물거래에 관한 설명 중 옳지 않은 것은?
① 선물거래는 일정한 거래소에서 이뤄진다.
② 가격위험을 회피할 수 있다.
③ 가격변동에 대하여 예시할 수 있다.
④ 농수산물의 선물거래는 연간 절대량이 희소하고 장기저장성이 없는 경우 발달한다.

정답 및 해설 ④

④ 농수산물의 선물거래는 연간 절대량이 많고 장기저장성이 있는 품목에서 일어난다.

38. 독립상점의 연합으로 그룹 이름하에 공동광고가 가능한 상점은?
① 법인체인   ② 공동상점
③ 협동체인   ④ 통합상점

정답 및 해설 ③

③ 소매업자의 유형을 소유권으로 분류할 때 식품체인에 대한 동종대량의 구매력을 얻을 수 있는 상점이다.

39. 수산물 유통의 효율과 이행의 평가시 수요곡선이 완전 수평을 이루는 모델은?
① 유통마진 모니터링   ② 시뮬레이션 모델
③ 가격모니터링   ④ 완전경쟁 모델

정답 및 해설 ④

① 마진이 증가할 때 원료제품에 대한 수취가격과 소비자최종지불가격의 차액을 통하여 효율을 평가하는 모델
② 모의모델과 현재의 시스템과의 비교를 통하여 효율성 평가

③ 각 유통단계에서 지불되는 가격의 비교를 통하여 효율성 평가
④ 기업생산품의 수요가 시장에서 전혀 영향받지 않는다는 전제의 모델

40. 다음 중 무점포형 소매업에 대한 설명으로 옳지 않은 것은?
① 직접마케팅은 매체를 통한 예상고객에게 정보를 제공함으로서 소비자의 구매를 유도하는 형태이다.
② 사이버마케팅은 컴퓨터의 가상공간을 통한 소비자와 기업이 정보가 교환되어 구매가 이루어지는 방식이다.
③ 텔레마케팅은 전화를 통한 제품정보를 얻은 후 구매가 이루어지는 방식이다.
④ 자동판매기에 의한 구매형식도 무점포형 직접마케팅이라 할 수 있다.

> **정답 및 해설** ④
> ④ 자동판매기 판매방식은 상호 정보가 전달되지 않고 일정공간을 점유한다는 점에서 무점포형이라 할 수 없다.

41. 다음 선물거래에 대한 설명으로 적절하지 않은 것은?
① 미래에 대한 불확실성의 증가는 선물거래의 회피요인이 된다.
② 선물거래방식은 가격결정이 시장에 의하여 자유롭게 결정된다는 전제가 필요하다.
③ 미래의 가격예측과 현물가격의 차이에 의한 위험회피 필요성에 의하여 선물거래가 이루어진다.
④ 가격위험을 최소화 하기 위하여 선물거래와 현물거래를 연계하여 상호 이익과 손실을 상쇄시키려는 행위를 헷징(hedging)이라 한다.

> **정답 및 해설** ①
> ① 미래가격에 대한 불확실성이 증가될수록 선물거래의 필요가 더 커진다.

42. 수산물 유통의 발전방향에 대한 설명으로 옳지 않은 것은?
① 고부가가치의 친환경유기생산물의 소비가 증대될 것이다.

② 산지의 유통기구가 활성화될 것이다.
③ 대형유통업체의 수직적 유통의 통합이 진행될 것이다.
④ 정부의 수산업 생산자에 대한 직접적 지원이 강화될 것이다.

정답 및 해설 ④

④ 국가간 FTA 등의 협약체결로 정부의 직접적 지원이 어려워 질 전망이다.

43. 수산물 유통정보에 대한 설명으로 옳은 것은?
① 수산물 유통정보는 유통활동의 불확실성과 유통비용을 감소시킨다.
② 유통정보는 생산자의 유통비용을 절감시키기 위하여 제공되는 것으로 소비자와는 무관하다.
③ 유통정보는 유통기구에 연결되어 있지 않은 정부활동과는 무관하다.
④ 생산자의 판매계획과 관계되어 있으나 투자계획에 관한 의사결정과는 무관하다.

정답 및 해설 ①

유통활동에 참여하는 제 주체들과 정부정책입안, 투자계획과도 정보는 유용하다

44. 어업의 미래상황을 예측하여 영어계획의 수립지침이나 정책자료로 활용하기 위한 유통정보를 고르시오
① 통계정보　　　　　　　　　　　　② 관측정보
③ 시장정보　　　　　　　　　　　　④ 계수정보

정답 및 해설 ④

① 통계정보는 사회 경제적 집단사실을 조사, 관찰하여 얻어지는 계량적 자료이다.
② 관측정보는 과거와 현재의 시간적 연계와 관련된 예측정보이다.
③ 시장정보는 현재의 가격수준 및 가격형성에 영향을 미치는 경제정보이다.

45. 판매에 따라 재고량이 재주문시점에서 컴퓨터에 자동으로 재주문이 이루어지는 시스템은?

① 바코드 ② POS 시스템
③ EOS 시스템 ④ EDI 시스템

정답 및 해설 ④

① 상품별고유번호로 주문정보의 정확성을 확인하는 시스템
② 소매업자의 경영활동에 관한 정보를 관리해 주는 판매시점관리시스템(Point of Sale)
③ 지문은 자동발주시스템에 관한 설명이다(Electronic Ordering System)
④ 정보전달이 컴퓨터와 컴퓨터 간에 자동으로 이루어지는데 기업 간 동일한 EDI프로토콜이 필요하다 (Electronic Data Interchange)

46. 전자상거래의 특징으로 옳지 않은 것은?

① 유통경로가 기존 상거래에 비하여 짧다.
② 고객정보의 획득이 쉽다.
③ 전산시설을 구축하는 데 많은 비용이 소된다.
④ 생산자와 소비자간 1:1 마케팅이 가능하다.

정답 및 해설 ③

③ 전자상거래 시설을 구축하기 위하여 소자본만으로도 가능하다.

47. 다음 중 수산물 전자상거래에 대한 설명으로 적절하지 않은 것은?

① 수산물의 특성상 거래품목이 제한된다.
② 유통경로를 단축할 수 있다.
③ 수산물의 훼손을 줄일 수 있다.
④ 표준화나 등급화 과정 없이 산지 수확상태로 배송이 가능하다.

정답 및 해설 ④

④ 견본거래 또는 통명거래가 가능하도록 거래단위와 포장등의 표준화와 상품의 품질이 신뢰할 수 있는 규격화 작업이 선행되어야 한다.

48. 공동판매조직을 통한 공동출하의 이점이 아닌 것은?
① 수송비의 절감
② 노동력 절감
③ 시장교섭력의 증가
④ 생산비의 절감

정답 및 해설 ④
④ 공동출하는 수확 후의 문제이므로 생산비와는 관계가 없다.

49. 다음은 공동판매의 원칙에 대한 설명이다. 옳은 것은?
① 생산자의 상품품질에 따라 수익이 달라진다.
② 생산물을 공동조직에 위탁할 경우 각 농가의 개별성을 중시한다.
③ 공동판매가 이뤄지면 수요자는 구매가 안정화되고 유통비용 및 구매위험을 줄일 수 있다.
④ 어가의 지불금이 신속하게 이뤄지고 유동성이 향상되는 장점을 가지고 있다.

정답 및 해설 ③
① 시간적, 장소적으로 다른 생산어가의 편균수익을 지향한다.
② 각 어가의 개별성이 상실된다
④ 공동출하 과정에서 발생하는 시간지연과 적정가격을 수취하기 위한 저장 등에 의한 출하지연으로 지불금이 신속하게 배당되지 못한다.

50. 다음 수산물의 공동계산제에 대한 설명으로 가장 적합한 것은?
① 개별어가의 위험성을 분산하여 개별어가의 브랜드가치가 증가한다.
② 수확 후 처리비용이 대규모함에 따라 단위당 비용은 증가한다.
③ 어가의 단기적인 자금조달이 쉬워진다.
④ 개별어가의 위험성을 감소시킬 수는 없다.

정답 및 해설 ①
② 규모의 경제가 실현되어 단위당 물류비용을 줄일 수 있다.
③ 자금의 유동성이 떨어진다.
④ 개별어가의 위험성을 줄일 수 있다.(조직력.정보획득.시장교섭력제고.브랜드가치 향상)

Point 실전문제

51. 다음 중 수산물의 수요관점에서 일반적 원칙 중 옳지 않은 것을 고르시오.

① 수산물의 수요는 일정기간 동안에 수요자들이 수산물을 구매하려는 사전적(事前的)개념 으로 정의된다.
② 수산물의 가격변화로 수요량이 변하는 것은 대체효과와 소득효과로 설명된다.
③ 수요의 변화란 해당 상품가격 이외의 다른 모든 요인이 일정하고 해당상품가격만 변화할 때의 수요의 변화를 말한다.
④ 유사수산물의 공급부족에 따른 수요의 변화로 인하여 당해 수산물의 수요량이 증가했다면 이는 대체재이다.

> **정답 및 해설** ③
> ③ 지문 설명은 '수요량의 변화'이다.
> '수요의 변화'란 가격이외의 다른 요소들이 변할 때 해당 농산물의 가격추이를 본 것이다.

52. 수산물 공급의 증가요인으로 부적절한 것은?

① 대체수산물의 상대적 가격 상승
② 생산요소가격의 하락
③ 공급자 수의 증가
④ 수산물 가격상승에 대한 기대감

> **정답 및 해설** ①
> ① 대체 수산물의 가격 상승은 생산자 입장에서 수입을 증가시키기 위하여 생산요소의 투입을 대체농산물로 이동시키게 되어 당해 수산물의 공급은 감소하게 된다.

53. 고등어 1box(5kg)의 가격이 10,000원에서 8,000원으로 하락하였다. 그러자 판매량이 최초 10box에서 13box로 증가하였다. 수요의 가격탄력도는?

① 0.5
② 1
③ 1.5
④ 2

> **정답 및 해설** ③
> $$\text{수요의 가격탄력도} = \frac{\text{수요량의 변화율}}{\text{가격의 변화율}} = \frac{\frac{\text{수요량의 변동분}}{\text{원래의 수요량}}}{\frac{\text{가격의 변동분}}{\text{원래가격}}} = \frac{\frac{3}{10}}{\frac{200}{1,000}}$$

54. 수산물의 가격이 10% 증가했는데도 수요량이 8% 감소했다. 옳은 설명은?
① 수요와 공급이 비탄력적이다.
② 수요가 비탄력적이다
③ 공급이 탄력적이다
④ 공급이 비탄력적이다.

정답 및 해설 ②

수요의 가격탄력도(수요량이 분자)=8/10=0.8 =>탄력성이 1보다 작은 경우 비탄력적

55. 다음은 수산물의 탄력성과 관련된 설명이다. 옳은 것은?
① 수산물은 인간에 필수재적 성격을 가질수록 탄력적이다.
② 수산물의 용도가 다양한 다양할수록 탄력적이다.
③ 수산물 수요의 가격탄력성은 단기보다 장기에 비탄력적이다.
④ 소득에서 가계지출비중이 높은 수산물일수록 비탄력적이다.

정답 및 해설 ②

① 탄력적이라는 의미는 가격에 수요나 공급이 민감하다는 의미이다.
  필수재는 가격의 등락률만큼 수요.공급이 그만큼 변동하지 않기에 비탄력적이다.
② 용도가 다양한 수산물의 대체재는 많다. 그만큼 가격에 민감하게 용도를 전환한다.
③ 수산물 수요의 가격탄력성은 단기보다 장기에 상대적으로 더 탄력적이다.
  단기에는 수요 수산물을 바꾸지 못하나 장기에는 대체수산물이 많이 등장하여 수요 수산물을 바꿀수가 있기 때문이다.
④ 소득에서 가계지출비중이 높은 수산물은 가격이 상승할 때 수요를 줄일 수밖에 없어 탄력적이다.

56. 2009년 세계경제의 불황은 국민의 물가압력을 가중시키고 있다. 엥겔계수의 변화는?
① 변화가 없다.
② 낮아졌다.
③ 높아졌다.
④ 낮았다가 높아질 것이다.

정답 및 해설 ①

$$엥겔계수 = \frac{음식비지출액}{가계의 총지출액}$$

물가상승은 음식비지출액을 증가시켜 엥겔계수가 높아졌다. 즉 생활이 열악해짐

57. 수산물의 가격인상이 소비자의 수입에 미치는 영향이다. 옳지 않은 것은?(수요의 가격탄력성은 0.8이다)
① 총수입의 증가
② 총수입의 감소
③ 총수입과 관련없음
④ 총수입의 급증

정답 및 해설 ②
가격탄력도가 0.8이므로 비탄력적이다. 이는 가격인상률 만큼 수요량을 감소시키지 못했다는 의미이므로 가계지출이 증가했다는 뜻이 된다. 그러므로 총수입 감소

58. 소득이 증가하는 경우 상대적으로 수요가 소폭 증가했다면 이 재화는?
① 우등재
② 열등재
③ 사치재
④ 필수재

정답 및 해설 ④
④ 소득의 증가와 비례적으로 수요가 증가하면 우등재 또는 정상재나 보통재 소득의 증가가 있었음에도 수요의 증가가 미미했다면 이는 필수재이다.

59. 고등어 가격이 1%오르자 갈치의 수요가 3%증가하였다. 이에 관한 설명으로 옳은 것은?
① 갈치의 가격탄력성이 높다
② 고등어에 대한 갈치의 대체탄력성이 높다
③ 총탄력성이 높다
④ 수요의 교차탄력성이 높다.

정답 및 해설 ④
④ 수요의 교차탄력성 = 연관상품(독립변수)의 가격변화율에 대한 당해상품(종속변수)의 수요량의 변화율

60. 수산물의 수요와 공급의 가격탄력성이 비탄력적인 이유가 아닌 것은?

① 수산물은 주로 생활필수품이다.
② 수산물은 대체재의 종류가 많다.
③ 수산물은 수확기간에 일정기간을 소요한다.
④ 수산물에 대한 지출액은 소득에서 차지하는 비중이 높지 않다.

정답 및 해설 ②

② 수산물의 대체재 종류가 많다는 의미는 연관상품의 가격변화에 대체수산물의 수요가 더 증가하였다는 의미이다. 이는 탄력이라는 의미이지만 수산물에는 대체재가 많지 않은 편이다

61. 수요량의 증가보다 공급량의 증가가 더 큰 경우 수급량과 가격의 변화에 대하여 옳게 기술된 것은?

① 수급량은 증가하고 가격은 하락한다.
② 수급량은 증가하고 가격은 상승한다.
③ 수급량은 감소하고 가격은 하락한다.
④ 수급량은 감소하고 가격은 상승한다.

정답 및 해설 ①

① 본 문제는 균형가격과 관계된 문제이다. 실제 그래프상에서 확인하기 바랍니다.

62. 에치켈(M.J. Eziekel)의 거미집이론이 시사하는 바로서 옳지 않은 것은?

① 가격변동에 따른 수요와 공급이 시차를 가지고 움직인다는 것이다.
② 공산품과 달리 농산물의 경우 투자의 회임(懷妊)이 길어서 나타나는 현상이다.
③ 국제무역이 활성화된 개방경제를 전제로 하는 이론이다.
④ 균형점에 접근하는 과정이 수요와 공급의 탄력도에 달라진다는 이론이다.

정답 및 해설 ①

③ 거미집이론은 폐쇄경제를 전제로 한다. 한나라의 수급량의 부족이나 과잉으로 가격이 등락하는 경우 국제무역을 통한 수급량 조절이 즉각적으로 이루어진다면 거미집이론의 핵심 전제인 공급량의 조절이 시차가 존재한다는 조건이 무너지게 된다.

Point 실전문제

63. 다음 보기의 조건이 주어진 경우의 설명이다. 옳은 것은?

생산어가수취가격 10,000원,	수집상수취가격 12,000원
도매상수취가격 15,000원	중도매인수취가격 17,000원
소매상수취가격 25,000원	소비자최종지불가격 25,000원

① 수집단계마진율 : 약 17%
② 총단계 마진율 : 약 50%
③ 보관.수송이 용이하고 부패성이 적은 농산물은 유통마진이 높다.
④ 유통경로가 복잡하면 유통마진이 떨어진다.

정답 및 해설 ①

① 수집단계 유통마진율의 공식 = $\dfrac{\text{수집상의 가격} - \text{어가수취가격}}{\text{수집상의 가격}}$ =16.66%

③ 낮다(공산품의 경우 유통경로가 단순하다)
④ 복잡하면 거치는 단계가 많아 유통마진이 높아진다.

64. 다음 유통비용 중 직접비용으로 묶인 것을 고르시오.

① 점포임대료-저장비-가공비
② 통신비-상차비-하역비
③ 수송비-포장비-선별비
④ 자본이자-제세공과금-감가상각비

정답 및 해설 ②

직접비용 - 수송비, 포장비, 하역비, 저장비, 가공비
간접비용 - 점포임대료, 자본이자, 통신비, 제세공과금, 감가상각비

65. 다음 중 시장의 개념과 형태에 대한 설명 중 옳지 않은 것은?

① 어느 기업도 시장가격에 영향을 미칠 수 없는 사태의 시장을 완전경쟁시장이라 한다.
② 하나의 기업이 어느 정도의 독점력을 가지고 있는 시장이 독점적 경쟁시장이다.
③ 하나의 기업이 몇 개의 시장에 독점력을 가지고 있는 시장을 과점시장이라 한다.
④ 하나의 기업이 시장 전체를 지배하고 있는 시장이 독점시장이다.

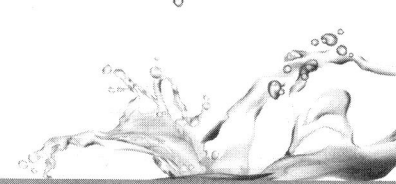

> **정답 및 해설** ③
> ③ 과점시장은 몇 개의 기업이 시장 대부분의 독점력을 가진 시장이다.

66. 수산물시장의 시장형태로 가장 적절한 것은?
① 완전경쟁시장
② 독점적 경쟁시장
③ 과점식장
④ 독점시장

> **정답 및 해설** ①
> ① 수산물시장은 완전경쟁시장으로 분류되지만 현실에서 수산물의 품목이나 종류에 따라 독점적시장, 과점시장 또는 독점시장으로 분류될 수도 있다.

67. 가격차별에 대한 시장조건으로 옳지 않은 것은?
① 가격탄력성이 다른 시장이 존재하여야 한다.
② 유통주체가 독점적인 시장지배력을 가지고 있어야 한다.
③ 시장과 시장사이에 매매된 상품의 역이동이 없어야 한다.
④ 시장의 분리비용이 가격차별의 이익보다 많아야 한다.

> **정답 및 해설** ④
> ④ 시장분리비용이 가격차별의 이익보다 차별이익을 실현 시킬 수 있다.

68. 수산물시장을 분리하여 다른 가격을 적용하고자 할 때 가장 높은 이익을 실현시킬 수 있는 정책은?
① 양 시장의 탄력도를 비교하여 탄력도가 낮은 시장에 고가정책을 취한다.
② 양 시장의 소비자의 구매동기를 파악하여 각각에 맞는 제품을 공급한다.
③ 양 시장의 시장구조를 완전경쟁적 시장으로 만든다.
④ 시장의 독점이 정부규제를 불러오지 않도록 새로운 경쟁주체를 유입시킨다.

정답 및 해설 ①

① 가격차별화 정책은 양 시장의 구매력 차이에서 발생하며, 이는 수요의 가격탄력도로 나타나게 된다. 비탄력적인 시장에서는 고가정책을 취하더라도 시장에서 떠나는 소비자 보다 시장에 잔류하는 소비자가 많아 고수익을 실현시킬 수 있다.

69. 생산자가 상품 또는 서비스를 소비자에게 유통시키는데 관련된 모든 체계적 경영활동을 무엇이라 하는가?

① 경영활동
② 시장활동
③ 판촉활동
④ 마케팅

정답 및 해설 ①

④ 마케팅의 정의

70. 다음에서 제시된 마케팅조사의 설명으로 바르지 않은 것은?

① 관찰법 : 응답자의 답변을 통하여 정보를 수집하는 방법
② 서베이조사 : 응답자에게 제품에 대한 질문에 응하도록 하여 조사하는 방법
③ 표적집단면접법 : 응답자들의 자유로운 토론으로 얻어진 내용을 분석하는 방법
④ 모의시장시험법 : 직접 시장시험을 통하여 신제품 수요를 예측하는 조사기법

정답 및 해설 ①

① 관찰법은 응답자의 답변을 신뢰하는 것이 아니라 응답자의 행동과 태도를 조사.관찰하고 기록하여 정보를 수집한다.

71. 마케팅시장조사의 과정이 잘 연결된 것은?

① 문제의 정의 -자료의 수집-마케팅조사설계-자료분석 및 해설-보고서작성
② 문제의 정의 -마케팅조사설계-자료의 수집-자료의분석및해설-보고서작성
③ 문제의 정의 -자료의 수집-자료분석 및 해설-마케팅조사설계-보고서작성

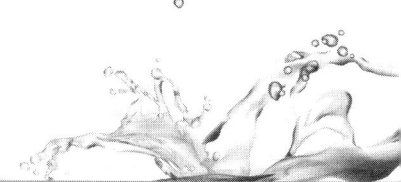

④ 문제의 정의 -자료분석 및 해설-마케팅조사설계-자료의 수집-보고서작성

> **정답 및 해설** ②
>
> ② 정보수집의 효율적 방안을 수립하여(마케팅조사설계)-〉자료를 수집하고-〉수집된 자료를 분석 및 해석한 후-〉보고서를 작성한다.

72. 다음 마케팅환경에 관한 설명으로 올바르지 않는 것은?
① 마케팅의 거시적 환경은 시장 내에 활동하는 경제주체의 구성환경이다.
② 마케팅환경이 기업의 성장을 저해하는 요인으로 작용하기도 한다.
③ 마케팅환경분석시 고려될 사항으로서 소비구조변화, 경쟁환경의 변화, 시장구조의 변화 등이다
④ 마케팅부서에 의해서 통제되는 요인으로 표적시장의 선정, 소비자조사, 마케팅믹스 등을 들 수 있다.

> **정답 및 해설** ①
>
> ① 마케팅의 거시적 환경은 자연환경이나 인문환경 등이며 인문환경으로 경제.정치.행정.사회.문화적 환경을 들 수 있다. 미시적환경은 시장 내에 경제주체들을 말한다

73. 다음 소비자의 구매행동에 대한 설명으로 알맞지 않는 것은?
① 저관여 상품의 판매를 확대하기 위하여 제품에 대한 친숙도를 높여야 한다.
② 저관여 구매행동은 소비자가 과거의 습관이나 경험에 의해 구매결정을 듣는다.
③ 고관여 구매행동은 고가제품을 구매할 때와 같이 신중한 결정을 내리는 구매행동이다.
④ 고관여 구매행동시 브랜드 간 차이가 크게 되더라도 쉽게 브랜드전환 결정을 내리지 못한다.

> **정답 및 해설** ①
>
> ④ 고관여 제품의 경우 다양한 상품정보를 통하여 구매전환을 시도하지 못하도록 하여야 한다. 그러나 구매자는 신중한 결정자이기 때문에 쉽게 습관적인 구매행동에 나서지 못하고 브랜드전환에 대한 결정을 하기도 한다.

74. 소비자가 개인적인 욕망을 충족시키기 위하여 단순한 제안이나 설명, 무분별한 연상에 의해

일어나는 즉흥적.충동적인 구매동기는?
① 감정적 제품동기　　　　　　② 합리적 제품동기
③ 감정적 애고동기　　　　　　④ 합리적 애고동기

정답 및 해설 ①
③ 특정 생산단지에 대한 친근감, 매력적인 점포와 진열장, 주위의 권유 등에 의한 구매동기는 감정적 애고동기이다.

75. 소비자가 어떤 상품 구매에 있어서 최소의 노력으로 편리한 지점에서 하는 구매는?
① 회상구매　　　　　　　　　② 암시구매
③ 일용구매　　　　　　　　　④ 선정구매

정답 및 해설 ③

76. 현대 소비자의 구매변화 추이로 바르지 못한 것은?
① 현대 소비자들은 양질의 수산물을 더 편리하고 경제적으로 구입하기를 희망한다.
② 기존 수산물에 기능성이 첨가된 수산물이나 인증농산물 등을 선호한다.
③ 한 번의 구매로 일정기간 소비가 가능한 대포장단위를 선호한다.
④ 전처리수산물이나 가정식 대체식품을 선호한다.

정답 및 해설 ③
③ 소포장 단위의 수산물이 선호되고 있다.

77. 수요자중심의 마케팅으로서 소비자의 구매행동에 관점을 둔 마케팅 전략은?
① 시장점유마케팅　　　　　　② 고객점유마케팅
③ 4P MIX전략　　　　　　　　④ 관계마케팅전략

> **정답 및 해설** ②
> ① 시장점유전략은 공급자가 주체가 된 시장전략이다. STP전략과 4PMIX전략이 이에 해당한다.
> ② 정답설명이다. AIDA원리가 이에 해당한다.
> ④ 관계마케팅은 공급자와 수요자의 상호작용을 중시하는 새로운 개념의 전략이다.

78. 시장세분화전략으로 올바른 설명은?

① 시장전체의 소비자욕구를 충족시키기 위한 특별전략이다.
② 각 시장의 욕구는 어느 정도 동질성이 존재한다고 인식하는 전략이다.
③ 각 세분시장의 수요크기, 구매능력, 수익성이 동일하지 않다고 출발한다.
④ 세분된 각각의 시장에 다양성을 갖춘 제품을 설계. 개발해 촉진적 전략을 전개한다.

> **정답 및 해설** ③
> ① 시장전체 소비자 욕구 충족이 아니라 특화된 세분시장의 욕구 충족
> ② 각 시장의 욕구는 도일하지 않다고 본다.
> ④ 세분된 시장에는 특화된 제품이 출시된다.

MEMO

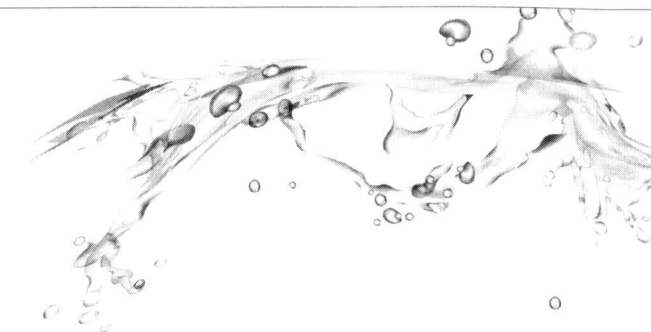

유통론 기출분석정리

Point! 기출분석

유통개요 (유통의 의의 및 특성, 유통기능과 활동)

▶ 수산물 유통의 정의
1) 수산물이 생산되어 유통구조를 거쳐 소비자에게 전달되는 모든 경제활동
2) 수산상품의 생산과 소비의 중간 연결적인 역할과 기능

  [생산영역] → [유통영역] → [소비영역]
  (생산자)   (유통업자)   (소비자)

▶ 유연 생산시스템의 정의
 수요·시장의 요구에 따라 언제든지 생산시스템을 변경시켜 대응할 수 있도록 유연성을 지닌 생산시스템으로 다품종 소량생산 시스템은 유연생산시스템 중의 하나이다.

▶ 유통업의 기능
1. 거래 기능 : 소비자와 판매자를 만나게 하여 구매와 판매기능을 수행한다.
2. 물적 유통 기능 : 제품을 구매하여 포장 및 보관하고 재고를 유지하며 물품의 장소적 이동을 통한 수송 기능을 수행한다.
3. 촉진 기능 : 유통업은 판매를 촉진하기 위해 정보를 수집하고 각 상품별로 분류하여 판매를 촉진시키는 기능을 수행한다.

▶ 수산물 유통의 의의
 수산물이 생산된 후 어떤 유통기구를 통하여 소비자에게 이전되면서 가격이 형성되는 지를 살펴보는 것으로 수산물생산과 소비의 중간자적 역할을 수행한다.

▶유통기구의 기능
1. 상적유통 기능[소유권이전 기능(마케팅)]
  교환기능, 구매기능, 상거래기능
2. 물적유통기 능
  수송기능, 보관기능, 가공기능, 하역물류기능, 포장물류기능, 정보물류기능
3. 유통조성 기능
  표준화(규격화)·등급화, 금융기능, 위험부담기능[물적위험, 시장위험(경제적 위험), 시장정보 기능

▶ 수산물 유통의 특성
1. 수산물의 종류와 기능의 다양성
2. 강한 부패성 및 변질성
3. 생산물의 규격화 및 균질화의 어려움
4. 유통구조가 복잡하고 유통경로의 다양성
 수확 후 품질관리가 어려운 품목일수록 유통마진이 크고, 생산어가의 수취율은 떨어진다.
5. 수산물 소량 분산성 형태
6. 출하시기와 출하량 조절곤란
7. 가격의 변동성이 크다.
8. 생산자의 시장 교섭력의 취약성
9. 부피와 중량이 가치에 비해(부피가 크고 무거운 편)유통비용이 크다.
10. 어업생산자의 다수 영세성와 분산성

▶ 표준화·등급화의 이점
1. 표준화·등급화는 수산물유통의 운영효율을 증진시킨다.
 견본매매나 통명거래를 가능하게 하고 시장정보의 교환을 신속·정확하게 한다. 표준화·등급화가 잘 되어 있으면 거래를 위해서 판매자나 구매자가 일일이 만날 필요가 없고, 거래하고자 하는 모든 상품을 확인할 필요도 없다. 소량의 견본을 근거로 해서 팔거나 사면되므로 따라서 거래비용을 감소시킬 수 있다.
2. 표준화·등급화는 합리적인 수·배송과 저장활동을 가능하게 하여 수·배송 비용과 저장비용을 절감시킬 수 있다.
3. 표준화·등급화는 상품을 유통시키는 과정에서 금융을 용이하게 하고, 위험부담을 감소시킬 수 있다.
4. 표준화·등급화는 품질에 따른 가격형성의 정확성 제고로 공정거래를 촉진한다.
5. 표준화·등급화는 상품성 및 상품에 대한 신뢰도를 제고시켜 준다.

▶ 수산물 생산과 소비의 거리
1. 장소의 거리 : 수산물은 생산되는 장소와 소비되는 장소의 거리 차가 존재한다(예 : 오징어는 국내에서 주로 울릉도 주변 해역에서 주로 생산되고, 원양에서는 포클랜드. 페루 등지에서 생산되지만 국내 소비는 전국적으로 이루어지고 있다).
2. 시간의 거리 : 수산물의 생산. 특히 어선어업 등은 고기를 잡을 수 있는 어기가 한정되어 생산되지만 소비는 연중으로 이루어지고 있다.
3. 인식의 거리 : 수산물 생산자들은 생산된 수산물에 대한 정확한 정보를 가지거나 충분한 평가를 할 수 있지만 일반 소비자들은 이에 대한 정확한 정보를 가지거나 충분한 평가가 어렵다.
4. 소유권의 거리 : 수산물 생산자들을 수산물을 판매하고자 하고 소비자들은 수산물을 구입하고자 하지만 이들 사이에는 매매의 거래가 성립되지 않으면 안 되는 거리가 존재한다.

5. 상품구색의 거리 : 수산물의 생산자 개인의 입장에서는 한정된 소수의 수산물을 생산하고 있는데 반해 소비자는 많은 종류의 수산물을 원하고 그 중에서 선택하기를 기대한다. 즉, 생산과 소비 사이에는 상품 종류의 거리가 존재하고 있다.
6. 품질의 거리 : 생산되는 수산물의 품질과 소비자가 요구하는 품질 사이에 존재하는 거리로서 소비자를 위하여 선별하거나 등급화·규격화 등이 요구된다.
7. 수량의 거리 : 수산물의 생산과 소비의 단위 수량상의 차이를 말한다 (예 : 대량 생산된 수산물은 소량단위를 나누어야 하고, 소량 생산된 수산물은 대형수요를 위해 취합해야 할 것이다).

▶ 수산물 유통 기능의 분류

생산과 소비 사이에 떨어져 있는 여러 가지의 거리를 연결시켜 주는 것들이 바로 유통 기능인데, 이러한 유통 기능에는 운송 기능, 보관 기능, 정보전달 기능, 거래 기능, 상품구색 기능, 선별 기능, 집적 기능, 분할 기능 등이 있다.

수산물 유통의 기본적인 기능은 집하(집적)와 분산(분할)이다.

1. 운송 기능 : 수산물 생산지나 양륙 산지 등과 소비지 사이의 장소거리를 연결시켜 주는 기능이다.
2. 보관 기능 : 수산물 생산조업 시기와 비조업 시기 등과 같은 시간의 거리를 연결시켜 주어 소비자가 언제든지 수산물을 구입할 수 있도록 하는 기능이다.
3. 정보전달 기능 : 판매되는 수산물의 원산지나 냉동어·선어의 선도 등 수산상품에 대한 인식의 거리를 연결시켜 주는 기능이다.
4. 거래 기능 : 생산된 수산물을 판매하고자 하는 생산자와 이를 구입하고자 하는 소비자 사이에 존재하는 소유권 거리를 중간에서 적정가격을 통해 연결시켜 주는 기능이다.
5. 상품구색 기능 : 시장수요의 다양성에 대응하기 위해 전국적으로 산재하여 있는 다종·다양한 품질의 수산물을 수집하여 수산상품의 구색을 갖추는 기능으로, 상품구색의 거리를 연결시켜 주는 기능이다.
6. 선별 기능 : 다양한 질의 수산물을 구분하여 상·중·하와 같이 등질 생산물을 소 집합으로 선별하거나 수산물을 이용 배분과정에 있어 선어·냉동·가공 등과 같이 시장의 다양성에 대처하기 위해 수산물을 등급별로 선별하는 기능으로 이것은 품질의 거리를 연결 시켜주는 기능이다.
7. 집적 기능 : 연안 수산물과 같이 전국적으로 산재하여 있는 등질 수산물의 소 집합을 커다란 집합으로 모으는 기능으로 수량의 거리를 연결시켜 주며 대도시 소비지 도매시장 등지에서 욕구되는 중요한 기능이다.
8. 분할 기능 : 원양 어업과 같이 대규모 어업생산에 의해 생산된 대량의 수산물을 각 시장의 소규모 수요에 맞추어 소량으로 분할하는 기능을 수량의 거리를 연결시켜주며 직접기능과 더불어 수산물 유통에서 중요한 기능이다.

Point 기출문제

▶ 유통의 효용과 기능
4대 효용 : 시간 효용, 장소 효용, 소유 효용, 형태 효용
1. 시간 효용 : 저장 기능
2. 장소 효용 : 운송(수송) 기능
3. 소유 효용 : 거래 기능
4. 형태 효용 : 가공 기능

▶ 산지시장의 기능
1. 거래형성 기능
2. 판매 기능
3. 양륙과 진열기능
4. 대금결제 기능
5. 그 밖의 기능

▶ 소비지 도매시장의 기능
1. 가격형성 기능
2. 수집 집하 기능
3. 유통분산 기능
4. 대금결제 기능

▶ 수산물 유통활동
1. 의의 : 수산물 유통활동이란 수산물의 생산과 소비의 거리를 연결시켜주기 위하여 수행하는 여러 가지 활동을 의미한다.
    수산물 유통활동은 크게 수산물의 소유권이전에 관한 활동인 상적 유통활동과 수산물 자체의 이전에 관한 활동인 물적 유통활동으로 구분한다.
2. 구분
 가. 상적 유통활동
    거래 기능에 관한 활동 및 거래 기초시설 제공활동으로 생산물의 소유권이전 활동이다.
    상적 유통활동에는 상거래 활동을 중심으로 이를 지원하여 주는 활동까지를 포함하고 있다.
 나. 물적 유통활동
    물적 유통활동은 운송(수송)·포장·하역·보관·가공·정보전달 기능 등을 수행하는 활동으로 생산물 자체의 이전에 관한 활동이다.
    물적 유통활동 : 운송활동, 보관활동, 정보활동, 기타 부대적 물적 유통활동 등으로 세분화할 수 있다.
    1) 운송활동 : 생산지와 소비지 등과 같은 장소의 거리를 연결시켜주는 활동

2) 보관활동 : 수산물 생산 집중시기와 연중 소비시기 등과 같은 시간의 거리를 연결시켜주는 활동
3) 정보활동 : 수산물의 생산 동향이나 산지와 소비지시장에서 가격동향, 소비지 판매동향 등과 같은 생산과 소비의 정보거리를 연결시켜 주는 활동
4) 기타 부대 물적 유통조성활동 : 수산물 운반과 관련되는 상·하차 등과 같은 하역활동, 수산물의 보관 및 판매를 위해 포장하는 포장활동, 수산물 운반과 보관의 효율성을 높이기 위한 여러가지 규격화 활동, 물적 유통의 촉진을 도모하기 위한 수산상품의 표준화활동, 유통가공활동 등이 있다.

▶ 수산물 유통구조의 특성
1. 다단계성 : 생산자와 소비자 사이의 가교적 역할을 수행하는 유통은 다단계로 이루어져 있다.
2. 영세 과다성 : 일반적으로 수산물유통에 종사하는 업체는 규모가 작고 영세하면서 그 수 역시 많아 과다성을 지니고 있다.
3. 거래관행 : 수산물 유통은 거래관행을 포함한 거래유통 시스템에 특징이 있다.
   예를 들면, 〈명태의 경우〉
 가. 연근해 : 산지 위판장에서 경매
 나. 원양산 : 도매업자들이 참여한 가운데 입찰
 다. 수입산 : 도매상과 직접 상대하여 거래
   1) 위탁판매제
   2) 경매·입찰제
   3) 전도금제 : 생산자에게 출어자금을 선 지급하는 것인데, 주로 고가의 수산물이나 안정적인 수산물 확보를 위해 활용하고 있다.
   4) 외상거래제

▶ 수산물 가공처리의 목적
1. 저장성을 높인다.
2. 위생적인 안전성을 높인다.
3. 운반 및 소비의 편리성을 높인다.
4. 효율적 이용성을 높인다.
5. 부가가치를 높일 수 있다.

▶ 수산물 유통의 사회경제적 역할
1. 사회적 불일치 해소 : 생산자와 소비자 사이에 발생하는 사회적인 간격을 해소 시켜주며, 즉 소비자의 필요에 생산자를 연결해 주는 것이다.
2. 장소적 불일치 해소 : 상품의 생산지와 소비지가 다른 것은 장소적 불일치이며, 해소 방법으로

　는 수송과 배송이다.
　가. 수송 : 단일 상품을 운반하는 것
　나. 배송 : 상품 조합을 포함하여 상품을 유통경로의 끝까지 운송하는 것
3. 시간적 불일치 해소 : 생산 시점과 소비 시점 간의 불일치로 인한 품질손상 등의 문제가 있는데, 유통은 보관기능을 통해 시간적 차이를 해소 해준다(예 : 냉동식용품).

❷ 유통기구·유통경로

▶ 수산물 유통기구 정의
　수산물을 생산자로부터 소비자에게 유통시키기 위한 조직체로서 수산물이 생산자로부터 소비자에게 유통되기 위해서는 유통기능이 필요한데, 이러한 유통기능을 현실적으로 담당·수행하고 있는 개별업체 및 업자들의 모두라고 할 수 있다.

▶ 상적 유통기구와 기능
1. 수산물의 직접적 유통과 유통기구
　가. 수산물 유통에 있어 수산물과 화폐의 교환이 직접적으로 생산자와 소비자 사이에서 이루어지는 것을 수산물의 직접적 유통이라 한다.
　나. 수산물의 직접적 유통은 매매당사자 간의 거래관계에 있어 중간상과 같은 상업기관의 개입 없이 이루어진다.
　다. 수산물의 직접적 유통의 당사자는 생산자와 소비자이며, 직접적 유통은 생산자와 소비자에 의해 수행되고 있으므로 생산자와 소비자가 유통기구로서의 역할을 하게 된다. 즉, 수산물 생산자는 수산물의 생산활동과 수산물의 유통판매활동의 주체가 되고, 소비자는 수산상품의 구매활동과 구매 수산상품의 소비활동의 주체가 된다.
　라. 유통단계의 단축과 유통비용의 절감을 목적으로 생산자와 소비자 간에 직거래가 점점 늘어나고 있으며, 이러한 직거래는 현물시장뿐만 아니라 전자상거래 등을 통한 사이버 공간까지 확대되고 있다.
2. 수산물의 간접적 유통과 유통기구
　가. 수산물유통에 있어 수산물의 생산자와 소비자사이에 중간상과 같은 유통 전문기구가 개입하고 있는 것을 수산물의 간접적 유통이라고 한다.
　나. 오늘날 대부분의 수산물유통은 수산물 생산자와 소비자 사이에 다단계의 각종 유통전문기구가 개입하고 있는 간접적 유통이 일반화되어 있다.
　다. 사회발전에 병행하여 수산물유통의 장소적 범위가 점차적으로 확대되어 감에 따라 수산물의

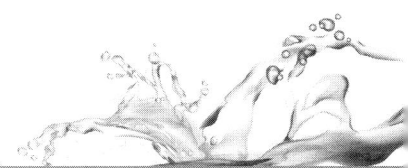

직접적 유통이 가지는 한계가 드러남으로써 생산자와 소비자사이에 여러 종류의 다양한 유통기구가 개입하는 간접적 유통방식이 보편화되고 있다.

3. 수산물의 간접적 유통기구의 종류

 가. 수집기구

  1) 전국에서 생산되는 소량 수산물의 산지위판장이나 산지수집도매상(산지원료판매업자)에 의해 수집되어 수산물 가공업체나 수산물 수출업체에 유통되는 경우에 이를 유통기구는 수집기구로서 역할과 기능을 수행하는 것이다.

 나. 분산기구

  1) 수산물의 생산과 소비에 있어 생산이 단위적으로 대량인데 비해서 소비는 단위적으로 소량인 경우도 많다.

  2) 분산기구로서의 유통기구는 우리주변의 일반 소비재 제품이 최종 소비자에게 전달되는 경우에서 잘 나타난다.

 다. 수집·분산 연결기구

  1) 대량생산에 대한 대량소비

   가) 대부분의 원료품은 생산자로부터 실수요자에게 직접적으로 유통되어 그 사이에 복잡한 유통기구는 형성되고 있지 않다.

  2) 소량생산에 대한 소량소비

   가) 소량생산에 대한 소량소비의 경우 생산자와 소비자가 직접적으로 연결되는 것은 어려움이 많다.

   나) 소량·분산적 소비에 연결되기 위해서는 이를 수집하고 분산시킬 수 있는 유통기구가 필요한 것이다.

   예) 노량진 수산물도매시장은 소비지 도매시장으로 전국으로부터 수집된 수산물을 경매한 후 도매상과 소매상을 통해 소비자들에게 분산시키는 역할을 하고 있다.

▶ 수산물의 유통경로가 다양한 이유

1. 어업생산이 계절적으로 행해지고 있으므로 계절마다 어획되는 어장이 다르고 또한 어획량에도 차이가 있다.
2. 어군이 형성되는 어장도 조업 해역별로 분산되어 있으므로 어획한 수산물을 실은 어선이 입항하는 곳도 지역별로 다양하다.
3. 연안어업, 근해어업, 원양어업, 양식업 등과 같이 다양한 형태와 규모의 생산자가 전국적으로 분포되어 있다.
4. 유통 면에서 볼 때 생산물이 선어, 냉동, 가공원료 등과 같이 여러 가지 형태로 이용·배분되고 있다.

 가. 수산물 생산자의 마케팅 활동으로서 중요한 것으로는 수산물의 상품개발, 가격결정, 유통기구와 유통경로 결정, 판매촉진 활동 등이 있다.

  ※ 유통경로는 생산시점과 소비시점이 서로 다르고, 생산 장소와 소비 장소 또한 일치하지 않

으며 생산되는 형태와 소비되는 형태에 차이가 있기 때문에 생긴다.

▶ 유통경로의 기능
1. 유통경로는 거래의 수를 감소시키고 거래를 촉진시킨다.
2. 유통경로는 거래를 표준화하는 역할을 한다.
3. 유통경로는 생산자에게는 규모의 경제를 실현할 기회를 제공하고 구매자에게는 다양한 상품을 선택할 수 있는 기회를 준다.
4. 유통경로는 생산자에게 구매자와 경쟁자 그리고 그 밖에 시장 환경요인들에 대한 정보를 제공하고 소비자에게는 상품에 대한 정보를 제공한다.
5. 유통경로는 대고객 서비스를 제공한다.
6. 유통경로는 외상이나 할부판매를 통한 간접 금융기능을 제공함으로써 생산자의 위험을 분담한다.

▶ 수산물 유통경로
 수산물이 생산자로부터 소비자에게 유통되는 과정에서 유통기능을 수행하는 다양한 유통기구를 경유하는 과정을 말한다.

▶ 수산물 유통경로의 형태
1. 계통출하 형태 : 생산자가 수협에 위탁 판매하고, 수협의 책임 하에 공동 판매하는 형태로 판매대금을 신속히 지불 받을 수 있으나, 판매의 위험성은 적지만 가격결정에 개입할 수 없다.
2. 비계통출하 형태 : 생산자가 수협 이외의 유통기구에 판매하는 것으로 생산자가 가격결정에 개입이 가능하다.

▶ 수산물 유통경로의 종류
1. 수협 위탁 유통
  생산자→ 산지도매시장(산지 수협위판장)→ 산지중도매인→ 소비지 수협공판장→ 소비지 중도매인→ 소매상→ 소비자
  가. 생산자는 판매에 대한 위험성이 적고 판매대금을 신속하게 지불 받을 수 있지만, 생산자가 가격결정에 직접 참여하지 못한다는 단점이 있다.
2. 산지유통인에 의한 유통
  생산자→ [산지 도매시장(산지 수협위판장)→ 산지중도매인]→ 수집상 (산지유통인)→ [소비지 중앙도매시장→ 소비자 중도매인]→ 도매상→ 소매상→ 소비자
3. 객주경유 유통
  생산자→ 객주→ 유사 도매시장→ 도매상→ 소매상→ 소비자

가. 생산자는 객주로부터 어업생산 자금을 미리 빌려 받은 조건으로 생산물의 판매권을 객주에게 양도한다.
　나. 단점 : 객주에 의한 횡포 우려
　다. 장점 : 고가격 수산물을 미리 확보 가능
4. 직판장 개설 유통
　생산자→ 직판장→ 소비자
　가. 판매 경로의 단축으로 인한 선도유지가 용이하고 중간비용의 절감으로 소비자에게 보다 저렴한 가격으로 판매할 수 있는 장점을 가진다. 개설초기 고비용의 부담금, 저렴한 가격으로 판매 기능
5. 전자 상거래에 의한 유통
　생산자→ 전자상거래→ 소비자
　가. 생산자와 소비자가 직접 거래하는 것
　나. 최근에는 수산물생산자가 인터넷과 같은 가상공간에 자신이 생산한 수산물을 올려놓고 주문판매하거나 그 밖의 통신수단들을 통해 직접 소비자에게 수산물을 판매하는 형태이다.

▶ 활어 및 선어의 유통경로
1. 우리나라 수산물의 유통경로
　가. 일반적인 유통과정
　(연근해 수산물은 수협 위판장에서 경매를 거쳐 소비지의 도매시장을 통한 경로)
2. 유용한 통계정보를 얻기 위한 바람직한 수산물의 유통 경로
　생산자 – 산지위판장 – 소비자

※ 수산물 유통정보의 종류에는 크게 통계정보, 관측정보, 시장정보가 있다.
1. 통계정보 : 사회, 경제적 집단의 사실을 주어진 목적에 따라 조사한 자료
2. 관측정보 : 어민의 생산·판매 등의 계획수립과 정책입안 및 수산물 구매 등을 위해 과거와 현재의 어업관련정보를 수집하여 정리하고 이를 과학적으로 분석·예측한 정보
3. 시장정보 : 현재의 가격수준 및 가격형성에 영향을 미치는 여러 요인에 관한 정보

※ 수산물 유통정보의 분류
1. 산지유통정보 : 어업생산통계(전수조사 + 표본조사)– 통계청
2. 소비지유통정보 : 가격정보- 농수산물식품유통공사, 각 공영·법정 도매시장

▶ 연근해산 수산물
　계통출하(수협 내륙지 공판장을 통한 경로), 원양어획물의 유통경로(소매상이나 중개상에 의하여 자유롭게 유통)

생산자⇒ 산지위판장⇒ 수산물 소비지도매시장⇒ 도매상⇒ 소매상⇒ 소비자

▶ 소비지 유통
 소비지 도매시장이 담당하고, 소비지 도매시장과 최종 소비자를 연결하는 도매상, 소매상, 백화점, 대형 할인점, 슈퍼체인 등 다양한 형태의 중간 유통기관이 있다.

▶ 고급 활어류 유통경로
 고급 활어류는 산지수집상이 해상에 축양 시설을 갖추고 생산자로부터 직접 수집하여 산지위판장, 소비지 도매시장 또는 소비지 소매상에 판매한다. 계통출하(약 35%), 비계통출하(약 65%)
1. 산지 유통 : 생산자가 활어를 생산하여 산지의 상인이나 지역의 식당과 같은 소매점에 판매
2. 소비지 유통 : 산지에서 소비지로 출하되어 최종소비자에게 전달하는 과정(소비지 도매시장을 거쳐 고급식당, 횟집 등으로 판매)

※ 활어의 경우에는 양식 생산량이 많다.
1. 양식산 넙치 : 유사도매시장을 경유하여 소비지로 유통되거나 양식장, 수집상과의 거래 계약 등으로 수집상을 거친다.
 (양식산 넙치는 남해안과 제주도 지역에서 주로 양식된다. 제주도 약 55%, 전남 약 35%, 나머지는 경북과 경남에서 약 10%를 생산하고 있다)
2. 꽃게 : 모두 자연산으로 대부분 서해안 어선어업에 의해 어획된다.
 (활 꽃게의 경우, 계통출하 약 60%와 비계통출하 약 40%)
3. 굴 : 양식산의 경우 약 93~95%가 계통출하이고, 비계통출하는 가공공장으로 가는 굴일 때 해당된다. 자연산의 경우 산지 수집상을 거쳐 소비지 도매시장, 대형도매상, 재래시장 등의 경로를 거치므로 5~7%를 제외한 대부분이 비계통출하 된다.
 (생굴 : 계통출하, 가공원료의 굴 - 비계통출하)

▶ 선어류의 유통경로
 선어류는 어종이 다양하고 선도저하가 빠르며, 규격화와 등급화가 제대로 되어있지 않아 유통 비용이 늘어난다.
 선어는 어획과 함께 냉장처리를 하거나 저온에 보관하여 냉동하지 않은 신선한 수산물을 의미하며 살아 있는 생물이 아니라는 점에서 활어와 구별된다.
 [생산자 산지위판장(중도매인)⇒ 소매시장⇒ 소비자]의 경로를 통해 유통 : 신선 냉장 고등어(계통출하 비중 90%), 갈치(계통출하 비중 90%)

▶ 선어의 유통경로에는 산지유통단계와 소비지 유통단계가 있지만 최근 대형소매점의 확산에 따라 거래물량이 증가되면서 대형소매점 자체적으로 도매기능을 전담하는 경로를 거치는데 자체조달인 머천다이징 경로(산지⇒ 대형판매점)와 벤더 경로로 구분된다.

> 1. 머천다이징(Merchandizing) 경로
>   대형소매점이 직접적으로 산지와 연계하여 프라이빗 브랜드(PB)를 구성하는 경로이다.
> 2. 프라이빗 브랜드(PB, Private Brand)
>   유통업체에서 기획, 개발, 생산 및 판매과정의 전부 또는 일부를 자주적으로 수행하여 만든 유통업자 브랜드를 칭한다. 브랜드의 소유권, 마케팅관리 및 재고관리 등에 대한 제반 권한 및 책임을 모두 유통업체가 가진다.
> 3. 벤더(Vendor) 경로
>   벤더(다품종 소량도매업자)를 통해서 다양한 수산물의 구색을 갖추거나 필요한 약간의 가공을 벤더를 통해 수행한 후 수산물을 조달하는 경로를 칭한다.

▶ 냉동수산물 유통경로

비계통, 냉동 필수, 냉동수산물은 양륙되거나 수입된 이후에 바로 소비되지 않고, 일단 냉장·냉동창고에서 보관(-18℃ 이하), 냉동탑차도 필수 유통수단이다.

1. 원양 냉동수산물 : 100% 냉동수산물, 원양어업회사가 일반 도매상들에게 입찰 통해 판매된다.
2. 수입 냉동수산물 : 수입단계에서 냉동 컨테이너 필요. 국내 반입 이후, 냉장·냉동창고와 냉동탑차로 유통된다.
   가. 원양산 냉동명태 : 원양업자가 반입 후 입찰·분산을 통해 소비지로 유통
   나. 원양산 냉동오징어 : 연근해산은 산지위판장에서 경매 후 80%가 유통 및 가공업체를 통해 판매, 20%는 소비지 도매시장을 통해 유통

▶ 수산가공품 유통경로

1. 국내연근해 수산물
2. 원양수산물
3. 수입수산물의 경우 일반적으로 원료조달 과정에 수산물 유통의 특수성이 반영되는 대신 가공 이후의 유통단계는 저장성이 높을수록 일반 식품의 유통경로와 유사하다.

▶ 해조류 유통경로

최근 수산물 산지거점 유통센터를 통한 해조류 특화 스마트 FPC 선정 (생산, 가공유통 체계화하여 경쟁률 높임)

▶ 매매차익 상인과 수수료 상인

수산물 유통과정에 있어 취급 수산물의 소유권 보유여부에 따라 매매차익 상인과 수수료 상인으로 구분할 수 있다.

1. 매매차익 상인 : 취급수산물의 소유권을 획득하여 이것을 제3자에게 이전 시키는 활동을 하는 상인이다.

가. 소매상 : 상품판매의 상대가 소비자인 매매차익 상인이다.
나. 도매상 : 상품판매의 상대가 상업기관인 매매차익 상인이다.
 1) 도매상의 역할 : 수집시장과 분산시장을 연결
2. 수수료 상인 : 수산물을 판매하고자 하는 사람으로부터 위탁을 받아 매매활동을 대신하고 이에 따른 대가로서 수수료를 받는 상인이다.
가. 수수료 도매업자 : 자신의 명의로 판매한 후 정해진 수수료를 받는 상인, 판매하는 수산물의 소유권을 보유하지 않는다.
나. 대리상 : 수산물의 명의를 자신이 아닌 판매를 위탁한 위탁자의 명의로 판매한 후 정해진 수수료를 받는 상인이다.
다. 중개인 : 수수료 도매업자나 대리상과 같이 자신이 직접적으로 수산물을 취급하면서 매매활동에 개입하여 자신이 직접적으로 수산물을 취급하면서 매매활동에 개입하여 대금결재나 재고부담 기능 등과 같은 유통기능은 수행하지 않고 매매당사자를 연결시킨 다음에는 거래에서 빠져나가는 성격을 지니고 있다.

※ 소규모 생산자가 출자·경영하는 상업기관 : 수협, 농협 등이 있다.
협동조합인 조합원이 공동출자하여 수협직판장이나 위판장, 공판장 등과 같은 상업기관을 경영한다. 소비자에 의해 출자되어 경경되는 소비생활 협동조합이 대표적이다.

▶ 수산물 상적 유통기구의 기능
1. 구매기능 : 수산물을 구매하는 활동
2. 판매기능 : 예상되는 구매자가 재화와 용역을 구매하도록 하거나 구매 충동을 만족시킬 수 있도록 하는 모든 활동을 말한다.
3. 조성 기능 : 교환 기능과 물적유통 기능의 수행을 원활하게 해주는 활동이다.

▶ 유통기구의 기능
1. 소유권 이전 기능(마케팅) - 교환 기능, 상거래 기능, 구매 기능
2. 물적 유통 기능 - 수송(운송) 기능, 보관(저장) 기능, 가공 기능, 하역물류, 포장물류, 정보물류
3. 유통조성 기능
 가. 표준화(규격화), 등급화   나. 금융 기능
 다. 위험부담 기능
  1) 물적 위험 : 수산물의 물적 유통 기능 수행과정에서 파손, 부패, 감모, 화재, 풍수해, 지진 등 수산물이 직접적으로 받은 물리적 손해
  2) 시장위험(경제적 위험) : 수산물의 가치변화로 발생하는 손실로 시장가격의 하락으로 인한 재고수산물의 가치하락, 수요 감소, 외상대금 미회수, 속임수 등
 라. 시장정보 기능

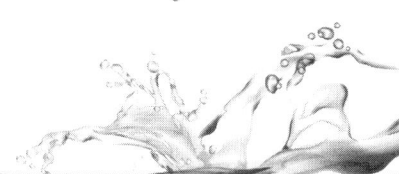

③ 주요 수산물의 유통경로

▶ 우리나라의 수산물거래시스템
국내산 수산물의 유통을 크게 구분하여 산지유통과 소비지유통으로 나누어진다.
1. 산지유통 : 산지시장(수협 산지위판장)을 중심으로 이루어지며 대부분 계통출하의 형태로 이루어 진다.
    가. 산지위판장은 우리나라 연근해 어획 수산물의 약 70% 정도가 거래되고 있는 중요한 생산시설이자 유통시설 인데, 생산된 어획물은 산지수협의 위판장에 위탁하여 1차 가격이 형성되어진다. 수산물의 가격결정은 산지도매시장(위판장)혹은 소비지 도매시장에서 경매나 입찰을 통해 결정되는 것을 기본으로 한다.
    나. 경매 혹은 입찰로 가격이 결정되는 물량은 연근해 생산량의 약 70%가 산지시장에서, 그리고 약 30%가 소비지 도매시장에서 이루어진다.
2. 수산물이 산지위판장을 경유하는 이유
    위판장이 어장이 인접한 연안에 위치하고 있어 성어기에 어장과 어항을 신속하게 이동함으로써 왕복횟수와 어획량을 증대시키는 동시에 유류비용 등 가변비용을 최소화할 수 있을 뿐만 아니라, 정산과정에 있어서도 빠른 대금결제와 산지수협의 정확하고 신뢰성 있는 결재시스템을 갖추었기 때문이다.
3. 수산물소비지 도매시장
    전국에서 대량으로 집하된 수산물에 대하여 가격의 적정 여부를 결정하는 기능을 수행한다. 즉, 시장에서 신속하고 공정한 경매를 실시하여 기준가격을 제시함으로써 도매시장 간 가격 차와 공급량을 조절하며, 경매가격을 즉시 공개하여 도·소매 단계의 지나친 이윤의 억제 및 소비자를 보호하는 기능을 수행한다.
4. 공영도매시장은 수탁의 주체와 분산의 주체를 분리시켜 상장 경매 제도를 기본 거래시스템으로 운영하고 있다.
    수탁주체와 분산주체를 별도로 분리하여 각자 역할과 기능을 수행하도록 하고 있다.
    도매시장법인과 시장도매인을 동시에 둘 수 있다.
    시장에 들어오는 수산물은 원칙적으로 수탁을 거부할 수 없으며, 법적으로 출하 대금을 정산해야 할 의무가 있다.
5. 유사시장의 경우 위탁도매상이 수탁→ 가격결정→ 분산 등 모든 유통과정에 관여함으로써 가격결정의 주도권을 행사하게 되어 생산자가 불리한 구조를 지니게 되어 있다.
6. 도매시장의 거래제도인 상장경매제도
    가. 거래의 투명성과 공정성 제고
    나. 안정적인 대금정산을 보장
    다. 소비지의 거래동향과 수급 등에 대한 정보를 생산자에게 제공 함으로써 출하량을 조절
    라. 유사도매시장과 같은 불공정거래를 방지
    마. 제품의 상품성 향상에 기여

바. 유통마진의 절감효과

▶ 우리나라 주요 수산물의 유형별 유통경로
1. 활어의 유통경로
 가. 자연산 활어가 양식산 활어에 비해 가격이 높은 이유
  1) 자연산 활어는 양식산 활어에 비해 상대적으로 드물다. (희소성)
  2) 육질 또한 양식산 활어에 비해 좋다(질감)는 소비자들의 높은 선호도 때문이다.
 나. 해조류를 제외한 우리나라의 활어 생산량 중에는 자연산 활어와 양식산 활어의 비중은 양식산 비중이 우위를 점하고 있다.
 다. 활어의 산지유통은 비계통출하가 계통 출하보다는 다소 우위를 점유하고 있다.
 라. 활어의 소비지 유통에서 가장 규모 있는 유통기구는 소비지 도매시장인데 공영도매시장(가락동 농수산물시장과 법정도매시장인 노량진 수산시장 등)보다는 유사도매시장이라고 하는 민간 도매시장(인천 활어도매시장과 미사리 활어도매시장 등)의 활어 취급비중이 높다,
  1) 공영도매시장〈 유사도매시장(민간도매시장)
   가) 양식산 활넙치
    (1) 대부분이 양식산이다.
    (2) 우리나라의 남해안과 제주도 지역에서 주로 양식
    (3) 산지에서 계통출하비중과 비계통출하 비중은 절반씩 차지
    (4) 대부분 유사도매시장을 경유
    (5) 최대 수출상대국은 일본이다(2012년 기준).
   나) 자연산 활 꽃게
    (1) 꽃게(민꽃게 제외)는 우리나라에서 상업적인 양식을 하지 않으므로 전량 자연산이다.
    (2) 시장판매에서는 수조를 거의 이용하지 않는다.
    (3) 수협의 산지위판장을 경유하는 계통출하 비중이 평균적으로 약 60% 내외이며, 나머지 약 40%는 산지수집상 등으로 비계통 출하를 한다.
    (4) 활꽃게의 생산량은 대략 70~80% 정도이다.
    (5) 어획한 후에도 해수 없이도 일정 기간을 살 수 있기 때문에 일반적인 활어유통에서 필요한 온도조절기, 산소공급기 등과 같은 특수설비가 다른 수산물에 비해 비교적 덜 요구된다.
    (6) 주요어법은 근해자망, 연안자망, 연안개량안강망, 연안통발 등이다
   다) 굴
    (1) 자연산의 생산비중은 약 10%(2011년 8.2%)이며, 양식산은 약 90%(2011년 91.8%)이다.
    (2) 자연산 굴의 전체 생산량 중에서 약 5~7% 정도만 수협의 산지위판장을 통해 계통 출하되고 있고 나머지는 산지의 수집상에 의해 출하되고 있다.
    (3) 양식산 굴은 수협의 산지위판장을 통해 계통출하 되는 비중이 2011년에 58.6% 정도에 달했다.
    (4) 양식산 굴은 생굴로 유통될 때에는 주로 산지의 수협위판장을 통하지만, 가공용 등의 원료로 판매될 때는 수협의 산지위판장을 경유하는 비중이 낮아진다.

(5) 가공용 양식 굴은 비계통으로 출하되는 경우가 많다.

특히, 양식산 굴은 주로 박신작업을 거친 생굴을 상장하여 판매하는 경우가 많으며, 석화상태로는 거의 취급하지 않는다.

2. 선어의 유통경로

가. 선어의 의의

1) 선어(혹은 신선 냉장어)는 어획과 동시에 신선 냉장처리 혹은 저온보관을 통해 냉동하지 않은 원어상태의 수산물을 말하며 살아 있지 않다는 점에서 활어와 구분된다.
   - 가) 선어는 신선한 어류를 의미하는 것으로 신선 냉장수산물, 냉장수산물, 생선, 생물 등과 같은 다양한 호칭을 가지고 있다.
   - 나) 선어의 장점 : 냉동수산물에 비해 선도가 높다.

나. 선어의 선도유지 방법

1) 상품으로서 선어의 부가가치를 높이기 위해서는 부패하기 쉬운 수산물의 선도를 유지 하는 것이 절대적이다.
2) 수산물의 선도를 선어 상태에서 최상으로 유지하기 위해서는 저온유지를 통한 신속한 유통이 필수이다.
3) 선도유지방법에는 크게 빙장과 빙수장이 있다. 빙장은 상자에 얼음과 같이 포장하여 유통시키는 것이고, 빙수장은 빙장과 같은 방법에 물을 함께 넣는다는 점에 차이가 있다.

   우리나라에서는 대부분 빙장을 이용하고 있다.
4) 선어는 주로 우리나라의 연근해에서 어획된 것이 대부분이다.
5) 일반해면 어업으로 우리나라 선어 생산량의 99% 이상을 점유
6) 대부분이 산지수협을 통해서 유통되고 있다(계통출하).

다. 선어유통의 주요품목

우리나라의 대표적인 선어유통 품목에는 고등어와 갈치가 있다.

1) 고등어
   - 가) 국가가 정책적으로 총 생산량을 규제하는 총허용어획 (TAC)에 해당되는 어종이다.
     (1) 대형선망어업이 전체 고등어의 생산량의 약 90% 정도 어획
     (2) 고등어는 어획 후에는 대부분 선어형태로 양륙
     (3) 선어 고등어의 일반적인 유통경로는 수협의 산지위판장에서 대부분 양륙되는 계통 출하를 따른다.
     (4) 위판장에 양륙된 고등어는 선상경매와 입상경매의 2가지 방법으로 경매가 이루어진다.
     (5) 크기에 따라 중고, 소고, 소갈 등으로 구분하며 대개 중고, 소고, 소갈은 식용으로 이용하며, 갈고등어는 사료용이나 이료용으로 이용하고 주어기인 겨울철에 물량이 많게 되면 소갈도 사료용이나 이료용으로 이용되기도 한다.
     (6) 소비지 도매시장에서의 고등어 매매방법·경매·입찰·정가매매 또는 수의매매의 방법으로 매매하여야 하며 다만, 출하자가 매매방법을 지정하여 요청하는 경우 등 특별한 사유가 있는 경우에는 그에 따라 매매할 수 있다. 경매 또는 입찰의 방법은 전자식을 원칙으로 하되 필요한 경우 거수수지식, 기록식, 서면입찰식 등의 방법으로 할 수 있다.

2) 갈치

가) 일반해면어업에서 생산되는 갈치는 거의 대부분이 수협의 산지위판장을 경유하는 계통 출하이다.
나) 갈치는 주로 쌍끌이저인망어업, 대형선망어업, 근해연승어업, 근해안강망어업, 연안복합어업 등 다양한 어법에 의해 생산되고 있다.
다) 어획량 중에서 약 80% 이상이 선어로 이용되고, 약 20%가 냉동으로 이용되며 활어로 이용되는 경우는 매우 적다.

3. 냉동수산물의 유통경로
  가. 냉동수산물의 장점 : 연중소비, 낮은 가격
     (생산부터 소비까지 전 유통과정에서 Cold chain system 이용)
  나. 냉동수산물의 의의
   1) 어획한 수산물을 동결하여 유통하는 상품형태를 의미
   2) 장기보관을 가능토록 하면서 우리나라 수산물 소비증가와 손실 절감은 물론이거니와 국제적인 수산물 교역을 확대하는 계기가 되었다.
   3) 냉동수산물은 부패하기 쉬운 수산물의 보장성을 높여서 운반·보관(저장)·소비를 편리하게 한다. 이를 통해 냉동수산물은 유통과정 중에서 수산물이 부패하여 가치가 떨어지거나 버려지는 등의 비경제적·비효율적 현상을 덜 수 있는 이점이 있다.
   4) 소비자가 수산물을 연중소비 할 수 있도록 한다.
   5) 계절성에 의한 일시 다량어획으로 수산물가격이 폭락하여 생산자의 수입이 줄어드는 현상을 일부 완충해 준다.
   6) 냉동수산물은 선어에 비해 선도가 낮고, 한번 동결한 수산물은 육질에 포함된 수분이 얼면서 팽창하기 때문에 같은 수산물일 경우에 질감이 떨어지므로 같은 조건이라면 가격이 선어에 비해 상대적으로 낮은 경향이 있다.
   7) 냉동수산물이 수협의 산지위판장을 경유하는 비중이 낮다는 특징을 가지고 있다.
   8) 냉동수산물을 유통하기 위해서는 냉동·냉장창고와 냉동탑차는 필수적인 유통수단이다.
  다. 냉동수산물 유통의 주요 품목
   1) 원양산 냉동명태
    가) 대표적인 수입 상대국이 러시아와 일본이다.
    나) 우리나라의 명태수입량의 80% 이상이 냉동으로 수입
    다) 냉동명태의 수입 목적
       단순히 원어형태의 소비가 아니라 우리의 식문화에 다양성을 만족시키기 위한 것이며, 이러한 이유로 유통과정 역시 다양하게 형성된다.
    라) 원양어업자가 반입을 하면, 선상에서 1차 도매업자에 의한 입찰이 이루어지고 이를 2차 도매업자로 분산 (수의매매)하여 소비지도매시장이나 소매점 등으로 유통된다.
   2) 원양산 냉동오징어(냉동 명태와 유사 유통)
    가) 원양산은 국산보다 육질이 두껍고 크기 때문에 조미가공품의 원료로 주로 이용된다.
    나) 수급구조는 상반기에는 원양산 냉동오징어의 반입량이 많고 하반기에는 연근해에서 어획한 오징어가 많다. 원양산 냉동오징어는 주로 원양 채낚시에 의해 어획되며, 연근해는 오징어 채낚기, 트롤 등에 의해 어획된다.

- 유통경로는 원양산 냉동 명태와 큰 차이가 없다.
  (1) 원양어업은 해외어장에서 조업을 하기 때문에 전량 냉동수산물로 국내에 반입되며, 천해양식어업은 해조류를 제외하고 대부분 살아 있는 수산물, 즉 활어상태로 생산된다. 원양어업이나 천해양식어업에서 선어 생산량은 거의 없다고 봐도 무방하다.

라. 냉동수산물(오징어) 유통경로의 특성
1) 냉동수산물을 유통하기 위해서는 냉동·냉장창고와 냉동탑차는 필수적인 유통수단이다.
2) 냉동수산물이 수협의 산지위판장을 경유하는 비중이 낮다는 특징을 가지고 있다.
3) 활어에 비해 선도 및 가격이 낮다.
4) 냉동오징어는 수산가공품의 원료로 주로 이용되며 특히, 원양산은 국산보다 육질이 두껍고 크기 때문에 조미가공품의 원료로 주로 이용된다.
5) 원양산 냉동오징어의 주요 유통경로는 원양산 냉동수산물의 유통경로와 큰 차이가 없지만 수산 가공업자에 의한 구매량이 많다는 특징이 있다.

4. 수산가공품의 유통경로
 가. 수산가공품의 유통경로 특수성
  1) 수산가공품은 일반적으로 원료조달 과정에 수산물 유통의 특수성이 반영되는 대신 가공 이후의 유통단계는 저장성이 높을수록 일반식품의 유통경로와 유사하다.
  2) 일반적으로 수산가공품의 유통경로는 조달과 판매 과정으로 구분된다.

---

* 수산가공품의 특성
1. 부패억제를 통해 장기 저장이 가능하다(냉동품, 소건품, 염장품 등).
2. 수송이 편리하다.
3. 공급을 조절할 수 있다.
4. 소비자의 기호를 만족시킬 수 있다.
5. 안전 생산을 통해 상품성을 높일 수 있다.

 나. 수산가공품의 유통경로
  1) 국내 연근해 수산물의 경우
   가) 국내 연근해 수산물을 가공원료로 이용하는 가공업자
    (1) 생산자와 직거래하여 원료 조달
    (2) 산지수집상이나 산지위판장과의 거래
   나) 산지위판장
    (1) 매매참가인으로 직거래
    (2) 산지위판장의 중도매인을 통해 거래
  2) 원양수산물의 경우
   가) 원양어업회사가 가공공장을 가지고 있는 경우
    (1) 생산에서 직접적으로 가공공장에 원료를 조달
   나) 가공공장이 독립적일 경우
    (1) 1차 도매업자 또는 2차 도매업자로부터 원료를 구입
  3) 수입수산물의 경우

가) 원료를 이용하는 가공업자
  (1) 직수입 또는 수입업자를 통해 가공에 적합한 수산물을 조달
다. 수산물가공품 유통의 주요 품목
 1) 마른멸치의 유통과정
  가) 마른멸치는 다른 어종에 비해 빨리 부패하므로 자숙공정을 통해 자건품으로 유통된다.
  나) 생산된 마른멸치는 주로(90% 이상) 기선권현망 수산업협동조합에서 산지경매를 통해 출하된다.
  다) 직거래 형태로 소비자에게 직접 유통되기도 한다(죽방렴 멸치의 경우).

▶ 단위화물적재시스템(Unit load system)
적재물을 일정한 중량 또는 체적으로 단위화하여 일괄적으로 하역 또는 수송하는 물류시스템으로 펠릿과 컨테이너 등의 운송 용구의 개발에 의해 화물을 화주의 문전에서 문전까지 일괄 운송할 수 있는 체제
1. 장점
 가. 적재물의 파손·오손·분실 등을 방지
 나. 운송수단의 운용효율성이 매우 높다.
 다. 포장이 간단하고 포장비가 절감
 라. 시스템화가 용이
2. 단점
 가. 펠릿과 컨테이너 확보에 자금소요
 나. 자재관리의 시간과 비용이 추가
 다. 하역기기 등의 고정시설비 투자가 요구

❹ 수산물 거래

▶ 수산물 유통구조의 특성
1. 다단계성
 가. 생산자와 소비자 사이의 가교적 역할을 수행하는 유통은 다단계로 이루어져 있다.
 나. 수산물유통의 기본적인 기능은 집하와 분산으로 산지에서의 생산물 집하, 소비지에서의 생산물 분산이 필요하게 되면서 이를 위한 유통이 필요하고, 또한 산지에서 소비지로의 분산출하, 소비지에서 소비자로의 분산판매를 위한 유통이 필요하다. 이와 같이 수산물 유통에는 집하기능과 분산기능을 동시에 수행하거나 각각 전문적으로 기능적 특화를 이루고 있는 다양한 유통기구가 존재하고 있다.
2. 영세·과다성
 가. 일반적으로 수산물 유통에 종사하는 업체는 규모가 적고 영세하면서 그 수 역시 많아 과다성을 지니고 있다.
3. 거래관행
 가. 수산물유통은 거래관행을 포함한 거래유통시스템에 특징이 있다
 나. 동일 어종의 수산물이라고 하더라도 연근해수산물, 원양수산물, 수입수산물에 따라 거래방법이 다르거나 유통기구마다 거래유통시스템이 다르다.
  1) 위탁판매제
  2) 경매·입찰제
  3) 전도금제
   가) 생산자에게 출어자금을 선지급하는 것인데, 주로 고가의 수산물이나 안정적인 수산물 확보를 위해 활용하고 있다.
  4) 외상거래제
   가) 수산물유통거래에 있어 가장 전근대적 거래관행으로 남아 있다.
   나) 부패성이 강한 수산물의 신속한 유통판매를 위해서는 외상으로 거래한 후 판매대금을 지급받는 거래관행이다.

▶ 수산물에 대한 시장정보의 필요성
1. 수산물 생산자 및 소비자가 합리적인 의사결정을 할 때 시장정보를 이용한다.
2. 시장의 완전 경쟁 상태를 유지시키는 데에 필요하다. 시장이 불완전 경쟁 상태이면 자원배분이 효율적으로 이루어지지 않고 가격도 높은 수준에서 결정된다. 비 경쟁상태의 시장을 완전 경쟁 상태의 시장으로 유도하기 위해서는 완전한 시장정보에 모든 사람들이 접할 수 있어야 한다.
3. 시장정보는 적정 보관계획, 효율적 인수, 배송계획 등을 수립할 수 있게 한다.
4. 시장의 운용효율을 제고시키고, 시장 선택 등을 합리적으로 할 수 있게 하여 유통비용을 절감시킨다.

▶ 시장정보의 구비요건
1. 시장정보는 완전하고 종합적인 것이어야 한다.
2. 시장정보는 정확하고 신뢰성이 있어야 한다.
3. 시장정보는 실용성이 있어야 한다.
4. 시장정보는 개별 유통업자에 대해서는 비밀이 보장되어야 하고 시사성이 있어야 하며, 생산자, 소비자, 상인 등이 동등하게 접할 수 있는 것이어야 한다.

▶ 수산물의 물적 유통기구
 수산물 하역업체, 운송업체, 보관업체, 수·발주업체, 포장업체, 물류정보업체 등이 이에 해당한다.

▶ 수·배송 비용에 영향을 주는 요인
1. 지형이나 도로, 철도 등의 사회 간접자본 형성 정도
2. 수·배송수단
3. 수산물의 형태(수산물의 형태는 생산물의 부피, 가치, 부패성 컨테이너의 형태 및 장소의 크기에 따라 수·배송 비용이 주는 효과가 달리 나타난다)
4. 제도적인 조치(수·배송 기업 간의 경쟁과 공공요금의 결정을 통해서 영향력을 행사한다)

▶ 수산물의 수·배송 비용을 절감하는 방법
1. 수·배송 기술의 혁신
2. 수·배송 수산물 간의 경쟁촉진
3. 수·배송시설의 효율적인 이용
4. 부패와 감모의 방지
5. 수산물의 변화(등급화)

▶ 하역물류 기능
 수산물의 상·하차행위 등 수산물의 상·하 이동행위

▶ 보관물류 기능의 본원적 기능
 생산시기와 소비시기의 시간적인 거리를 연결시켜주는 물류활동 기능에 대해 수산물이 보관됨에 따라 효용이 증대되는데 이와 같은 시간이동으로 생기는 효용을 시간효용이라 간다.
1. 비축 재고를 위한 보관은 민간 유통업자들에 의해서 수행될 수도있지만 대개 정부에 의해 수행된다.
2. 투기적 목적의 보관은 보관기간 중에 가격차이가 발생되어 이윤이 발생할 것을 기대하고 보관을

하는 형태
3. 국가입장에서 살펴본 수산물 보관물류 기능과 관련된 문제
　가. 국가 전체로 보아서 얼마나 많은 양의 재고 수산물을 유지해야 하는가 하는 문제
　나. 재고 수산물은 누가 보관해야 하는가 하는 문제
　다. 재고 수산물은 어떻게 관리해야 하고 금융적인 문제는 어떻게 해야 하는가 하는 문제
4. 개별 기업의 입장에서 살펴본 수산물 보관물류 기능과 관련된 문제
　가. 보관과 재고 비용을 감소시킬 수 있는가 하는 문제
　나. 기업경영을 합리적으로 하기 위해서는 어느 정도의 재고 수준이 필요한가 하는 문제
　다. 보관시설은 어떻게 확대할 것인가 하는 문제

※ 원료 수산물을 가공하면 형태가 변화되고 소비하기에 편리하게 됨
가공활동은 형태효용을 증대시키는 과정이다. (형태효용 창출 : 가공)

※ 수산물 유통에 따른 4가지 효용 :
시간효용, 형태효용, 장소효용, 소유효용

▶ 수산물의 가공물류 기능과 밀접하게 관련된 물류 기능
　수산물의 가공물류 기능이 수·배송물류 기능과 관련된 문제로는 가공공장의 설치 위치 등의 가공공장 입지 문제를 들 수 있다.
　한편 수산물 가공활동은 수산물의 보관물류 기능과 밀접하게 관련되어 있는데 수산물은 부피가 있고 부패하기 쉬우므로 보관비용이 많이 든다. 따라서 가공한 뒤에 보관을 하면 비용이 절감될 수 있다.

▶ 수산물 산지시장의 정의
　어업 생산의 기점으로 어선이 접안할 수 있는 어항시설이 갖추어져 있고 어획물의 양륙과 1차적인 가격형성이 이루어지면서 유통·분배되는 시장을 말한다. 이곳에서는 생산자, 시장도매업자(수협), 중도매인, 매매참가인들 사이에서 거래가 형성되면서 도매시장과 같은 기능과 역할이 수행되고 있다.

▶ 수산물이 1차적으로 산지시장을 경유하는 이유(산지시장의 필요성)
1. 위치적 조건 : 산지위판장이 어장에 근접한 연안에 위치하고 있기 때문이다.
2. 판매 및 대금결제 : 산지위판장이 신속한 판매 및 대금결제 기능은 곧 어업생산증대에 직결되기 때문이다. 어획물의 신속한 판매와 대금결제는 없어서는 안 되는 필수과정이다.
3. 어획물의 이용배분 : 어획물의 다양한 형태의 이용배분이 가능하기 때문이다.

▶ 산지시장의 기능 (암기법 : 거판양대)
1. 거래형성 기능 : 무조건 위탁판매 조건
2. 판매 기능
3. 양륙과 진열 기능
4. 대금결제 기능
5. 그 밖의 기능(접안 및 수송시설과 냉동, 냉장시설의 구비, 선구점, 상점, 식당업 등)이 있다.
* 도매시장법인은 원칙적으로 도매시장 이외의 장소에서는 수산물의 판매 업무를 하지 못하도록 되어있다.

▶ 소비지도매시장의 종류
1. 중앙도매시장 : 해양수산부장관의 승인
2. 지방도매시장 : 특별시·광역시·특별자치시·특별자치도 및 시가 개설, 도지사의 허가
3. 공판장 : 시·도지사의 승인
4. 유사도매시장(민간도매시장) : 법정도매시장이 아니지만 소매시장 허가를 얻어 도매행위를 하는 시장(예 : 인천 활어도매조합, 미사리 활어도매시장)

▶ 소비지도매시장의 필요성
수산물 소비지도매시장은 수요에 대응한 다종다양한 수산물의 집·분화
공정 타당한 가격형성, 신속 확실한 대금결제가 이루어진다는 점에서 그 존재의 필요성을 찾을 수 있다.

▶ 소비지도매시장의 기능 (암기법 : 가수대우(유))
1. 가격형성 기능
2. 수집·집하 기능
3. 대금결제 기능
4. 유통·분산 기능

※ 도매시장에서 도매시장 법인이 하는 도매는 출하자로부터 위탁받아야 한다.
1. 도매시장법인은 도매시장에서 수산물을 경매·입찰·정가매매 또는 수의매매의 방법으로 매매하여야 한다.
2. 경매 또는 입찰을 실시하였으나 매매되지 아니한 경우 정가매매 또는 수의매매 할 수 있다.
3. 도매시장 및 공판장 등에 상장된 수산물은 시장 내의 중도매인 또는 매매참가인 외의 자에게는 판매를 할 수 없다.

▶ 경매 진행절차
① 반입물품의 하차 및 선별 : 출하주별·품목별·등급별·개수별로 선별 진열
② 수탁증 발부 : 상장일자·출하자·성명·품명·등급별·수량 기재
③ 판매원표 작성 : 상장·경매 순서에 의거 출하자 성명·품명·등급·수량 등 기재
④ 경매실시
  ㉠ 경매사의 신호에 의거 경매참여자 (중도매인 및 매매참가인) 집합
  ㉡ 판매원표 순서에 의거 경매실시
  ㉢ 견본제시 (포장품은 등급별로 포장해체, 미포장품은 진열)
  ㉣ 경매사가 출하지역·출하자·품목·품종·수량·품위등급 및 필요한 사항 호창
  ㉤ 경매참여자가 구매 희망가격 제시
  ㉥ 경매사가 경락가 및 경락자 호창
⑤ 경매기록 : 작성된 판매원표에 경락자 및 경락단가, 금액 기재

▶ 도매시장법인이 수산물을 매수하여 도매할 수 있는 경우
1. 해양수산부장관의 수매에 응하기 위하여 필요한 경우
2. 다른 도매시장법인 또는 시장도매인으로부터 매수하여 도매하는 경우
3. 해당 도매시장에서 주로 취급하지 아니하는 농수산물의 품목을 갖추기 위하여 대상품목과 기간을 정하여 도매시장 개설자의 승인을 받아 다른 도매시장으로부터 이를 매수하는 경우
4. 물품의 특성상 외형을 변형하는 등 가공하여 도매하여야 하는 경우로서 도매시장 개설자가 업무규정으로 정하는 경우
5. 도매시장법인이 겸영사업에 필요한 수산물을 매수하는 경우

▶ 정가매매 또는 수의매매의 방법으로 매매할 수 있는 경우
1. 출하자가 정가매매·수의매매로 매매방법을 지정하여 요청한 경우
2. 시장관리 운영위원회의 심의를 거쳐 매매방법을 정가매매 또는 수의매매로 정한 경우
3. 도매시장 개설자의 사전승인을 받아 전자거래방식으로 매매하는 경우
4. 다른 도매시장법인 또는 공판장(경매사가 경매를 실시하는 수산물 집하장을 포함)에서 이미 가격이 결정되어 바로 입하된 물품을 매매하는 경우로서 당해 물품을 반출한 도매시장법인 또는 공판장의 개설자가 가격, 반출지, 반출물량 및 반출차량 등을 확인한 경우
5. 해양수산부장관이 거래방법, 물품의 반출 및 확인절차 등을 정한 산지의 거래시설에서 미리 가격이 결정되어 입하된 수산물을 매매하는 경우
6. 경매 또는 입찰이 종료된 후 입하된 경우
7. 경매 또는 입찰을 실시하였으나 매매되지 아니한 경우
8. 도매시장 개설자의 허가를 받아 중도매인 또는 매매참가인 외의 자에게 판매하는 경우
9. 천재·지변 또는 그 밖의 불가피한 사유로 인하여 경매 또는 입찰의 방법에 의하는 것이 극히 곤란한 경우

▶ 경매 또는 입찰의 방법으로 매매할 수 있는 경우
1. 출하자가 경매 또는 입찰로 매매방법을 지정하여 요청한 경우
2. 시장관리 운영위원회 심의를 거쳐 매매방법을 경매 또는 입찰로 정한 경우
3. 해당수산물의 입하량이 일시적으로 현저하게 증가하여 정상적인 거래가 어려운 경우 등 정가매매 또는 수의매매의 방법에 의하는 것이 지극히 곤란한 경우

가. 시장사용료
 1) 법인(도매시장법인), 시장도매인
   ⇒ 거래금액, 매장면적
   ⇒ 서울특별시 : 5.5/1,000
   ⇒ 이외 : 5/1,000
   ⇒ 예외 : 3/1,000
나. 시장시설사용료 ⇒ 부수시설
 1) 재산가액 : 50/1,000
 2) 중도매인 : 재산가액의 10/1,000
다. 위탁수수료 : 법인, 시장도매인
   ⇒ 일정비율(법인, 시장도매인) : 거래금액 60/1,000
   일정액 ⇒ 법인 ⇒ 거래금액 60/1,000를 초과할 수 없다.
   일정률 위탁수수료는 대량 출하자에게 불리하다.
   일정액 위탁수수료는 대량 출하자에게 유리하다.
 1) 중개수수료 : 시장도매인, 중도매인이 받는다.
 2) 위탁수수료 : 도매시장법인, 시장도매인(법인만 받는다)
* 판매위탁 수수료
양계·축산 : 2%, 화훼·청과 : 7%, 약용 : 5%, 수산물 : 6%
라. 중개수수료
 1) 시장도매인 : 판매위탁수수료 1/2 초과할 수 없다.
 2) 중도매인 : 거래금액의 40/1,000
마. 정산수수료
   법인, 시장도매인, 중도매인, 매매참가자
     ⇒ 정율제 : 거래건별(거래금액 4/1,000), 정액제 : 1개월(70만원)

---

1. 공영도매시장 : 중앙도매시장(해양수산부장관 허가)
     ⓐ 지방도매시장(시·도지사 허가)
2. 민영농수산물도매시장 : 이외의 자(시·도지사 허가)
     ⓑ
3. 공판장 : 시·도지사 승인
     ⓒ

◉ 구성원
1. 산지유통인 : ⓐⓑⓒ 등록- 출하(O), 수집(O), 판매(X), 매수(X), 중개(X)

```
2. 도매시장법인 : ⓐ 지정- 위탁(O), 매수(O)⇒ 도매(O)
3. 시장도매인 : ⓐⓑ 지정- 위탁(O), 매수(O)⇒ 도매(O), 매매(O), 중개(O)
4. 중도매인 : ⓐⓑⓒ 지정 또는 허가
 가. 상장농수산물 : 위탁(X), 매수(O)⇒ 도매(O), 매매(O), 중개 O
 나. 비상장농수산물 : 위탁(O), 매수(O)⇒ 도매(O), 매매(O), 중개(O)
5. 매매참가인 : ⓐⓑⓒ 신고⇒ 상장 농수산물 직접 매수자 :
  중도매인(X), 가공업자, 소비자, 수출업자, 소비자단체 등 수산물의 수요자
6. 경매사 : ⓐⓑⓒ 임면⇒ 가격평가, 경락자결정, 경매우선순위결정
```

▶ 도매시장법인
1. 수산물도매시장의 개설자로부터 지정을 받고 수산물을 위탁받아 상장하여 도매하거나 이를 매수하여 도매하는 법인을 말한다.
2. 기본적으로 판매 대행 후 일정수수료를 받은 수수료 상인이면서 때로는 구매와 판매를 통한 이윤을 획득할 수 있는 매매차익 상인으로서 2가지 역할을 병행할 수 있다. 수협에서 개설 운영하는 위판장과 공판장에 있어 도매시장법인의 역할과 기능은 수협이 수행하고 있다.
3. 수집상(산지유통인)으로부터 출하 받은 수산물을 상장·진열하는 기능과 경매사를 내세워 판매하는 가격형성기능을 가지고 있다.
4. 판매거래방법은 원칙적으로 시장 안에 진열된 현물을 경매나 입찰과 같은 방법으로 중도매인, 매매참가인들에게 판매한다.

▶ 시장도매인
1. 농수산물 도매시장 또는 민영 농수산물 도매시장의 개설자로부터 지정을 받고 농수산물을 매수 또는 위탁받아 도매하거나 매매를 중개하는 영업을 하는 법인
2. 산지나 생산자로부터 수산물을 구입한 다음 판매하여 그 차액을 통해 이윤을 획득할 수 있는 매매차익 상인
3. 타인의 수산물을 위탁받아 판매를 대행하는 수수료 상인으로 자신이 직접 구입하거나 위탁받은 수산물을 도매시장 내의 중도매인이 아닌 시장 밖의 실수요자. 즉, 대형할인점, 도매상, 소매상 등과 직접 가격교섭을 한 다음 도매판매를 한다.
4. 시장도매인은 도매시장법인과는 달리 도매시장 내에 상장시키고, 중도매인에게 경매나 입찰을 통해 판매하지는 않는다.
5. 5년 이상 10년 이하의 범위에서 지정 유효기간을 설정할 수 있다.
6. 시장도매인이 될 수 있는 자는 '법인'이어야 한다.
 (해당 도매시장의 도매시장법인)
7. 도매시장 개설자는 도매시장에 그 시설규모·거래액 등을 고려하여 적정수의 도매시장법인·시장도매인 또는 중도매인을 두어 이를 운영하게 하여야 한다. 다만, 중앙도매시장의 개설자는 농림축산식품부령 또는 해양수산부령으로 정하는 부류(청과부류, 수산부류)에 대하여는 도매시장법인을 두어야 한다(법 제22조).

▶ 중도매인
 수산물도매시장, 수산물공판장 또는 민영수산물도매시장의 개설자의 허가 또는 지정을 받아 수산물도매시장, 수산물공판장 또는 민영수산물도매시장에 상장된 수산물을 매수하여 도매하거나 매매를 중개하는 영업이나 수산물 도매시장, 수산물공판장 또는 민영수산물도매시장의 개설자로부터 허가를 받은 비상장 수산물을 매수 또는 위탁받아 도매하거나 매매를 중개하는 영업을 하는 자

▶ 중도매인의 기능
1. 선별 기능 : 중도매인은 도매시장 내에 상장·진열된 수산물을 구매하여 중개 내지는 도매 거래하는 자로 수산물을 생산지, 어종, 크기, 선도별로 선별하여 어디에, 어떻게 판매할 것인가 하는 사용·효용 가치를 찾아내는 선별기능을 가지고 있다.
2. 평가 기능 : 수산물의 경매나 입찰은 중도매인이 수행하는 중요기능 중 하나인 가격을 결정하는 평가기능이다.
3. 분하·보관·가공 기능 : 중도매인은 구입한 수산물을 판매 내지는 최종 소매업자들에게 유통시키기 위하여 일시적인 냉동보관과 포장·가공처리 등과 같은 분하·보관·가공기능을 발휘한다.
4. 금융결제 기능 : 중도매인은 직접 도매 판매를 위해 구입한 물품은 물론이고, 소매업자들의 위탁을 받아 대신 구입한 물품에 대해서도 도매법인에 대금을 지불하는 금융결제 기능을 수행하고 있다.
※ 중도매인의 업무를 하려는 자는 부류별로 '해당 도매시장 개설자의 허가'를 받아야 한다.

▶ 매매참가인
1. 수산물도매시장, 수산물공판장 또는 민영수산물도매시장의 개설자에게 신고를 하고 수산물도매시장, 수산물공판장 또는 민영수산물도매시장에 상장된 수산물을 직접 매수하는 자로서 중도매인이 아닌 가공업자·소매업자·수출업자 및 소비자단체 등의 수산물의 수요자를 말한다.
2. 특권적, 폐쇄적인 운영에 빠지기 쉬운 도매시장법인이나 중도매인에 대하여 도매시장의 공개적·개방적인 운영을 유지한다는 측면에서 중요한 역할을 담당하고 있다.
3. 대형소매점이나 소매업자의 단체 등은 소비자와 직접 접촉하고 있기 때문에 소비자 정보를 전달하는 역할을 수행하고 있다.

▶ 산지유통인
1. 수산물도매시장, 수산물공판장 또는 민영수산물도매시장의 개설자에게 등록하고 수산물을 수집하여 수산물도매시장·수산물공판장 또는 민영수산물도매시장에 출하하는 영업을 하는 자(법인 포함)를 말한다.
2. 산지유통인은 등록된 도매시장에서 수산물의 출하업무 이외의 판매·매수 또는 중개업무를 할 수 없도록 규정하고 있다.

▶ 산지유통인의 역할과 기능
1. 수집·출하 기능
2. 정보전달 기능
3. 산지개발 기능

▶ 산지유통인 등록의 예외
1. 생산자 단체가 구성원의 생산물을 출하하는 경우
2. 도매시장법인이 매수한 수산물을 상장하는 경우
3. 중도매인이 비상장 수산물을 매매하는 경우
4. 시장도매인이 도매시장에서 수산물을 매수 또는 위탁받아 매매하는 경우
5. 종합유통센터·수출업자 등이 남은 수산물을 도매시장에 상장하는 경우
6. 도매시장법인이 다른 도매시장법인 또는 시장도매인으로부터 매수하여 도매하는 경우
7. 시장도매인이 도매시장법인으로부터 매수하여 판매하는 경우

▶ 수산물의 소매유통
1. 소매업 의의
 가. 재화나 서비스를 개인적 혹은 비영리 목적으로 사용하려는 최종 소비자에게 직접 판매하는 것을 포함한 모든 활동을 말한다.
 나. 최종고객이 원하는 제품이나 서비스를 판매하는 조직이나 사람을 의미한다.
 다. 소매상의 종류는 점포소매상으로는 백화점, 슈퍼마켓, 편의점, 할인점, 카테고리 킬러(전문할인점), 하이퍼마켓, 전문소매점 등이 있다.
  무점포 소매상으로는 방문판매, 전화소매상, 자동판매기, 우편주문 소매상 등이 있다.
2. 소매의 역할
 가. 생산자와 소비자 간에 발생하는 여러 가지 문제를 해결해 주는 역할을 한다. 즉 소매는 생산자와 소비자 간의 상품구색이나 수량, 공간, 시간성에서 나타나는 차이를 완충시켜주는 역할을 담당한다.
 나. 제조업체로부터 생산된 제품을 수많은 소비자에게 전달하는 기능을 수행한다.
 다. 제조업체와 소비자 간에 장소적인 거리를 연결시켜 주는 역할을 한다.
 라. 소매상은 생산자 혹은 도매상으로부터 제품을 납품받아서 이를 최종 소비자에게 판매하는 활동을 하고 있다.
 마. 최종소비자의 기호변화 정보를 생산자에게 전달하는 기능을 말한다.
3. 소매기관의 기능
 가. 거래의 효율성 증대
 나. 구색 갖춤
 다. 제품의 소량 단위화
 라. 거래의 단순화

마. 정보탐색의 용이성
바. 기타의 기능
 1) 보관의 기능
 2) 상품의 생산시기와 소비시기의 차이를 해소하는 기능
 3) 대량 생산된 상품을 수요에 맞추어 적절히 시장에 공급함으로서 수량을 조절하고 물가를 안정시키는 기능
 4) 소비를 원활히 하여 생산을 촉진하는 기능
 5) 국민 경제발전에 기여하는 기능
 6) 금융상의 편의제공 기능(외상)

▶ 백화점의 매입방식
1. 특정매입 거래 : 백화점이 상품의 직접 판매와 재고부담을 납품업체에 전가시킬 수 있다. 입점업체는 제품에 대한 위험부담을 감수할 수 있는 정도의 높은 마진을 책정하게 되고 결국 소비자 지불가격이 높아지는 원인으로 작용한다. 우리나라와 일본의 경우 특정매입의 비중이 절대적으로 높다.
2. 직매입거래 : 미국, 유럽의 경우는 직매입의 비중이 높다.

※ 전통시장은 도·소매가 혼재된 형태의 시장이 많고 상품매입 방식도 품목별로 시장상인들의 성격에 따라 많은 차이를 보이고 있다.

※ 슈퍼마켓에서 취급하는 상품은 직매입과 벤더매입 방식으로 이루어진다. 수산물과 같은 신선제품의 경우에는 직매입 비중이 높고 가공식품은 벤더를 통한 매입 비중이 높다.

※ 할인점의 급격한 성장에도 불구하고 수산물 소비지 도매시장이 거래물량이 급격히 감소하지 않고 있는 이유는 산지 출하자나 영어조합, 수협 등이 대형마트가 요구하는 여건에 충분히 대응하지 못하기 때문이다.

▶ 수산물 협동조합 유통의 목적
1. 판매시장을 안정적으로 확보한다.
2. 규모의 경제를 누릴 수 있도록 한다.
3. 불균형적인 시장력을 견제한다.
4. 위험분산이 있다.

※ 수산물 협동조합 유통에 있어 '공동판매 - 공동계산'의 경우 사업 참여 어업생산자의 저 품질 상품공급과 도덕적 해이로 인해 판매상품의 전반적인 품질저하가 초래될 수 있다.

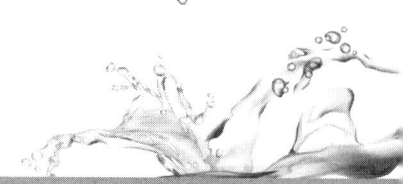

▶ 협동조합 유통의 기대효과(공동판매의 기능)
1. 유통마진의 절감
2. 독점화로서 협동조합을 통해 시장 교섭력 제고
3. 민간 유통업자의 시장지배력 견제
4. 시장 확보 및 위험분산으로 안정적인 시장의 확보와 가격 안정화를 유도한다. 또한 어업 생산자의 경영 다각화를 유도하는 효과가 있다.
5. 초과이윤 억제
6. 수협임직원의 전문적 지식과 노력의 효과 증대
7. 수산물 출하시기의 조절용이

▶ 수산물 공동판매
1. 생산자가 협동조합을 통해 공동출하를 함에 있어서는 무조건 위탁, 평균판매, 공동계산 등 3가지 원칙을 전제로 한다.
2. 수산물의 공동판매는 생산자간의 공동의 이익을 위한 활동을 의미하며, 산지위판장을 통해 주로 이루어진다.

▶ 수산물 공동판매의 장점
1. 위험을 분산
2. 유통에 전문성이 있는 협동조합의 마케팅 능력의 혜택을 받을 수 있다.
3. 거래교섭력이 제고
4. 대량거래의 유리성과 판매와 수송 등에서 규모의 경제를 얻을 수 있다.
5. 개별적으로 힘든 품질관리를 공정하고 엄격하게 수행함으로써 품질을 높일 수 있다.

▶ 수산물 공동계산제
1. 장점
 가. 가격 변동이나 개별 출하로부터 어업생산자의 위험을 분산
 나. 유통에 전문성이 있는 협동조합의 마케팅 능력의 혜택을 받을 수 있다.
 다. 공동출하를 함으로써 거래교섭력이 제고될 수 있다.
 라. 개별적으로 힘든 품질관리를 공정하고 엄격하게 수행함으로써 품질을 높일 수 있다.
 마. 대량거래의 유리성과 판매와 수송 등에서 규모의 경제를 얻을 수 있다.
2. 단점
 가. 자금수요에 부응하지 못할 수 있다(어가 지불금 지연).
 나. 갑작스런 시장변화에 직면해 판매적기를 놓칠 수 있다(유동성 저하).
 다. 저장 시 대량물량의 품질변화 가능성
 라. 판매 전문가가 없을 경우 상대적인 손실을 볼 수도 있다(조합원 개별성 무시).

▶ 수산물 공동계산제의 기대효과
1. 시장 교섭력이 커지는 등 대량거래의 이점을 실현할 수 있다.
2. 공동계산을 통해 상품성 제고와 브랜드 구축이 가능하다.
3. 어업 생산자 소득안정에 기여할 수 있다.

▶ 공동계산제의 추진절차
'생산 공동작업 → 선별 및 포장 → 출하 → 대금정산'의 절차를 거친다.

▶ 산지단계
1. 생산자 비용
 가. 위판수수료   나. 양륙비, 배열비
2. 중도매인 비용
 가. 선별비, 운반비, 상차비   나. 어상자대
 다. 저장 및 보관비용   라. 운송비

▶ 소비지 단계
1. 출하자 비용
 가. 상장 수수료   나. 하차비
2. 중도매인 비용
 가. 위탁수수료   나. 이적비   다. 그 밖의 유통비용

▶ 전자상거래의 거래주체별 유형
1. 기업 내 전자상거래(기업 내부적 차원) : B2E(= BtoE)
2. 기업 간 전자상거래(수평적인 시장) : B2B(= BtoB)
3. 기업과 소비자 간 전자상거래(기업과 이를 이용하는 소비자 사이) : B2C
4. 정부와 기업 간의 전자상거래 : G2B
5. 소비자와 기업 간의 전자상거래(소비자 중심의 전자상거래) : C2B
6. 정부와 소비자 간의 전자상거래 : G2C
7. 소비자 간 전자상거래 : C2C
8. 개인 간 전자상거래(신용금융거래) : P2P

▶ 수산물 전자상거래의 특징▶
1. 유통경로가 기존 상거래에 비해 짧다.

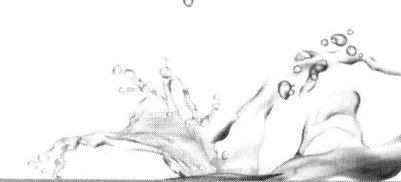

2. 시간·공간의 제약의 없다.
3. 판매 점포 불필요하다(운송비를 절감 X).
4. 고객 정보 획득이 용이하다. (쌍방향)
5. 쌍방향 통신을 통해 1:1이 가능하다.
6. 소자본에 의한 사업이 가능하다.
7. 유통비용이 절감된다.
8. 실시간 고객 서비스가 가능하다.
9. 경매·입찰 등 다양한 거래 방식으로 활용이 가능하다.
10. 소비자가 시장을 주도하는 특징을 가지고 있다.

▶ 수산물 전자상거래의 장애요인
1. 거래가능 품목의 제한
2. 표준화·등급화의 미흡
3. 가격의 불안정(계절적 편재성)
4. 규모의 경제실현의 어려움(높은 비용)
5. 교환이나 환불처리의 어려움
6. 보안의 문제점 및 높은 수수료

▶ 전자화폐의 장·단점
1. 장점 : 현금대체 능력, 정보저장 능력 및 안전성, 개방성 등
2. 단점 : 복사 및 이중 사용, 익명성 보장의 문제 등

▶ 수산물 전자상거래의 쇼핑몰 운영상 특징
1. 유통업형 : 직매입이나 특정매입형태로 상품을 매입하여 판매하고 소비자에게 배송과 사후서비스까지 책임지는 판매유형
2. 중개형 : 상품을 매입하지 않고 단순히 중개기능 만을 담당하고 판매된 상품에 대한 일정액의 수수료나 임대료를 받으며 배송과 사후서비스를 거래처에게 책임지게 하는 판매유형
3. 직판형 : 수산가공품의 생산업체나 어업생산자 등이 직접 운영하는 유형을 포함한다.

❺ 수산물 유통수급과 가격

▶ 수산물가격을 형성하는 방식, 즉 물건값을 부르는 방법 (호가)에 따라 경상식 경매와 경하식 경매 방식으로 나뉜다.
① 영국식 경매방식(The English Auction) ; 최고가 구두 호가 경매라고도 하며, 가장 일반적으로 많이 이용되고 있는 경매방식으로 상향식 경매방식이다. 이는 매수자들은 그들의 호가를 자유롭게 상향조정할 수 있으며 아무도 호가가 없을때 최고 호가자가 경매물건을 매수하는 경매방식이다.
② 네덜란드식 경매방식(The Dutch Auction) ; 하향식 경매방식 매도자가 최고 호가부터 점차 가격을 낮추어 가다가 매수희망자가 나오면 최초의 매수 희망자에게 일매도하는 가격 결정방법
③ 한·일식 경매방식(The Korea-Japan Auction) ; 기본적으로 영국식 경매방식과 같이 상향식 경매이지만 영국과는 달리 경매참가자들이 거의 동시에 입찰가격을 제시하는 동시호가가식 경매라는 점에서 독특한 방식을 취하고 있다. 즉, 한·일식 동시 호가경매는 경매 참가자가 경쟁적으로 가격을 높게 제시하면서 경매사는 그들이 제시한 가격을 공표하는 역할을 하면서 경매를 진행 시킨다. 이때 주로 사용되는 방법이 수지 호가방법으로 손가락을 이용하여 가격표시를 하는 것이다.

▶ 유통마진
1. 유통 마진액= 판매가격 - 구입가격
   소비자 구입가격 - 생산자 수취가격
2. 유통 마진율= (판매가격 - 구입가격)/판매가격 x 100
   (소비자 구입가격 - 생산자 수취가격)/소비자 구입가격 x 100
3. 출하자 마진= 출하자 수취가격 - 생산자 수취가격
4. 도매 마진= 도매가격 - 출하자 수취가격
5. 중도매인 마진= 중도매가격 - 도매가격
6. 소매마진= 소매가격 - 중도매가격

※ 수산물이 일반 공산품에 비해 유통마진율이 높은 이유
1. 수산물은 부패하거나 변질되기 쉽고 규격화가 곤란하다.
   그리고 생산이 계절성을 띄고 있어 선별·가공·수송·감모비용 등이 과다하게 소요된다.
2. 수산물은 생산과 소비가 소규모로 분산되어 있으며 유통단계에 많은 중간상인이 개입하고 수집과 분산에 많은 비용이 드는 등 유통경로가 복잡하고 유통단계가 많아서 유통비용이 많이 소요된다.
3. 수산물 유통의 주체가 영세하여 대량 취급에 따른 비용절감에 어려움이 있으며 특히 소매단계에서 마진율이 높게 나타난다.

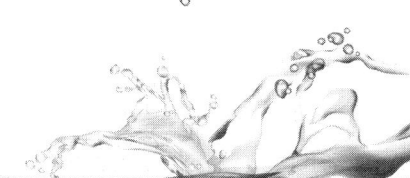

4. 수산물 시장 경쟁구조의 불안전성에 따른 리스트 등에 의해 중간상인의 유통이윤이 많다.

▶ 수산물 유통마진의 측정 시 주의할 점

1. 대상어종의 용도 차이
2. 대상어종의 등질성 차이
3. 대상어종의 유통경로 차이

▶ 수산물 유통마진의 구조
1. 하향 경직성 : 구입원가가 하락하여도 하락한 만큼 판매가격은 내려가지 않는데 이것을 유통마진의 하향 경직성이라 한다.
2. 상향 확장성 : 구입가격의 상승 시 유통마진의 확장은 더불어 동반되는데 이를 유통마진의 상향 확장성이라 한다.

※ 유통마진= 유통비용(유통경비) + 유통이윤(상업이윤)
 유통마진은 매매거래의 차액으로 여기에는 유통에 필요한 비용과 유통 업자 자신들이 취하는 이윤이 함께 포함되어 있다.

▶ 수산물 유통비용
1. 직접비용 : 수송비, 포장비, 하역비, 보관비, 가공비
2. 간접비용 : 점포임대료, 자본이자, 통신비, 제세공과금, 감가상각비

▶ 유통효율을 향상시키는 방법
유통효율 = 유통성과/유통마진
유통성과/(유통비용 + 유통이윤)
1. 유통마진을 일정하게 하고 유통효율을 향상시키는 방법
2. 유통마진을 증가하지만 마진증가 이상으로 유통효율을 향상시키는 방법
3. 유통성과를 일정하게 하고 유통마진을 축소시키는 방법
4. 유통성과는 감소하지만 성과 감소이상으로 유통마진을 축소시키는 방법

▶ 수요의 가격탄력성
= △수요량 변화율/△가격 변화율
= (변화 후 수량 − 변화 전 수량)/변화 전 수량 ÷ (변화 후 가격 − 변화 전 가격)/변화 전 가격

▶ 공급량의 변화
1. 해당상품의 가격상승 → 공급량 증가 : 공급곡선 상에서 우상향 이동
2. 해당상품의 가격하락 → 공급량 감소 : 공급곡선 상에서 좌하향 이동

▶ 공급의 변화
1. 생산요소 가격상승 → 공급량 감소 : 공급곡선 자체 좌측으로 수평이동
2. 생산요소 가격하락 → 공급량 증가 : 공급곡선 자체 우측으로 수평이동

▶ 수요·공급의 변화

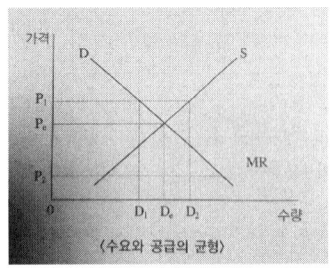
〈수요와 공급의 균형〉

① 수요곡선 (D)은 어떤 상품의 가격수준 변화에 따라 모든 구매자들이 그 가격으로 사고자 하는 총량 (수요량)을 기록한 자료를 그래프에 기입하여 이러한 점들이 통과하는 곡선이다.
② 공급곡선 (S)은 같은 시장에서 그 상품을 팔고자 하는 수량은 시장에서의 가격에 의존하면서 그 상품의시장가격 변화에 따라 모든 판매자들이 그 가격으로 팔고자 하는 총량 (공급량)을 기록한 자료를 그래프에 기입하여 이러한 점들을 통과하는 곡선이다.
③ 수요 : 일정한 시간과 일정한 장소에서 구매자가 여러 가지 다른 가격에 따라 구매하는 상품의 양을 말한다. 가격이 하락하면 하락할수록 구매량은 많아지고, 그 반대로 가격이 상승하면 상승할수록 구매량이 적어진다.
④ 공급 : 일정한 시간과 장소에서 여러 가지 다른 가격에서 각각 판매하려는 상품의 양을 말한다. 가격이 상승하면 판매량이 늘고, 가격이 하락하면 판매량이 줄어든다는 판매자의 입장에서 본 가격과 수량과의 관계이다.
⑤ 일반적으로 공급량이 수요량을 초과하면 가격은 하락하고, 반대로 수요량이 공급량을 초과하면 가격이 상승하게 된다.
⑥ 수요량과 공급량을 초과하면 가격이 상승하게 된다. 따라서 수요량과 공급량이 일치할 때에만 가격은 정지상태에 있게 된다.
⑦ 수습량의 균형 하에서 성립된 가격을 균형가격 (Pe)이라 하며, 이 균형가격을 성립할 수급량을 균형수량 (De)이라 한다.
⑧ 수요와 공급의 변화는 균형가격에 영향을 주어 새로운 가격을 형성시키게 된다.
⑨ 다음의 4개의 그림은 수요와 공급의 변화가 균형가격에 미치는 결과를 보여주고 있으며 변화된 곡선은 점선으로 새로운 균형가격은 P'로 표시하였다.

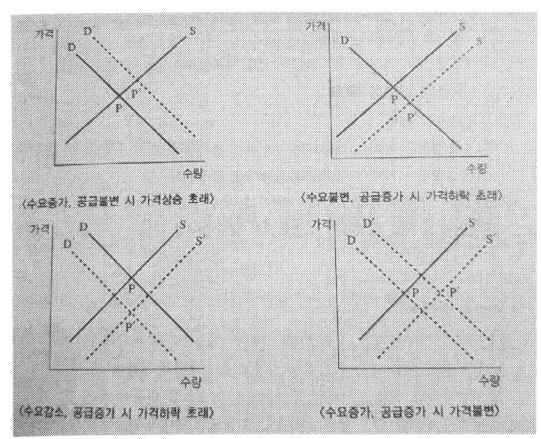

▶ 수요·공급의 변화 제 요인
① 수요를 변화시키는 요인
  ㉠ 구매자수의 변화 : 인구증가, 유통되는 시장의 확대
  ㉡ 소득이나 구매력의 변화
  ㉢ 특정상품에 대한 소비자 기호의 변화
  ㉣ 대체상품의 가격변화
  ㉤ 미래의 가격수준에 대한 구매자의 예측의 변화 등이다.
② 공급을 변화시키는 요인
  ㉠ 단기에 있어서는 저장비용, 공급자의 현금의 필요성, 장래에 대한 전망 등과 같은 요인들이 공급자의 수중에 있는 재고에 대하여 영향을 준다.
  ㉡ 중장기에 있어서는 그 상품의 생산비의 변화가 공급에 영향을 준다. 이것은 투하비용이나 생산기술의 변화에 기인되기도 하고, 같은 생산요소에 대한 경쟁관계에 있는 다른 상품의 생산비 변화에서도 영향을 받는다.

▶ 수요·공급의 탄력성
① 수요공급의 법칙
  ㉠ 수요법칙 : 가격이 하락하면 구입량은 증가한다.
  ㉡ 공급법칙 : 가격이 하락하면 판매량은 감소한다.
② 탄력성 : 가격의 변화에 따라 수량이 얼마나 변동하는가를 말하는 것으로, 가격의 변동에 대응되는 수량의 변동과의 상관관계를 탄력성이란 개념으로 설명하게 된다.
  탄력성 = 수량변화% / 가격변화%
③ 수요의 탄력성
  ㉠ 수요가 탄력적이면 그 탄력성은 1보다 크고 수요가 비탄력적이면 탄력성이 1보다 작다.
  ㉡ 탄력적인 수요 : 가격의 변동 정도보다 수요량의 변동이 큰 것

ⓒ 비탄력적인 수요 : 가격의 변동 정보보다 수요량의 변동이 적은 것
ⓔ 탄력적 수요를 갖는 상품 : 대체로 그 용도가 구매의 필요성과 습관성에 좌우되지 않으며 또한 쉽게 대체될 수 있는 많은 대체품을 갖는 품목에 속한다. 이런 상품에 대한 소비자의 반응은 가격변화에 민감하다.
ⓜ 비탄력적 수요를 갖는 상품 : 흔히 필수품과 대체성이 적은 품목에 속한다. 소비자들은 이들 상품을 갖지 않으면 안되고 가격이 변동해도 상대적으로 수요는 덜 민감하다.

④ 공급의 탄력성
ⓐ 가격의 변동에 공급이 매우 민감한 반응을 보이는 상품은 탄력적 공급곡선을 나타낸다.
ⓑ 가격변동에 상대적으로 덜 민감한 상품은 비탄력적 공급곡선을 가지며, 더 비탄력적일수록 그 공급곡선은 더 수직적이다.
ⓒ 단기에 있어서는 공급곡선의 탄력성은 그 상품의 저장성의 대소에 따라 달라진다.
ⓓ 부패성이 강한 농수산물은 가격수준에 관계없이 수중에 있는 농수산물을 시장에 출하하는 수밖에 없어 완전히 비탄력적이 되며 저장성이 있는 농산물은 출하하는 시기를 조절할 수 있어 가격변화에 민감하게 대응할 수 있어 부패성이 있는 상품보다 공급이 보다 탄력적이 된다.
ⓔ 많은 농산물의 공급은 단기에 있어서는 매우 탄력성이 적을 뿐만 아니라 증기와 장기에 있어서도 역시 비탄력적일 가능이 크기 때문에 다음과 같은 결과를 초래한다.
첫째, 그 농수산물에 대한 수요의 변화는 균형가격을 변화시키는 데 매우 중요한 역할을 하게 된다.
둘째, 수요변화에 연유된 가격진폭은 공급이 탄력적일 때 보다 비탄력적일 때가 더욱 심하다.

▶ 원가가산가격 결정법 (Cost-Plus or Make=up Pricing)
- 상품의 원가에 일정 비율의 이익을 더하여 가격을 결정하는 방법

▶ 가치가격 결정
- 비용이나 시세를 기준으로 가격을 결정하던 전통적인 방식이 아니라 고객에 대한 가치를 기준으로 가격을 결정하는 일이다.

▶ 경쟁중심적 가격 결정
- 경쟁사들의 가격을 가격결정의 가장 중요한 기준으로 간주하는 방법
 -시장가격에 따른 가격결정
  자신들의 비용구조나 수요보다는 경쟁자의 가격을 보다 중요하게 생각하며 주된 경쟁자의 제품가격과 동일하거나 비슷한 수준에서 다소 높게 또는 낮게 책정하는 방법

▶ 약탈적 가격 결정

- 시장점유율 확대를 위해 비용보다는 더 낮은수준에서 책정한 가격, 주로 독립기업에서 사용하는 전략(시장진출을 희망하는 기업이 시장에 진입하지 못하게 하는 전략)

▶ 수산물 선물시장의 특성
1. 선물거래의 특성
 가. 현 시점에서 거래대상물과 대금이 필요 없는 대신 미래시점에 계약을 이행하겠다는 약속의 보증이 필요하다.
 나. 가격변동에 대하여 예시를 할 수 있다. 위험전가의 기능
2. 증거금 제도
 계약 불이행의 위험을 방지하기 위해 거래소가 매매 당사자로 하여금 계약과 동시에 납부하도록 하는 일정비율의 보증금을 말한다.
3. 베이시스와 괴리율 베이시스
 선물의 가격과 현물의 가격 간 차이를 의미
4. 스왑(SWAP)
 계약조건 등에 따라 일정시점에 자금흐름의 교환을 통해서 이루어지는 금융기법

❻ 수산물 마케팅

▶ 판매 촉진
1. 중간상인 촉진수단
 가격인하, 무료제품 제공, 광고 등
2. 소비자 촉진
 견본, 쿠폰, 경품, 소액할인 등
3. 판매원 촉진
 상여금, 판매원회

▶ 수산물 마케팅 환경 중 미시적 외부환경요인
 활동에 이익 또는 해를 주는 환경요인 일면 이해집단 또는 이해관계자 집단으로 고객, 공급업자, 중간상, 경쟁자, 정부 등을 가리킨다.

▶ 가격결정 방식

1. 브랜드 위계 구조 : 브랜드의 계층 구조이다. 기업이 제시하는 브랜드들의 상호관계 수직·수평 등이 있다.
2. 개별 브랜드 구조 : 하나의 제품범주에 사용되며 해당 제품 범주 중 여러 형태의 제품모델에 활용할 수 있으며 모델, 용량, 맛 등 복수의 제품에 같이 사용할 수 있다.
3. 기업 브랜드 구조 : 기업 이미지를 통합하거나 개별제품의 품질을 보증 후원하기 위하여 자사의 제품명에 사용되는 기업의 상호
    예) 소나타 series 등
4. 혼합 브랜드 구조 : 공동브랜드와 개별브랜드를 동시에 사용하는 전략으로 공동브랜드와 개별브랜드의 단점을 보완하기 위해 채택한다.
    예) LG 통돌이 세탁기, 삼성명품 TV

▶ 수산물 생산자의 마케팅 활동으로서 중요한 것으로는 수산물의 상품개발, 가격결정, 유통기구와 유통경로결정, 판매촉진 활동 등이 있다.

▶ 마케팅
개인이나 조직의 목적을 만족시키기 위하여 아이디어 재화 그리고 서비스의 고안과 가격결정, 판촉 및 유통을 계획하고 수행하는 프로세스이다.

▶ 마케팅 기능
1. 교환 기능(소유권 이전 기능)⇒ 판매촉진, 광고, 홍보
    가. 구매(수집)   나. 판매(수요 창출)
2. 물적 기능
    가. 운송   나. 하역   다. 보관(저장)
    라. 포장   마. 가공   바. 정보
3. 조성 기능
    가. 표준화(규격화), 등급화
    나. 위험부담[물적 위험, 시장 위험(경제적 위험)]
    다. 시장금융   라. 시장정보

▶ 마케팅의 구성요소

4P(PUSH)	4C(PULL)
제품(Product) : 고객의 가치	고객가치 : Customer Value
가격(Price) : 비용	고객 측 비용 : Cost to the Customer
유통(Place) : 편리성	편리성 : Convenience

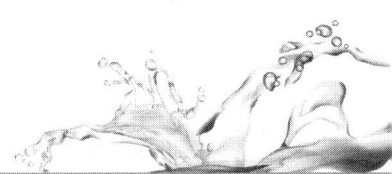

| 촉진(Promotion) : 의사소통 | 의사소통 : Communication |

▶ 고객관계관리(CRM, Customer Relationship Management)
기존고객전략

▶ S.W.O.T 분석
 S.W.O.T 분석은 강점(Strengths), 약점(Weaknesses), 기회(Opportunities), 위협(Threats)의 요인을 분석 평가하는 것으로 기업은 내부 환경을 분석하여 자사의 강점과 약점을 발견하고 외부환경을 분석하여 기회와 위협을 찾아낸다.

강점   약점   기회(극복)   회피(위험)
 S   W   O   T
 -기업내부-   -기업외부-
  환경분석   환경분석

(뒤) S.O 전략 : 시장기회 활용⇒ 강점 활용
(뒤) S.T 전략 : 회피⇒ 강점 활용
(앞) W.O 전략 : 약점극복⇒ 기회
(뒤) W.T 전략 : 위험회피⇒ 약점 최소화

▶ 표적시장 선정
1. 수요의 측정과 예측
2. 시장의 세분화
3. 표적시장 선정
4. 시장 포지셔닝

▶ 마케팅조사 절차
문제정의 ⇒ 조사 설계 ⇒ 자료 수집 ⇒ 자료 분석 및 해석 ⇒ 보고서 작성

▶ 마케팅조사의 실행과정
1. 시장환경 분석
2. 마케팅시장 조사
3. 소비자 행동

4. 시장 세분화

▶ 시장점유 마케팅 전략
1. S.T.P 전략
 가. S : 시장세분화(Segmentation)
 나. T : 표적시장(Targeting)
 다. P : 차별화(Positioning)

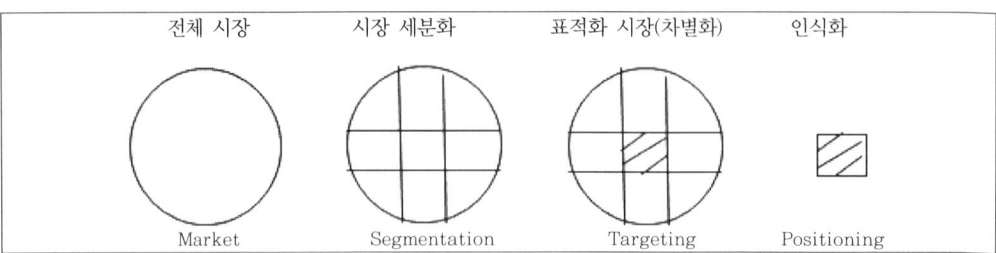

▶ 고객점유 마케팅 전략(소비자 구매심리의 변화)
1. AIDMA 전략
A : Attention(주의)   I : Interest(흥미)   D : Desire(욕구)
M : Memory(기억)   A : Action(행동)
: 주의를 끌고 흥미를 느끼고 욕구를 느끼게 한 후 기억하여 사게 만든다.

▶ 관계 마케팅 전략
: 브랜드, 프랜차이즈

▶ 자료의 종류
1. 1차 자료
 가. 조사자가 직접 조사하여 수집한 자료
 나. 1차 자료는 의사결정과 직접적으로 연관되기 때문에 그 결과분석을 직접 활용할 수 있다.
 다. 1차 자료는 2차 자료에 비하여 수집하는 데에 많은 시간·노력·비용을 필요로 하기 때문에 2차 자료를 활용할 수 있는지를 우선적으로 파악한 후 부족한 부분에 대해서만 1차 자료를 수집하는 것이 바람직하다.
2. 2차 자료
 가. 2차 자료는 현재 의사결정에 활용할 목적으로 조사된 것이 아니라 과거에 다른 목적으로 조사되어 수집된 자료로서 현재의 의사결정에도 어느 정도 사용가능한 자료이다.

나. 2차 자료는 1차 자료에 비하여 수집과정에서 필요로 하는 시간·노력·비용이 적게 든다.
다. 시간이 흐름에 따라 정확성이 떨어지며 현재의 의사결정에서 필요로 하는 핵심적인 정보를 제공하지 못하는 경우가 많으므로 그 적합성을 평가하여 의사결정에 활용해야 한다.

▶ 표본선정
1. 표본추출방법
  가. 편의표본 추출법 : 조사 담당자가 임의로 정한 시간과 장소에서 표본대상을 선정하는 방법
  나. 판단표본 추출법 : 조사문제에 대하여 전문적인 지식을 가진 표본을 조사 담당자가 임의로 선정하는 방법
  다. 할당표본 추출법 : 추출된 표본이 인구 통계적 특성과 같은 모집단의 특성에 비추어 볼 때 어느 한 부분으로 편중되지 않도록 모집단의 특성에 비례하여 표본을 추출하는 방법

▶ 마케팅조사의 기법
1. 설문지법
2. 질문조사법(서베이법) : 조사에서 가장 많이 활용되는 방법으로 대인조사, 전화조사, 우편조사, 인터넷 조사 등
3. 면접법(탐색정보법) : 심층면접법, 표적집단면접법
4. 실험조사법 : 1차 자료를 수집하는 조사방법이다.
5. 모의시장 실험법 : 직접 시장 실험을 통해서 신제품 수료를 예측하는 마케팅 조사방법이다.
6. 델파이법(전문가 의견조사법)
7. 회귀분석법
8. 패널조사 : 추적조사
9. 시험시장 조사 : 일부지역에 먼저 출시하여 고객의 반응을 본다.
10. 고객의견 조사법 : 구매의사를 물어 본다.

▶ 소비자 행동에 영향을 주는 요인
1. 심리적 요인 : 태도, 학습, 욕구, 동기, 개성
2. 사회적 요인 : 사회계층, 준거집단, 가족, 라이프 스타일
3. 문화적 요인 : 종교, 국적, 인종, 지역
4. 개인적 요인 : 연령, 성별, 직업, 인성, 경제적 상황

▶ 저관여 상품
  TV 선전광고- 습관적 구매, 다양성 추구⇒ 낮은 관여도
  ⇒ 자주 구매하거나 금액이 작은 물품(예 : 생필품, 식음료 등)

> 문제인식 ⇒ 정보탐색 ⇒ 대안선택 ⇒ 대안평가 ⇒ 구매 후 행동

▶ 고관여 상품

인쇄, 광고 : 구매빈도가 낮고 금액이 높은 물품(예 : 자동차, 보석 등)

> 문제인식 ⇒ 정보탐색 ⇒ 대안평가 ⇒ 대안선택 ⇒ 구매 후 행동

▶ 시장세분화의 목적
1. 정확한 시장상황 파악
 가. 소비자욕구, 구매동기 등으로 정확한 시장상황 파악
 나. 변화하는 시장수요에 적극적인 대응
2. 기업의 경쟁 좌표 확인
 가. 기업의 강점과 약점 확인
 나. 기업의 경쟁 좌표 설정에 필요한 정보획득
3. 마케팅 지원의 효과적 배분
 가. 기업의 마케팅 활동에 대한 소비자의 반응분석
 나. 소비자 반응분석에 따른 효과적인 마케팅지원 배분
4. 정확한 표적시장 설정
 가. 세분시장의 매력도 분석에 따른 정확한 목표시장 설정
 나. 마케팅 활동의 방향 설정 및 집중

▶ 시장세분화의 요건

> 시장세분화 ↑ ⇒ 동질성 ↑ ⇒ 규모 ↓ ⇒ 이익 ↓

1. 세분시장은 정보의 측정 및 획득이 용이해야 한다.
 ⇒ 측정 가능성, 접근성, 실행가능성, 차별화
2. 세분시장은 수익성이 보장되어야 한다(실질성).
3. 세분시장은 명확한 구분성과 차별된 반응성이 높아야 한다.
 ⇒ 유효 정당성, 실행 가능성
4. 세분시장은 일관성과 지속성이 있어야 한다.

▶ 표적시장 선정의 마케팅 전략
1. 차별적 마케팅 : 2개 이상의 시장진출을 목표로 각 시장별로 별 개의 상품 또는 마케팅 전략을 세우는 경우 각 시장 부문을 통해 더 많은 매출을 올리고자 소비자들에게 해당상품과 회사의 이미지를 강화하기 위한 전략이다.
   가. 자금이 풍부한 대기업 전략
   나. 차별적 마케팅은 비차별적 마케팅 보다 비용 ↑ ⇒ 매출액 ↑
2. 비차별적 마케팅 : 매스(Mass)마케팅이라고 하며, 기업이 하나의 제품 또는 서비스를 통해 전체 시장에 진입하여 최대한 다수의 고객을 확보하려는 전략으로 시장세분화가 무의미한 전략이다.
   가. 비차별적 마케팅은 차별적 마케팅보다 비용 ↓ ⇒ 매출액 ↓
3. 집중적 마케팅 : 한 개 또는 2개 이상의 시장에 집중하려는 마케팅 전략으로 기업의 자원이 한정되어 있는 중소기업에 적합한 전략이다.
4. 니치 마케팅 : 틈새 마케팅

▶ 세분시장의 구조적 매력성을 결정하는 요인(M.E.porter)
1. 기업의 사업 환경을 신규참여의 위협
2. 기존 경쟁업자 간의 적대관계의 강도
3. 대체 제품의 압력
4. 구매자 및 판매자의 교섭력

▶ 마케팅 제품의 특성
1. 포지셔닝
   표적시장에서 자사의 이미지나 상품을 고객들의 마음속에 각인시키기 위한 제반마케팅 활동이다.
2. 핵심제품
   가장 기초적인 수준의 제품으로 소비자가 그 제품으로 원하는 편익을 얻을 수 있는 상품을 말한다.
3. 실체제품(유형제품)
   핵심제품과 상표 디자인, 포장, 라벨 등의 물리적 속성들의 집합을 유형화시킨 제품을 말한다.
4. 확장제품

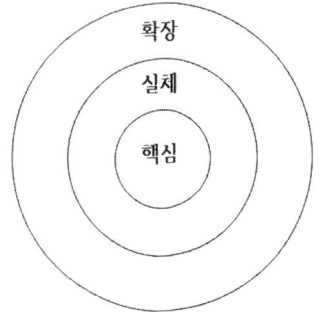

실체제품과 품질보증, 배달, 설치, 에프터 서비스, 사용법 교육, 상담 등의 서비스를 추가하며 제품의 효용가치를 증대시킨 것을 말한다.
상품을 차별화 할 수 있다.

▶ 포장 기능
1. 소비자
　가. 가격 기능　　　　나. 의사전달 기능　　다. 상품 기능
　라. 판매촉진 기능　　마. 부패방지 기능　　바. 원산지 표시 기능
2. 기업
　가. 상징 기능　　　　나. 광고 기능　　　　다. 출처표시 기능

▶ 포장의 목적
1. 내용물의 보호
2. 상품을 운송·보관·판매
3. 소비하는 데 편리
4. 상품의 판매촉진
5. 소비·사용에 관한 정보제공

▶ 제품수명 주기별 특성 및 마케팅 전략 방향
1. 도입기(개척기) : 비탄력적 ⇒ 가격↑ ⇒ 이익↑
　　촉진기능 ⇒ 정보전달
　가. 수요가 매우 적다.
　나. 많은 비용이 지출되기 때문에 대체로 적자가 나기 쉽다.
　다. 제품이 최초로 도입되는 단계이므로 제품실패의 가능성이 높으며 시장반응에 따라 제품이 자주 수정되기도 한다.
　라. 유통마진율도 비교적 높게 책정된다.
　마. 소매가격이 높은 편이다.
　바. 잠재 고객들(핵심시장)에 의해서만 구매된다.
2. 성장기(발전기) : 탄력적 ⇒ 가격↓ ⇒ 이익↓
　　　　　　　　상품차별화　가격차별화
　　　　　　　　수요량 증가, 가격탄력성이 커진다.
　　촉진기능 ⇒ 설득
　가. 전체 시장의 규모가 급속하게 확대된다.
　나. 이익도 흑자로 돌아 증가하기 시작한다.
　다. 가격 인하 경쟁이 나타나기도 한다.

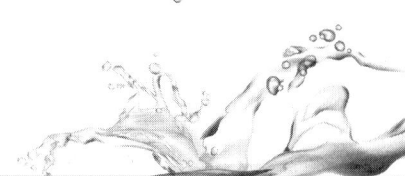

  라. 성장기 후반에는 가격 인하 경쟁에 대앙하고 선택적 수요를 자극하기 위한 촉진 비용이 많이 소요되므로 이익은 다시 감속하기 시작된다.
3. 성숙기(포화기) : 전체이익↑, 개 당 이익↓ ⇒ 대량판매
  촉진기능 ⇒ 상기(유지)
  가. 길다.
  나. 신상품 개발·계획
  다. 많은 시장 참여자들과 과잉 생산능력에 의하여 경쟁이 심화된다.
  라. 이윤이 감소
  마. 제품차별화의 기회가 제한 받는다.
  바. 상표경쟁이 일어난다.
4. 쇠퇴기
  가. 매출액이 지속적으로 감소한다.
  나. 제품의 생산을 중단하여 제품 계열에서 폐기시킨다(폐기전략).
  다. 제품은 계속 생산하면서 현재의 마케팅 활동을 그대로 유지한다(유지전략).
  라. 표적시장의 범위를 축소하여 현재 수준의 마케팅 노력을 유리한 세분시장에만 집중시킨다(집중전략).
  마. 마케팅 노력을 축소시켜 현재의 이익을 증대시킨다(회수전략).

▶ 브랜드 기능
1. 출처 기능
2. 구별 기능
3. 품질보증 기능
4. 신뢰 기능
5. 자산 기능
6. 인지도 강화 기능
7. 충성도 강화 기능
8. 차별화 기능
9. 표현 기능
10. 상징 기능
11. 소유시장 확보 기능

▶ 기업에 있어서의 기능(무형자산)
1. 출처 기능 2. 자산 기능 3. 차별화 기능 4. 소유시장 확보 기능

▶ 브랜드 자산의 형성
1. 브랜드 인지도   2. 브랜드 연상   3. 브랜드 충성도

▶ 가격전략
1. 심리적 가격전략
 가. 단계가격 : 고급품, 중급품, 보급품 같이 단계적인 price line을 설정하는 것
 나. 관습가격 : 껌, 담배 등 소비자의 의식 안에 거의 정착되어 있는 가격
 다. 명성가격 : 가격이 높을수록 품질의 우수성이나 높은 지위를 상징
 라. 단수가격 : 9,900원
 마. 개수가격 : 고품질 이미지(한 개당 얼마)
2. 시장침투 가격전략
 : 신제품을 시장에 도입할 때 저렴한 가격으로 설정하는 것이다.
3. 상층흡입 가격전략
 : 가격보다 제품의 질에 관심이 많은 소비자나 신제품이 지니고 있는 편익을 사용하고자 하는 소비자층을 상대로 가격을 높게 설정하는 것이다.

▶ 수산물 가격의 특성
1. 수산물 가격은 경쟁가격이다.
2. 수산물 가격은 생산비 이하에서 결정되는 경우가 많다.
3. 수산물 가격은 항상 불안정하다.

▶ 수산물의 가격변동 형태
1. 추세 변동 2. 주기 변동 3. 계절 변동 4. 불규칙 변동

▶ 마케팅 전략
1. Push 전략
  제조업자가 판매촉진이나 인적판매 등을 이용하여 중간상으로 하여금 제품을 구비하고 고객에게 적극적으로 판매하도록 유도하는 것이다.
2. Pull 전략
  제조업자가 광고나 고객판촉 등을 사용하여 최종 소비자에게 브랜드나 제품을 알려 스스로 적극적으로 구매하도록 유도하는 것
3. 촉진전략
 가. 광고 : 불특정 다수를 대상⇒ 광고(O)⇒ 감성적 호소⇒ 장기적 효과
 나. 홍보(통제곤란) : 불특정 다수를 대상⇒ 광고비(X)⇒ 이성적 호소⇒ 장기적 효과 광고에 비해

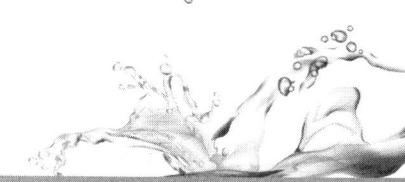

　　　　신뢰도가 높다. 소비자들의 높은 신뢰성 보장
　다. 인적판매 : 특정 다수를 대상⇒ 비용(O)⇒ 효과는 직접적
　　　　고객과 직접 대면하여 판매하는 방식으로 직접 판매라고도 한다. 다른 촉진활동에 비해 촉진 속도가 느리고 비용이 많이 든다.
　라. 판매촉진 : 불특정 다수를 대상으로 함. 효과는 단기간 내에 나타난다. 판매촉진은 그 효과가 매우 즉각적이다.
　 1) 소비자 판매촉진 : 나머지
　 2) 중간상 판매촉진 : 거래처 판매촉진, 푸쉬머니, 무료상품, 광고공제, 점포전시
　 3) 판매원 판매촉진 : 매출 경쟁법, 인센티브, 트레인

❼ 수산물 유통정보·유통정책 및 기타

▶ 수산물 유통정책의 목적
1. 유통효율의 극대화
2. 가격안정
3. 가격수준의 적정화
4. 식품안전성의 확보

▶ 수산업 정보의 종류 및 특징
통계, 관측, 시장정보, 수산물 생산정보, 수산물 가공정보, 수산물 유통정보 등

▶ 유통정보 시스템
1. RFID(Radio Frequency Identification)
지금까지 유통분야에서 일반적으로 물품관리를 위해 사용된 바코드를 대체할 차세대 인식기술로 꼽힌다.
우리나라의 경우 RFID는 대중교통 요금징수 시스템은 물론, 그 활용 범위가 넓어져 유통분야 뿐만 아니라, 동물 추적장치, 자동차 안전장치, 개인출입 및 접근허가장치, 전자요금징수장치, 생산 관리 등 여러 분야로 활용되고 있다.
2. 부가가치 통신망(VAN, Value Added Network)
　가. 통신사업자가 통신회선을 직접보유하거나 통신회선을 임차하여 정보를 축적, 가공, 변환하여 부가가치를 부여한 음성, 화상 등의 정보를 정보 이용자들에게 제공하기 위하여 구축된 통신

망으로 기본통신서비스, 화상회의서비스, 통신처리서비스, 정보처리서비스, 정보제공서비스, 국제통신서비스 등이 있다.

LAN은 근거리통신망이고, EDI는 전자문서교환이며, CALS는 광속상거래이다.

3. 전자식 정보교환 시스템(EDI, Electronic Data Interchange)
 가. 전자문서(자료)교환 시스템이라고 하며, 거래 업체 간에 상호 합의된 전자문서표준을 이용하여 인간의 조정을 최소화한 컴퓨터와 컴퓨터 간의 구조화된 데이터의 전송을 의미한다.
 나. EDI 시스템의 도입은 기존 경쟁자에 대해서 차별화가 가능하고 새로운 경쟁자에 대해서는 진입장벽 구축의 효과를 가져다준다.

4. 정보통합 운용시스템(CALS, Computer At Light Speed)
문서에 의한 조달과 운용의 정보를 디지털화하고 자동화·통합화하며 아울러 업무의 개선을 달성하는 미국 국방성과 미국 산업계의 전략이라고 정의할 수 있다. CALS는 동시공학, 제품수명주기 등의 개념을 도입하여 문서관리 소요비용, 행정절차 간소화, 인력감소 등을 통해 생산성을 비약적으로 향상시키고자 한다.

5. 고객관계관리(CRM, Customer Relationship Management) : 기존고객관리전략

▶ 유통정보 시스템의 유형
1. 전자식 정보교환시스템(EDI)
2. 바코드와 POS시스템
3. 소비자 ID카드
4. 데이터베이스
5. 부가가치 통신망(VAN)
6. 전략적 정보시스템(SIS)

- SCM : 공급망 관리, 공급사슬 관리, 유통 총공급망 관리
- TPL : 통합물류관리 시스템 제3자 물류
- EOS : 자동발주시스템, 도·소매 모두 상품 보충 발주 시스템

※ 고객서비스에 대한 만족도는 외부환경이 아니라 유통정보 시스템이 실현되었을 때 고객이 느끼는 서비스 만족도이다.

※ 유통정보 시스템은 경영정보 시스템과 마케팅정보 시스템을 포함하지 않는다.

▶ 수산물 유통정보의 기능
1. 수산물 유통과정에서 발생하는 낭비의 최소화
 수산물 유통과정에서 낭비를 최소로 줄이는 윤활유와 같은 기능을 한다.
2. 합리적인 의사결정의 조성

생산자, 유통업자, 소비자 정책입안자 연구자들에게 합리적인 의사결정을 하도록 도와준다.
3. 시장에서의 공정거래 촉진
　시장에서의 공정거래를 촉진시켜 어업인의 불이익을 감소시켜주며 수산물 상품의 특성에 따른 거래의 불확실성과 위험비용을 감소시킨다.
4. 유통비용의 감소
　거래자 간의 상품이용 및 거래시간을 감소시키고, 시장참가들 간에 지속적인 경쟁을 유발시켜 유통비용을 줄이는 역할을 한다.

▶ 수산물 유통정보의 분류
　정보내용의 특성에 따라서
1. 통계정보 : 과거
2. 관측정보 : 미래
3. 시장정보 : 현재

※ 유통에 관련된 정보가 가장 처음 만들어지는 것은 수산물의 생산이 이루어지는 곳으로 양식장, 공동어장, 어선 등이 이에 포함된다.

▶ 수산물 유통정보의 요건
1. 적시성 : 다른 상품에 비해 신속한 정보제공
2. 정확성 : 정확히 반영한 것이어야 한다. 시장상황에 대한 정확한 정보를 수집해야 한다는 정보 수집 구성원의 의지가 필요하다.
3. 적절성
　가. 정보는 사용자의 목적, 의사결정과 관련하여 도움을 주어야 한다는 점에서 요구하는 것
　나. 정보는 다른 자산과는 달리 많으면 많을수록 효용이 커지는 것이 아니라 필요한 사용자에게 적절히 제공될 때에 그 가치가 커진다.
4. 통합성
　가. 개별적인 정보는 많은 관련 정보들과 통합됨으로써 재생산되는 상승효과를 가져온다.
5. 완전성
　가. 중요한 정보가 충분히 내포되어 있을 때 비로소 완전한 정보가 할 수 있다.
6. 기타 : 계속성, 객관성

▶ 수산물 가격 및 수급 안정 정책
1. 정부주도형 : 수산비축 사업
2. 민간협력형 : 수산업관측사업, 유통협약사업, 자조금제도

▶ 수산물의 식품안전성을 확보하기 위해 도입한 제도
① 수산물 안전성 조사제도
② 식품안전관리인증기준(HACCP)제도
③ 수산물 원산지 표시 제도
④ 수산물이력제도
⑤ 친환경수산물인증제도

▶ 수산물 소비의 특징
 수산물 소비에 영향을 미치는 요인으로는 소득, 가격, 대체재 가격, 환율 등과 같은 경제적 변수 이외에도 연령, 시대, 과거 식습관 등과 같은 인구·사회적 요인을 들 수 있다. 최근 수산물소비에서 관찰되는 특징을 다음과 같이 유형화해 볼 수 있다.
1. 고급화   2. 간편화   3. 외부화   4. 안전지향

▶ 국내 수산물 가격 폭락의 원인
 - 수입량의 급증
 - 생산량의 급증
 - 먹거리(수산물 등)의 문제점 발견시

▶ 국제기구
1. FTA : 자유 무역 협정(Free Trade Agreement)의 줄임말로, 국가 간에 관세 등 무역장벽을 낮추는 협정이다.
2. FAO : 국제식량농업기구 FAO(Food and Agriculture Organization) 국제연합에서 가장 오래된 상설전문기구이다.
3. WTO : 세계무역기구(World Trade Organization)
   관세 및 무역에 관한 일반협정(GATT) 체제를 대신하여 1995년부터 세계 경제질서를 규율해가고 있는 새로운 국제기구이다.
4. WHO : (유엔의)세계보건기구 World Health Organization

※ 국가 간 경제 통합단계
 자유무역협정(FTA)→ 관세동맹→ 공동시장→ 경제공동체→ 단일시장으로 점차 발전한다.

▶ FTA(Free Trade Association, 자유무역협정)
 특정 국가 간의 상호 무역증진을 위해 물자나 서비스 이동을 자유화시키는 협정으로, 나라와 나라 사이의 제반 무역장벽을 완화하거나 철폐하여 무역자유화를 실현하기 위한 양국 간 또는 지역 사이

에 체결하는 특혜무역 협정이다.

FTA는 시장이 크게 확대되어 비교우위에 있는 상품의 수출과 투자가 촉진되고, 동시에 무역창출 효과를 거둘 수 있다는 장점이 있으나, 협정 대상국에 비해 경쟁력이 낮은 산업은 문을 닫아야 하는 상황이 발생할 수도 있다는 점이 단점으로 지적된다.

- 참고 -
※ UN 해양법 협약
〈주요내용〉
1. 영해의 폭을 최대 12해리로 확대
2. 200해리 배타적 경제수역제도를 신설
3. 심해저 부존광물자원을 인류의 공동유산으로 정의
4. 해양오염방지를 위한 국가의 권리와 의무를 명문화
5. 연안국의 관할수역에서 해양과학조사 시의 허가 등을 규정
6. 국제해양법재판소의 설치 등 해양관련 분쟁해결의 제도화

※ 배타적 경제수역(Exciusive Economic Zone : EEZ)
1982년 UN해양법협약이 공해어업질서에 가장 큰 영향을 미친 것은 배타적 경제수역의 도입이다.
연안국이 자국해안으로부터 200해리 안에 있는 해양자원의 탐사, 개발 및 보존, 해양환경의 보존과 과학적 조사활동 등 모든 주권적 권리를 인정하는 UN 해양법 협약상의 해역을 말한다.

MEMO

제1회 기출 문제

1. 수산물 유통의 특성에 관한 설명으로 옳은 것은?

① 품질관리가 쉽다.
② 가격변동성이 크다.
③ 규격화 및 균질화가 쉽다.
④ 유통경로가 단순하다.

> **정답 및 해설** ②
>
> 부패성으로 인해 품질관리가 어렵고, 생산량이 일정하지 않아 가격변동성이 크며, 유통경로가 복잡하다.

2. 수산물의 직접적 유통 및 유통기구에 관한 설명으로 옳지 않은 것은?

① 수산업협동조합의 전문 중매인을 경유한다.
② 생산자와 소비자 사이에 직접적으로 이루어지는 것을 말한다.
③ 수산물 생산자는 생산 및 판매활동의 주체이다.
④ 수산물 유통에는 수산물과 화폐의 교환이 일어난다.

> **정답 및 해설** ①
>
> 직접유통 : 생산자와 소비자 간에 유통기관이 전혀 개입하지 않는 유통
>
> 유통기구 : 수산물 유통기구란 유통기능을 실제로 담당하고 있는 각종 유통기관이 상호 관련하여 활동하는 전체조직을 말한다.

3. 수산물 유통에 있어서 물적 활동으로 옳지 않은 것은?

① 운송 활동　　　　　　　　② 보관 활동
③ 금융 활동　　　　　　　　④ 정보 활동

> **정답 및 해설** ③
>
> 물적활동(물적유통기능) : 장소적(운송), 시간적(저장), 형태적(가공) 효용을 창조하는 기능이다.
>
> 정보활동은 유통조성기능으로 보지만, 상품의 물적 정보를 제공한다는 측면에서 물적 유통으로 볼 수도 있다.

4. 생산자가 출어자금을 차입하여 어획한 후 차입자에게 어획물의 판매권을 양도하는 유통경로는?

① 생산자 → 산지 위판장 → 소비자
② 생산자 → 객주 → 소비자
③ 생산자 → 수집상 → 도매인 → 소비자
④ 생산자 → 수협 → 중간도매상 → 소비자

정답 및 해설 ②

5. 수산물 산지시장의 기능으로 옳지 않은 것은?
① 양륙 및 진열의 기능
② 거래형성의 기능
③ 대금결제의 기능
④ 생산 및 어획의 기능

정답 및 해설 ④
생산 및 어획은 바다 등 생산지에서 이뤄진다.

6. 수산물 계통출하의 주된 유통기구는?
① 객주
② 유사도매시장
③ 인터넷 전자상거래
④ 수협 위판장

정답 및 해설 ④
수산물 계통출하
어민이 수산업협동조합 계통조직을 통해 생산한 수산물을 출하·판매하는 것을 말한다. 즉 수산물의 경우, 어민이 어촌계 등을 통해 단위수협, 수협위판장, 슈퍼마켓(소매상) 등의 유통과정을 거쳐 출하하는 것

7. 수산물 도매시장의 유통주체가 아닌 것은?
① 도매시장법인
② 시장도매인
③ 도매물류센터
④ 중도매인

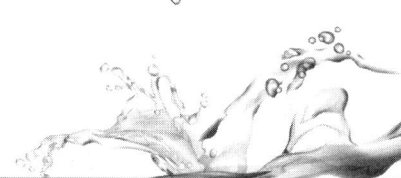

정답 및 해설 ③

도매시장법인 : "도매시장법인"이란 제23조에 따라 농수산물도매시장의 개설자로부터 지정을 받고 농수산물을 위탁받아 상장(上場)하여 도매하거나 이를 매수(買受)하여 도매하는 법인을 말한다.

시장도매인 : "시장도매인"이란 제36조 또는 제48조에 따라 농수산물도매시장 또는 민영농수산물도매시장의 개설자로부터 지정을 받고 농수산물을 매수 또는 위탁받아 도매하거나 매매를 중개하는 영업을 하는 법인을 말한다.

중도매인 : "중도매인"(仲都賣人)이란 제25조, 제44조, 제46조 또는 제48조에 따라 농수산물도매시장·농수산물공판장 또는 민영농수산물도매시장의 개설자의 허가 또는 지정을 받아 다음 각 목의 영업을 하는 자를 말한다.

가. 농수산물도매시장·농수산물공판장 또는 민영농수산물도매시장에 상장된 농수산물을 매수하여 도매하거나 매매를 중개하는 영업

나. 농수산물도매시장·농수산물공판장 또는 민영농수산물도매시장의 개설자로부터 허가를 받은 비상장(非上場) 농수산물을 매수 또는 위탁받아 도매하거나 매매를 중개하는 영업

8. 수산물 도매시장의 중도매인 기능으로 옳지 않은 것은?

① 보관 및 포장 기능
② 금융 기능
③ 가공 기능
④ 수집 및 출하 기능

정답 및 해설 ④

산지유통인

"산지유통인"(産地流通人)이란 농수산물도매시장·농수산물공판장 또는 민영농수산물도매시장의 개설자에게 등록하고, 농수산물을 수집하여 농수산물도매시장·농수산물공판장 또는 민영농수산물도매시장에 출하(出荷)하는 영업을 하는 자를 말한다.

9. 수산물 유통경로 중 산지 직판장 거래에 관한 설명으로 옳은 것은?

① 선도유지가 어렵다.
② 중간 유통비용이 적게 든다.
③ 저렴한 가격으로 판매가 어렵다.
④ 소비자가 수송, 보관 등을 담당한다.

정답 및 해설 ②

산지직판장은 산지에 개설된 직거래 시장(장터)으로 중간상인의 개입 없이 생산자와 소비자간 직거래가 이뤄지는 시장이다.

10. 선어의 유통에 관한 설명으로 옳지 않은 것은?

① 일반적으로 비계통출하 보다 계통출하 비중이 높다.
② 빙수장이나 빙장 등이 필요하다.
③ 고등어는 갈치의 유통경로와 매우 유사하다.
④ 선어는 원양에서 어획된 것이 대부분이다.

> **정답 및 해설** ④
> 원양에서 어획된 것은 대부분 냉동상태로 양륙된다.
> 선어
> 일반적으로 선어란 경직 중 또는 해경이 얼마 되지 않은 신선한 어류를 말하는 것으로, 시장용어로서는 저온 하에서 보존되어 있는 미동결어를 가리키고 있다.

11. 냉동수산물에 관한 설명으로 옳지 않은 것은?

① 냉동수산물의 유통경로는 단순하다.
② 냉동수산물의 운송은 주로 냉동탑차에 의해 이루어진다.
③ 냉동수산물은 대부분 수협 위판장을 거치지 않는다.
④ 냉동수산물은 동결 상태로 유통된다.

> **정답 및 해설** ①
> 냉동수산물은 가공용으로 기업에 출하되거나 도매시장의 경매과정을 거쳐 출하되는데 수협위판장과 같은 산지 경매는 이뤄지지 않는 것이 일반적이다.

12. 현재 우리나라에서 생산되는 양식 어종 중 유통량이 가장 많은 것은?

① 도다리   ② 조피볼락
③ 넙치   ④ 참돔

> **정답 및 해설** ③

13. 활어의 유통에 관한 설명으로 옳지 않은 것은?

① 일반적으로 계통출하 보다 비계통출하의 비중이 높다.
② 산지유통과 소비지유통으로 구분된다.
③ 공영도매시장에서 주로 이루어지고 있다.
④ 다른 수산물에 비해 차별적인 유통기술이 필요하다.

정답 및 해설 ③

14. 저온상태를 유지하면서 수산물을 유통하는 방식은?
① 수산물유통이력제 ② 콜드 체인
③ 쿼터제 ④ 짓가림제

정답 및 해설 ②

짓가림제
어업에 종사하는 근로자의 임금을 결정하는 방식으로 비율제(성과급제)

15. 수산물 공동판매에 속하지 않는 것은?
① 공동수송 ② 공동생산
③ 공동선별 ④ 공동계산

정답 및 해설 ②

16. 수산물 공동판매의 기능으로 옳지 않은 것은?
① 어획물 가공 ② 출하 조정
③ 유통비용 절감 ④ 어획물 가격제고

정답 및 해설 ①

17. 생산자 측면에서 수산물 전자상거래의 장애요인을 모두 고른 것은?

| ㄱ. 미흡한 표준화 | ㄴ. 어려운 반품처리 |
| ㄷ. 짧은 유통기간 | ㄹ. 낮은 운송비 |

① ㄱ, ㄷ ② ㄴ, ㄷ
③ ㄱ, ㄴ, ㄷ ④ ㄱ, ㄴ, ㄷ, ㄹ

정답 및 해설 ③

운송비가 수산물의 중량성 및 부패성으로 인해 과다하다.

18. 전어가격이 마리당 200원에서 300원으로 오르자 판매량이 600 마리에서 400 마리로 줄었다. 수요의 가격탄력성은?

① -1
② -1/2
③ -2/3
④ -3/4

정답 및 해설 ③

수요의 가격탄력성 = $\dfrac{\text{수요량의변화율(\%)}}{\text{가격의변화율(\%)}}$ = $\dfrac{\left(\dfrac{\text{수요량변동분}}{\text{원래수요량}}\right)}{\left(\dfrac{\text{가격변동분}}{\text{원래가격}}\right)}$

= (-200/600)/(100/200) = -2/3

19. 수산물 공급곡선이 우상향하는 양(+)의 기울기를 갖는 이유로 옳지 않은 것은?

① 가격 상승
② 공급량 증가
③ 보관비 및 운송비 상승
④ 수요자의 기호도 변화

정답 및 해설 ④

가격이 상승하면 공급량이 증가하기 때문에 그래프의 모양은 우상향(右上向)의 정비례 그래프가 된다. 보관비 및 운송비 상승은 가격상승 요인이다.

20. 아래는 오징어를 판매한 가격을 나타낸 것이다. 소매상의 마진율(%)은?

ㄱ. 생산어가수취 : 900원	ㄴ. 산지수집상 : 1,000원
ㄷ. 도 매 상 : 1,200원	ㄹ. 소 매 상 : 1,600원

① 10
② 15
③ 20
④ 25

정답 및 해설 ④

소매상 마진율 = (소매상수취가격-도매상수취가격)/소매상수취가격 = 400/1,600 = 25%

21. 수산물 마케팅 믹스 4P와 4C의 전략을 바르게 연결한 것은?

　　　　〈기업관점(4P)〉　　　　　　　　〈고객관점(4C)〉
① 유통경로(Place)　　　－　　의사소통(Communication)
② 가격전략(Price)　　　－　　고객의 비용(Cost to the customer)
③ 상품전략(Product)　　－　　편리성(Convenience)
④ 촉진전략(Promotion)　－　　고객가치(Customer value)

정답 및 해설 ②

4P (기업관점)		4C (고객관점)
유통경로(Place)	⇔	편리성 (Convenience)
상품전략(Products)	⇔	고객가치 (Customer value)
가격전략(Price)	⇔	고객측 비용(Cost to the Customer)
촉진전략(Promotion)	⇔	의사소통(Communication)

22. 수산물 유통 시 포장에 관한 설명으로 옳은 것을 모두 고른 것은?

> ㄱ. 수산물의 신선도를 유지시켜 준다.
> ㄴ. 가격의 공개로 수산물의 신뢰도를 높인다.
> ㄷ. 생산내역을 명기하므로 광고 수단으로 유용하다.

① ㄴ　　　　　　　　　　　② ㄱ, ㄷ
③ ㄴ, ㄷ　　　　　　　　　④ ㄱ, ㄴ, ㄷ

정답 및 해설 ④

포장의 기능
ⓐ 포장은 가격을 전달하는데 사용된다.
ⓑ 포장은 내용물 원형을 보존한다.
ⓒ 중·대 규모 포장은 더 많은 소비를 촉진시킨다.
ⓓ 포장은 상표, 내용물을 명시하여 제품을 광고하고 촉진수단으로 이용된다.

ⓔ 포장은 판매부서의 노동력을 감소시켜 비용을 크게 감소시킨다.

23. 수산물 가격결정에 있어 사전에 구매자와 판매자가 서로 협의하여 가격을 결정하는 방식은?

① 정가매매
② 수의매매
③ 낙찰경매
④ 서면입찰

정답 및 해설 ②

24. 수산물 유통정책의 목적으로 옳지 않은 것은?

① 유통효율의 극대화
② 수산자원 조성
③ 가격안정
④ 식품안전성 확보

정답 및 해설 ②

수산자원조성

'수산 자원 관리법'에 따라, 일정한 수역에 어초, 해조장 등 수산 생물의 번식에 유리한 시설을 설치하거나 수산 종자를 풀어놓는 행위 등 인공적으로 수산 자원을 풍부하게 만드는 행위

25. 수산물 국제교역에 있어 특정 국가(지역) 간 배타적인 무역특혜를 상호 부여하는 협정은?

① DDA
② WTO
③ FTA
④ WHO

정답 및 해설 ③

DDA

정식 명칭은 '도하개발 어젠더(Doha Development Agenda)'로 2001년 11월 14일 카타르 도하 각료회의에서 합의된 WTO 제4차 다자간 무역협상을 지칭한다.

WTO

무역 자유화를 통한 전 세계적인 경제 발전을 목적으로 하는 국제기구로, 1995년 1월 1일 정식으로 출범하였다. 한국은 1995년 1월 1일 WTO 출범과 함께 회원국으로 가입하였다.

FTA[Free Trade Agreement]

국가 간 상품의 자유로운 이동을 위해 모든 무역 장벽을 완화하거나 제거하는 협정

제2회 기출 문제

1. 수산물 공동판매에 관한 설명으로 옳은 것은?
   ① 공동선별이 공동계산보다 발달된 형태이다.
   ② 수산물 유통비용을 절감한다.
   ③ 산지위판장을 통해서만 가능하다.
   ④ 유통업자 간 판매 시기와 장소를 조정하는 행위이다.

   > **정답 및 해설** ②
   > ① 공동선별작업은 노동력을 공유하는 것으로 근대에도 행해졌다.
   > ③ 산지생산자조직이 위판장을 통하지 않고도 행한다
   > ④ 유통업자가 아니라 생산자간 유통 활동이다.

2. 수산업에서 태풍, 적조, 고수온 등의 자연현상으로 발생하는 물리적 위험을 회피하기 위한 수단은?
   ① 유통명령   ② 현물거래
   ③ 계약재배   ④ 재해보험

   > **정답 및 해설** ④
   > 장래 발생하는 위험을 회피하기 위한 보험이다.

3. 수산물 경매제도의 장점이 아닌 것은?
   ① 거래의 투명성을 높일 수 있다.
   ② 거래의 안전성이 향상된다.
   ③ 가격의 변동성을 줄일 수 있다.
   ④ 거래의 공정성을 높일 수 있다.

   > **정답 및 해설** ③
   > 경매제도를 통하여 신뢰할 수 있는 가격이 형성되긴 하지만 공급량과 수요량에 의하여 결정되는 가격까지 조절할 수는 없다.

4. 수산물전자상거래에 관한 설명으로 옳은 것은?
   ① 영업시간과 진열공간의 제약이 있다.

② 상품의 표준규격화가 쉽다.
③ 짧은 유통기간으로 인해 반품처리가 어렵다.
④ 상품의 품질 확인이 쉽다.

> **정답 및 해설** ③
> ① 시간과 공간의 제약이 없다.
> ② 수산물은 공산물과 달리 표준규격화가 어렵다.
> ④ 전자적 사이트의 통명이나 사진만으로 물건을 선택해야 하는 단점이 있다.

5. 수산물 유통구조의 일반적 특징이 아닌 것은?

① 유통단계가 복잡하다.
② 영세한 출하자가 많다.
③ 소량, 반복적으로 소비한다.
④ 도매시장 중심으로 유통하다.

> **정답 및 해설** ④
> 수산물은 산지위판장을 경유한 후 일반 소매시장에서 유통된다.

6. 수산물 공영도매시장에 관한 설명으로 옳지 않은 것은?

① 도매시장법인은 둘 수 있으나, 시장도매인은 둘 수 없다.
② 다수의 출하자와 구매자가 참여한다.
③ 대금을 즉시 받을 수 있는 제도적 장치가 마련되어 있다.
④ 수산물의 대량 거래가 가능하다.

> **정답 및 해설** ①
> 시장도매인도 가능하다.

7. 수산물 소매상에 관한 설명으로 옳지 않은 것은?

① 수집시장과 분산시장을 연결해 준다.
② 전통시장, 대형마트 등이 있다.
③ 최종소비자에게 수산물을 판매하는 기능을 한다.
④ 최종소비자의 기호변화 정보를 생산자 등에게 전달하는 기능을 한다.

> **정답 및 해설** ①
> 수집시장과 분산시장을 연결해 주는 것은 도매시장이다.

8. B영어조합법인의 '어린이용 생선가스'가 인기를 얻자 다수의 업체들이 유사상품을 출시하고, B법인의 판매성장률이 둔화될 때의 제품수명주기상 단계는?
① 도입기 ② 성장기
③ 성숙기 ④ 쇠퇴기

> **정답 및 해설** ③
> 생애주기상 성숙기에는 다수의 유사기업이 시장에 진출함에 따라 성장률이 둔화되고 기업입장에서는 새로운 상품을 준비해야 하는 단계이다.

9. 생물 꽃게 한 마리에 '3,990원'으로 표시하여 판매할 때의 가격전략은?
① 단수가격 ② 명성가격
③ 개수가격 ④ 단일가격

> **정답 및 해설** ①

10. 수산물의 생산과 소비 간에 발생하는 거리와 이를 좁혀 주는 유통기능을 옳게 연결한 것은?

| ㄱ. 장소의 거리 - 운송기능 | ㄴ. 시간의 거리 - 보관기능 |
| ㄷ. 수량의 거리 - 선별기능 | ㄹ. 품질의 거리 - 집적 분할기능 |

① ㄱ, ㄴ ② ㄱ, ㄹ
③ ㄴ, ㄷ ④ ㄷ, ㄹ

> **정답 및 해설** ①
> ㄴ 보관기능인 저장을 통하여 출하시기를 조정할 수 있다.

11. 소비자 가격이 30,000원이고 생산자 수취가격이 21,000원인 완도산 전복의 유통마진율(%)

은?

① 30 ② 35
③ 40 ④ 50

정답 및 해설 ①

$$\frac{30,000-21,000}{30,000}\times 100=30$$

12. 갈치 한 마리 가격이 5,000원에서 10,000원으로 상승할 때 소비량의 감소율(%)은?(단, 수요의 가격탄력성은 0.4라고 가정한다.)

① 20 ② 30
③ 40 ④ 50

정답 및 해설 ③

수용의 가격탄력성(0.4)=수요량의 변화율/가격의 변화율=수요량의 변화율/100

수요량의 변화율 = 40

* 가격의 변화율 = 변화된 가격/최초의 가격×100=100

13. 수산물 유통마진의 구성요소가 아닌 것은?

① 감모비 ② 생산자 이윤
③ 수송비 ④ 점포임대료

정답 및 해설 ②

유통마진은 최초생산자로부터 수취한 가격이 최후 소비자가 지출한 비용을 공제한 것이다. 생산자 이윤은 최초 생자자수취가격에 이미 포함되어 있다.

14. 상품, 가격 등의 유통정보를 전달하는 매체는?

① RFID(Radio Frequency Identification)
② VAN(Value Added Network)
③ EDI(Electronic Data Interchange)
④ CRM(Customer Relationship Management)

정답 및 해설 ① 바코드와 RFID에는 상품정보가 포함되어 있다.

15. 수산물 유통시장을 교란시키는 원인이 아닌 것은?
① 불법 어획물의 판매 증가
② 원산지 표시 위반
③ 중간 유통업체의 과도한 이윤
④ 다양한 유통경로의 등장

정답 및 해설 ④

유통시장을 교란시켰다는 것은 비정상적 유통과정을 말하는데 다양한 유통경로는 생산자나 소비자 입장에서도 바람직한 즉 정상적인 유통과정이다.

16. 수산물 포장의 기능이 아닌 것은?
① 제품의 보호성   ② 취급의 편리성
③ 판매의 촉진성   ④ 재질의 고급화

정답 및 해설 ④

포장의 기능이란 포장을 통하여 얻을 수 있는 이익을 말한다.

17. 고등어 생산량이 80% 이상이 부산공동어시장에서 양륙된다. 이러한 지역성을 가지는 이유로 옳지 않은 것은?
① 일시 대량어획 수산물을 처리할 수 있는 큰 규모의 시장이다.
② 시장 주변에 냉동창고가 밀집되어 있어 보관이 용이하다.
③ 의무(강제)상장제에 의해 지정된 양륙항이다.
④ 대량거래가 가능한 중도매인이 존재한다.

정답 및 해설 ③

의무상장제는 없다.

18. 시장의 유통으로 거래되는 원양산 오징어의 가격 결정 방법으로 옳은 것을 모두 고른 것은?

| ㄱ. 입찰 | ㄴ. 경매 | ㄷ. 수의매매 | ㄹ. 정가매매 |

① ㄱ, ㄴ   ② ㄱ, ㄷ

Point 기출문제

③ ㄱ, ㄴ, ㄷ　　　　　　　　　　④ ㄴ, ㄷ, ㄹ

정답 및 해설 ②

19. 선어의 유통과정에 관한 설명으로 옳지 않은 것은?
① 산지위판장에서는 경매 전에 양륙과 배열을 한다.
② 산지 경매 이후에 재선별이나 재입상을 한다.
③ 산지 입상과정에서 선어용은 스티로폼 상자, 냉동용은 골판지 상자에 입상한다.
④ 소비지 도매시장에서 소매용으로 재선별한다.

정답 및 해설 ④
재선별하지는 않는다.

20. 냉동 수산물의 상품적 기능으로 옳지 않은 것은?
① 수산물을 연중 소비할 수 있도록 한다.
② 보관을 통해서 수산물의 품질을 높인다.
③ 부패하기 쉬운 수상물의 보관·저장성을 높인다.
④ 계절적 일시 다량 어획으로 인한 수상물의 가격폭락을 완충해 준다.

정답 및 해설 ②
냉동제품은 선어에 빙하여 품질이 떨어진다.

21. 양식 굴의 유통에 관한 설명으로 옳은 것은?
① 국내 소비는 가공굴 위주이다.
② 국내 소비용 생굴(알굴)은 식품안전을 위해 가열하여 유통한다.
③ 껍질 채로 유통되기도 한다.
④ 수출은 생굴(알굴)이 많다.

정답 및 해설 ③
국내소비는 자연산 중심이며 생굴은 날 것으로 유통이 된다.

22. 수산가공품의 유통이 가지는 특성이 아닌 것은?

① 부패 억제를 통해 장기 저장이 가능하다.
② 소비자의 다양한 기호를 만족시킬 수 있다.
③ 공급을 조절할 수 있다.
④ 저장성이 높을수록 일반 식품과 유통경로가 다르다.

> **정답 및 해설** ④
>
> 가공식품의 유통경로는 본질적으로 일반 식품과 유통경로가 상이하며, 저장성이 높을수록 유통경로가 달라지지는 않는다.

23. 수산물 유통 정책의 목적과 수단이 옳게 연결된 것은?

① 유통효율극대화 – 수산물 가격정보 공개
② 가격안정 – 정부비축
③ 적정한 가격 수준 – 수산물 물류표준화
④ 식품안전 – 물가의 감시

> **정답 및 해설** ②
>
> ① 유통효율이란 유통비용 대비 가격인데 이의 극대화란 유통경로를 어떻게 하느냐의 관점이지 가격정보를 공개한다고 해서 효율이 극대화 되지는 않는다.
> ③ 물류표준화란 포장규격과 등급의 표준화를 통하여 달성된다.
> ④ 식품안전의 목적은 물가가 아니라 유해물질의 관리를 통하여 달성된다.

24. 민간협력형 수산물 가격 및 수급 안정 정책이 아닌 것은?

① 수산업관측   ② 유통협약
③ 자조금   ④ 수산물유통시설 지원

> **정답 및 해설** ④
>
> 민간협력형이란 민간에게 업무를 협조받거나 협약을 맺음으로써 이뤄지는 형태이다. 수산물유통시설은 정부가 시설을 구축하여 지원하는 것으로 협조나 협약의 대상은 아니다.

25. 수산물의 식품안전성을 확보하기 위해 도입한 제도가 아닌 것은?

① 수산물 안전성 조사제도
② 식품안전관리인증기준(HACCP)제도
③ 지리적표시제도
④ 수산물이력제도

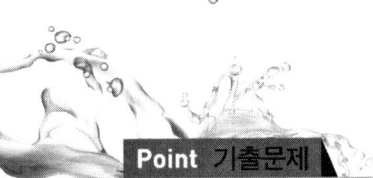

정답 및 해설 ③

지리적표시제도는 지역특산품이라는 등록제도이지 이것이 식품의 안전성을 담보하지는 않는다.

제3회 기출 문제

1. 선어에 비해 수산가공품의 유통 상 장점을 모두 고른 것은?

> ㄱ. 장기간 저장 용이   ㄴ. 수송 용이   ㄷ. 선도향상 가능

① ㄱ
② ㄱ, ㄴ
③ ㄴ, ㄷ
④ ㄱ, ㄴ, ㄷ

정답 및 해설 ②

선어란 경직 중 또는 해경이 얼마 되지 않은 신선한 어류를 말하는 것으로, 시장용어로서는 저온 하에서 보존되어 있는 미동결어를 가리키고 있다. 수산가공품의 예 - 참치 통조림

2. 수산물유통경로에 관한 설명으로 옳은 것은?

① 참치 통조림의 유통은 원료 조달단계와 상품 판매단계로 구분된다.
② 원양산 냉동 오징어는 모든 공영도매시장을 통해 유통된다.
③ 자연산 굴과 양식산 굴은 유통경로는 유사하다.
④ 갈치는 소비지 도매시장을 경유해야만 한다.

정답 및 해설 ①

원양산 냉동 수산물은 시장 외 거래가 일반적이다.

3. 냉동 수산물 유통에 관한 설명으로 옳지 않은 것은?

① 원양 어획물과 수입수산물이 대부분이다.
② 유통과정에서의 부패 위험도가 낮다.
③ 주로 산지위판장을 경유하여 유통된다.
④ 유통을 위해서 냉동창고, 냉동탑차를 이용한다.

정답 및 해설 ③

4. 수산물 소매시장에 관한 설명으로 옳은 것은?

① 소비자에게 수산물을 판매하는 유통과정의 최종단계이다.
② 수산물의 수집, 가격형성, 소비지로 분산하는 기능을 수행한다.

③ 수산물을 생산하여 1차 가격을 결정하는 시장이다.
④ 중도매인이 가격 결정을 주도한다.

> **정답 및 해설** ①
>
> ②④ 도매시장, ③ 산지위판장

5. 양식 넙치 유통에 관한 설명으로 옳지 않은 것은?

① 횟감으로 이용되기 때문에 대부분 활어로 유통된다.
② 현재 주 생산지는 제주도와 완도이다.
③ 활어 유통기술이 개발되어 활어로 수출되고 있다.
④ 주로 산지 위판장에서 거래되어 소비지로 출하된다.

> **정답 및 해설** ④
>
> 활어 유통은 비계통출하 또는 시장 외 거래가 일반적이다.

6. 선어 유통에 관한 설명으로 옳은 것은?

① 선어 유통에는 빙장이 필요 없다.
② 선어 유통은 비계통 출하 비중이 높다.
③ 선어 유통에서 명태의 유통량이 가장 많다.
④ 선어의 선도 유지를 위해 신속한 유통이 필요하다.

> **정답 및 해설** ③
>
> 지리적표시제도는 지역특산품이라는 등록제도이지 이것이 식품의 안전성을 담보하지는 않는다.

7. 자연산 참돔 활어 유통에 관한 설명으로 옳지 않은 것은?

① 소비지에서는 유사 도매시장을 경유하는 비중이 높다.
② 산지에서는 계통 출하로만 유통된다.
③ 유통과정에서 활어차와 수조가 이용된다.
④ 선어 유통보다 부가가치가 높다.

> **정답 및 해설** ②
>
> 활어는 비계통출하의 비중이 더 높다.

8. 수산물 전자상거래 활성화의 제약 요인이 아닌 것은?

① 수산물의 소비량이 적다.
② 운송비 부담이 크다.
③ 생산 및 공급이 불안정하다.
④ 반품처리가 어렵다.

정답 및 해설 ①

9. 산지위판장에 고등어 100상자가 상장되면, 어떤 방식으로 가격이 결정되는가?

① 상향식 경매
② 하향식 경매
③ 최저가 입찰
④ 최고가 입찰

정답 및 해설 ①

영국식 경매방법(상향식)

일반적으로 매수인측이 매수희망가격을 최저가격으로부터 점차 최고가격으로 제시하고, 경매사는 한 번 또는 여러 번 가격을 올려 부르게 되며. 구매자도 여러 번 가격을 올려 부를 수도 있다. 이 과정은 더이상 받아들일 수 없을 정도로 호가가 이루어질 때까지 계속되어 최고가격에 이르렀을 때 경락되는 방법이다.

10. 수산물 판매량을 늘리기 위해 중간상인에게 적용되는 촉진수단이 아닌 것은?

① 가격 인하
② 무료 제품 제공
③ 광고
④ 할인 쿠폰

정답 및 해설 ④

할인쿠폰

쿠폰은 흔히 대기업의 브랜드 제품에도 사용되지만, 주변에서 빈번하게 접하는 쿠폰의 형태는 일반 리테일 매장이나 소규모 자영업자가 발행하는 지역 상권용 쿠폰이다. 이들은 자신의 매장이나 점포에 타깃 고객이나 불특정 다수 소비자를 유도하기 위해서 쿠폰을 대량으로 제작해 배포한다.

11. 수산식품의 생산단계부터 판매단계까지의 정보를 소비자에게 전달하는 체계는?

① 지리적 표시제
② GAP
③ 수산물 이력제
④ QS-9000

정답 및 해설 ③

"이력추적관리"란 농수산물의 안전성 등에 문제가 발생할 경우 해당 농수산물을 추적하여 원인을 규명하고 필요한 조치를 할 수 있도록 농수산물의 생산단계부터 판매단계까지 각 단계별로 정보를 기록·관리하는 것을 말한다.

12. 마트에서 생굴을 판매할 때, 판매정보수집에 이용되는 도구가 아닌 것은?
① POS 단말기
② 바코드
③ 스토어 컨트롤러
④ IC 카드

정답 및 해설 ④

스토어 컨트롤러 (store controller)
매장의 재고나 정보를 제어하는 기계

13. 갈치의 유통단계별 가격이 다음과 같다면 소비지 도매단계의 유통마진율(%)은 약 얼마인가?(단, 유통비용은 없다고 가정한다.)

유통단계별참여자	생산자	산지 수집상	소비지 도매상	소매상
참여자별 수취가격(마리당)	6,000원	6,500원	7,500원	8,000원

① 6
② 8
③ 13
④ 25

정답 및 해설 ③

해당 유통단계 유통마진 = (해당유통단계 수취가격-전단계 수취가격)/해당유통단계 수취가격
= (7,500-6,500)/7,500 = 13.33%

14. 고등어가 매월 500상자씩 판매되었으나 가격이 10% 인상됨에 따라 수요가 15% 감소하였다면 수요의 가격탄력성은?
① 6
② 8
③ 13
④ 25

정답 및 해설 ④

수용의 가격탄력성 = (수용량의 증감)/수요가격의 증감 = 15%/10% = 1.5

15. 수산물 마케팅 환경 중 미시적 외부환경요인은?

① 종업원 역량 ② 수산물 공급자
③ 해수온도 ④ 어업기술

정답 및 해설 ②

미시적 요인 : 유통단계에서 활동하는 유통기관
기업, 원료공급자, 고객, 공공, 경쟁기업, 중간상 등

16. 수산식품의 브랜드 명이 "B참치", "B어목", B젓갈"등이라면, B수산회사가 채택한 브랜드 구조는?

① 브랜드 위계 구조 ② 개별 브랜드 구조
③ 기업 브랜드 구조 ④ 혼합 브랜드 구조

정답 및 해설 ③

17. 다음에서 부산횟집이 넙치회 2kg을 37,000원에 판매하였다면, 적용된 가격결정방식은?

넙치회 2kg 기준	넙치 구입원가 : 25,000원	인근횟집 평균가격 : 50,000원
	총인건비 : 5,000원	소비자 지각가치 : 34,000원
	기타 점포 운영비 : 4,000원	희망 이윤액 : 3,000원

① 가치 가격결정 ② 원가중심 가격결정
③ 약탈적 가격결정 ④ 경쟁자 기준 가격결정

정답 및 해설 ②

원가에 희망이윤을 붙여 37,000이 결정되었으므로 원가중심 가격결정을 택했다.

18. 수산물 유통의 사회경제적 역할이 아닌 것은?

① 사회적 불일치 해소 ② 장소적 불일치 해소
③ 품질적 불일치 해소 ④ 시간적 불일치 해소

정답 및 해설 ③

유통을 통해 품질의 불일치(→품질의 동질화)를 해소할 수는 없다.

19. 일반적인 수산물의 상품적 특성으로 옳지 않은 것은?
① 품질과 크기가 균일하다.
② 생산이 특정한 시기에 편중되는 품목이 많다.
③ 가치에 비에 부피가 크고 무겁다.
④ 상품의 용도가 다양하며, 대체 가능한 품목이 많다.

정답 및 해설 ①

품질과 크기가 다양하다.

20. 수산물 유통구조에 관한 설명으로 옳은 것은?
① 유통단계가 단순하다.
② 소비지에는 도매시장이 없다.
③ 다양한 유통경로가 존재한다.
④ 유통비용이 저렴하고, 유통마진이 작다.

정답 및 해설 ③

① 유통단계가 복잡하다.
② 소비지에는 도매시장이 존재한다.
③ 다양한 유통경로가 존재한다.
④ 공산품에 비해 유통비용이 크고, 유통마진이 크다.

21. 수산물 유통기능의 설명으로 옳은 것을 모두 고른 것은?

> ㄱ. 보관기능 : 수산물 생산시점과 소비시점의 차이 문제를 해결한다.
> ㄴ. 정보전달기능 : 수산물 생산지와 소비지의 차이 문제를 해결한다.
> ㄷ. 상품구색기능 : 시장 수요의 다양성에 대응하기 위하여 다양한 수산물을 수집하여 구색을 갖춘다.
> ㄹ. 선별기능 : 대량으로 생산된 수산물을 각 시장의 규모에 맞추어 소량으로 분할한다.

① ㄱ, ㄴ　　　　　　　　　　　② ㄱ, ㄷ
③ ㄴ, ㄹ　　　　　　　　　　　④ ㄷ, ㄹ

> **정답 및 해설** ②
>
> 정보전달기능 : 상품에 대한 정보를 제공한다.
>
> 선별기능 : 포장단위로 무게 또는 크기에 따라 선별하는 기능

22. 산지위판장에 관한 설명으로 옳지 않은 것은?

① 전국적으로 동일한 위판수수료를 받는다.
② 수협 조합원의 생산물을 위탁판매한다.
③ 경매를 통해 가격을 결정한다.
④ 어장과 가까운 연안에 위치한다.

> **정답 및 해설** ①
>
> 산지위판장
>
> "수산물산지위판장"이란 「수산업협동조합법」에 따른 지구별 수산업협동조합, 업종별 수산업협동조합 및 수산물가공 수산업협동조합, 수산업협동조합중앙회, 그 밖에 대통령령으로 정하는 생산자단체와 생산자가 수산물을 도매하기 위하여 제10조에 따라 개설하는 시설을 말한다.
>
> 위판수수료
>
> 해당산지위판장의 업무규정으로 정한다.

23. 수산물 표준화 및 등급화에 관한 설명으로 옳지 않은 것은?

① 소비자의 상품신뢰도를 향상시킨다.
② 품질에 따른 가격차별화를 가능하게 한다.
③ 물류비용 절감으로 유통 효율성을 높일 수 있다.
④ 현재 수산물 표준화 및 등급화는 모든 생산자의 의무도입사항이다.

> **정답 및 해설** ④
>
> 표준화 및 등급화는 모든 생산자의 의무도입사항은 아니며 도매시장에 출하시 우선경매 등의 혜택을 주고 있다. 장관의 권장사항이다.

24. 냉동 수산물의 단위화물 적재시스템(unit load system)에 관한 설명으로 옳지 않은 것은?

① 일정한 중량 또는 체적으로 단위화하여 수송하는 방법이다.

② 기계를 이용한 하역·수송·보관이 가능하다.
③ 저장 공간을 많이 차지하는 단점이 있다.
④ 포장비용을 절감하는 효과를 기대할 수 있다.

> **정답 및 해설** ③

단위화물을 적재하기 위해 펠릿이나 표준규격화된 포장을 사용하므로 저장공간을 효율적으로 사용할 수 있다.

25. 수산물 공판장의 개설자에게 등록하고, 수산물을 수집하여 수산물 공판장에 출하하는 사람은?

① 매매참가인
② 산지유통인
③ 경매사
④ 객주

> **정답 및 해설** ②

농수산물 및 유통에 관한 법률
"산지유통인"(産地流通人)이란 제29조, 제44조, 제46조 또는 제48조에 따라 농수산물도매시장·농수산물공판장 또는 민영농수산물도매시장의 개설자에게 등록하고, 농수산물을 수집하여 농수산물도매시장·농수산물공판장 또는 민영농수산물도매시장에 출하(出荷)하는 영업을 하는 자(법인을 포함한다. 이하 같다)를 말한다.

제4회 기출 문제

1. '선어'에 해당하는 것을 모두 고른 것은?

> ㄱ. 생물고등어　　　　　　　ㄴ. 활돔
> ㄷ. 신선갈치　　　　　　　　ㄹ. 냉장조기

① ㄱ, ㄴ, ㄷ　　　　　　　　② ㄱ, ㄴ, ㄹ
③ ㄱ, ㄷ, ㄹ　　　　　　　　④ ㄴ, ㄷ, ㄹ

정답 및 해설 ③

활어는 살아있는 어류를 말한다.

선어

일반적으로 선어란 경직 중 또는 해경이 얼마 되지 않은 신선한 어류를 말하는 것으로, 시장용어로서는 저온 하에서 보존되어 있는 미동결어를 가리키고 있다.

2. 국내산 고등어 유통에 관한 설명으로 옳지 않은 것은?

① 주 생산 업종은 근해채낚기어업이다.
② 총허용어획량(TAC) 대상 어종이다.
③ 대부분 산지수협 위판장을 통해 유통된다.
④ 크기에 따라 갈사, 갈고, 갈소고, 소소고, 소고, 중고, 대고 등으로 구분한다.

정답 및 해설 ①

고등어는 선망(두릿그물)어법 중 건착망어업에 속한다.

3. 활어는 공영도매시장보다 유사도매시장에서 거래량이 많다. 이에 관한 설명으로 옳지 않은 것은?

① 유사도매시장은 부류별 전문도매상의 수집활동을 중심으로 운영된다.
② 유사도매시장은 생산자의 위탁을 중심으로 운영된다.
③ 유사도매시장은 주로활어를 취급하기 때문에 넓은 공간(수조)을 갖추고 있다.
④ 유사도매시장은 활어차, 산소공급기, 온도조절기 등 전문 설비를 갖추고 있다.

정답 및 해설 ②

생산자는 유사도매시장의 전문도매상과 직접 거래한다.

4. 양식 넙치의 유통 특성에 관한 설명으로 옳은 것을 모두 고른 것은?

> ㄱ. 주로 산지수협 위판장을 통해 유통된다.
> ㄴ. 대부분 유사도매시장을 경유한다.
> ㄷ. 주산지는 제주와 완도이다.
> ㄹ. 최대 수출대상국은 미국이다.

① ㄱ
② ㄱ, ㄹ
③ ㄴ, ㄷ
④ ㄴ, ㄷ, ㄹ

정답 및 해설 ③

양식 넙치는 비계통출하가 일반적이다.

5. 수산물 공급의 직접적인 증감요인에 해당하는 것은?

① 생산기술(비용)
② 인구 규모
③ 소비자 선호도
④ 소득 수준

정답 및 해설 ①

②③④는 간접적 공급증가요인이다.

6. 국내 수산물가격이 폭등하는 원인에 해당하지 않는 것은?

① 수산식품 안전성 문제 발생
② 생산(어획)량 급감
③ 국제 수급문제로 수입 급감
④ 국제 유류가격 급등

정답 및 해설 ①

수산물에 안전성 문제가 발생하면 수요가 급감하고 가격이 폭락한다.

7. 수산가공품의 장점이 아닌 것은?

① 장기저장이 가능하다.
② 수송이 편리하다.
③ 안전한 생산으로 상품성이 향상된다.
④ 수산물 본연의 맛과 질감을 유지할 수 있다.

정답 및 해설 ④

수산물 본연의 맛과 질감을 유지할 수 있는 것은 선어나 활어이다.

8. 냉동상태로 유통되는 비중이 가장 높은 수산물은?
① 명태
② 조피볼락
③ 고등어
④ 전복

정답 및 해설 ①

9. 최근 연어류 수입이 급증하고 있는데, 이에 관한 설명으로 옳은 것은?
① 국내에 수입되는 연 어류는 대부분 일본산이다.
② 국내에 수입되는 연 어류는 대부분 자연산이다
③ 최근에는 냉동보다 신선냉장 연 어류 수입이 많다.
④ 국내에서 연 어류는 대부분 통조림으로 소비된다.

정답 및 해설 ③

① 연어 최대 수입국가는 노르웨이이다.
② 국내에 수입되는 연어류는 대부분 양식산이다
④ 국내에서 연어류는 대부분 횟감으로 소비된다.

10. 활오징어의 유통단계별 가격이 다음과 같을 때, 소비지 도매단계의 유통마진율(%)은 약 얼마인가? (단, 유통비용은 없는 것으로 가정한다.)

구 분	오징어 생산자	산지유통인	소비지도매상	횟집
가격(원/마리)	7,000	7,400	8,400	12,000

① 12
② 15
③ 18
④ 21

정답 및 해설 ①

소비지 도매단계의 유통마진율(%) = (8,400-7,400)/8,400 = 11.90%

11. 다음 사례에 나타난 수산물의 유통기능이 아닌 것은?

> 제주도 서귀포시에 있는 A영어조합법인이 가을철에 어획한 갈치를 냉동창고에 보관하였다가 이듬해 봄철에 수도권의 B유통업체에 전량 납품하였다.

① 장소효용 ② 소유효용
③ 시간효용 ④ 품질효용

정답 및 해설 ④

① 장소효용 : 운송(서귀포에서 수도권으로 이동)
② 소유효용 : 소유권 변경(거래)
③ 시간효용 : 저장(냉동창고 보관)

12. 수산물 유통의 일반적 특성으로 옳은 것은?

① 생산 어종이 다양하지 않다.
② 공산품에 비해 물류비가 낮다.
③ 품질의 균질성이 낮다.
④ 계획 생산 및 판매가 용이하다.

정답 및 해설 ③

① 생산 어종이 다양하다.
② 공산품에 비해 물류비가 높다.
③ 품질의 균질성이 낮다.
④ 계획 생산 및 판매가 어렵다.

13. 수산물 소매상에 관한 설명으로 옳은 것은?

① 브로커(broker)는 소매상에 속한다.
② 백화점과 대형마트는 의무휴무제 적용을 받는다.
③ 수산물 가공업체에 판매하는 것은 소매상이다.
④ 수산물 전문점의 품목은 제한적이나 상품 구성은 다양하다.

정답 및 해설 ④

① 브로커(broker)는 중간상에 속한다.
② 백화점은 의무휴무제 적용대상이 아니다.

③ 수산물 가공업체에 판매하는 것은 도매상이다.

14. 수산물 전자상거래에 관한 설명으로 옳은 것을 모두 고른 것은?

ㄱ. 거래방법은 다양하게 선택할 수 있다.
ㄴ. 소비자 정보를 파악하기 어렵다.
ㄷ. 소비자 의견을 반영하기 쉽다.
ㄹ. 불공정한 거래의 피해자 구제가 쉽다.

① ㄱ, ㄴ   ② ㄱ, ㄷ
③ ㄴ, ㄷ   ④ ㄷ, ㄹ

정답 및 해설 ②

전자상거래는 이용하고자 하는 소비자가 자기정보를 제공한다.(회원가입 후 거래)
전자상거래시 발생하는 피해자 구제가 쉽지 않다.

15. 수산물 소비자를 대상으로 하는 직접적인 판매촉진 활동이 아닌 것은?

① 시식 행사   ② 쿠폰 제공
③ 경품 추첨   ④ PR

정답 및 해설 ④

PR은 불특정 다수의 일반 대중을 대상으로 이미지의 제고나 제품의 홍보 등을 주목적으로 전개하는 커뮤니케이션 활동

16. 수산물 공동판매의 장점이 아닌 것은?

① 출하조절이 용이하다.
② 투입 노동력이 증가한다.
③ 시장교섭력이 향상된다.
④ 운송비가 절감된다.

정답 및 해설 ②

개별판매 시 투입되는 인력과 비교할 때 공동판매 시 인력이 상대적으로 더 적다.

17. 심리적 가격전략에 해당하지 않는 것은?
  ① 단수가격
  ② 침투가격
  ③ 관습가격
  ④ 명성가격

  정답 및 해설 ②
  심리적 가격은 수요자 입장에서 선택되는 가격전략이지만, 침투가격은 공급자 입장에서 선택하는 가격전략이다.

18. 국내 수산물 유통이 직면한 문제점이 아닌 것은?
  ① 표준화·등급화의 미흡
  ② 수산가공식품의 소비 증가
  ③ 복잡한 유통단계
  ④ 저온물류시설의 부족

  정답 및 해설 ②
  수산가공식품의 소비 증가는 문제점이 아니라 유효한 시장의 변화이다.

19. 공영도매시장의 수산물 거래방법 중 협의 조정하여 가격을 결정하는 것은?
  ① 경매
  ② 입찰
  ③ 수의매매
  ④ 정가매매

  정답 및 해설 ③
  수의매매
  도매시장법인이 농산물 출하자 및 구매자와 협의하여 가격과 수량, 기타 거래조건을 결정하는 방식으로 상대매매라고도 한다.

20. 소비지 공영도매시장에서 수산물의 수집과 분산기능을 모두 수행할 수 있는 유통주체는?
  ① 산지유통인
  ② 매매참가인
  ③ 중도매인(단, 허가받은 비상장 수산물은 제외)
  ④ 시장도매인

  정답 및 해설 ④
  공영도매시장의 운영주체는 도매시장법인과 시장도매인이 있다.

21. A는 중국에 수산물을 수출하기 위해 생산·가공시설을 부산광역시 남항에서 운영하고자 한다. 해당 생산·가공시설 등록신청서를 어느 기관에 제출하여야 하는가?

① 부산광역시장
② 국립수산과학원장
③ 국립수산물품질관리원장
④ 식품의약품안전처장

정답 및 해설 ③

농수산물품질관리법 시행규칙 제88조(수산물의 생산·가공시설 등의 등록신청 등) ① 법 제74조제1항에 따라 수산물의 생산·가공시설을 등록하려는 자는 별지 제45호서식의 생산·가공시설 등록신청서에 다음 각 호의 서류를 첨부하여 국립수산물품질관리원장에게 제출하여야 한다.

22. 최근 완도지역의 전복 산지가격이 kg당(10마리) 50,000원에서 30,000원으로 급락하자, 생산자단체에서는 전복 소비촉진 행사를 추진하였다. 이 사례에 해당되는 사업은?

① 유통협약사업
② 유통명령사업
③ 정부 수매비축사업
④ 수산물자조금사업

정답 및 해설 ④

농수산자조금의 조성 및 운영에 관한 법률

제4조(자조금의 용도) 자조금은 다음 각 호의 사업에 사용하여야 한다.

1. 농수산물의 소비촉진 홍보
2. 농수산업자, 소비자, 제19조제3항에 따른 대납기관 및 제20조제1항에 따른 수납기관 등에 대한 교육 및 정보제공
3. 농수산물의 자율적 수급 안정, 유통구조 개선 및 수출활성화 사업
4. 농수산물의 소비촉진, 품질 및 생산성 향상, 안전성 제고 등을 위한 사업 및 이와 관련된 조사·연구
5. 자조금사업의 성과에 대한 평가
6. 자조금단체 가입율 제고를 위한 교육 및 홍보
7. 그 밖에 자조금의 설치 목적을 달성하기 위하여 제13조에 따른 의무자조금관리위원회 또는 제24조에 따른 임의자조금위원회가 필요하다고 인정하는 사업

23. 수산물 산지 유통정보에 해당하지 않는 것은?

① 수산물 시장별정보(한국농수산식품유통공사)
② 어류양식동향조사(통계청)
③ 어업생산동향조사(통계청)
④ 어업경영조사(수협중앙회)

정답 및 해설 ①

수산물시장별 정보는 소비지 유통정보이다.

24. 수산물의 상적 유통기관에 해당하는 것은?

① 운송업체
② 포장업체
③ 물류정보업체
④ 도매업체

정답 및 해설 ④

상적 유통기관이란 수산물을 직접 거래하는 주체를 말한다.

25. 소비지 공영도매시장에 관한 설명으로 옳지 않은 것은?

① 다양한 품목의 대량 수집·분산이 용이하다.
② 콜드체인시스템이 완비되어 저온유통이 활발하다.
③ 공정한 가격을 형성하고 유통정보를 제공한다.
④ 원산지 표시 점검, 안전성 검사 등 소비자 식품 안전을 도모한다.

정답 및 해설 ②

콜드체인시스템의 기본적 흐름

생산지 저온저장 - 저온유통차량 - 도소매상의 저온 진열 - 소비자

제5회 기출 문제

1. 정부의 수산물 유통정책의 주요 목적으로 옳지 않은 것은?
   ① 유통경로 효율화 촉진
   ② 적절한 수급조절
   ③ 식품 안전성 확보
   ④ 유통업체 이익 확대

   정답 및 해설 ④

2. 수산물 유통활동에 관한 설명으로 옳은 것은?
   ① 상적 유통활동과 물적 유통활동의 두 가지 유형이 있다.
   ② 물적 유통활동은 상거래활동, 유통금융활동 등으로 세분화할 수 있다.
   ③ 상적 유통활동은 운송활동, 보관활동 등으로 세분화할 수 있다.
   ④ 소유권 이전에 관한 활동은 물적 유통활동이다.

   정답 및 해설 ①
   소유권이전 활동 : 상거래활동, 상적유통활동, 구매기능, 판매기능
   유통조성활동 : 유통금융, 표준화, 등급화, 위험부담, 시장정보제공
   물적유통활동 : 수송, 보관, 저장, 가공

3. 수산물 유통기구에 관한 설명으로 옳지 않은 것은?
   ① 생산자와 소비자 사이에 유통기구가 개입하는 간접적 유통이 일반적이다.
   ② 간접적 유통기구는 수집, 분산, 수집·분산연결 기구의 세 가지 유형이 있다.
   ③ 산지 위판장이나 산지 수집도매상은 분산기구이다.
   ④ 노량진수산물도매시장은 수집·분산연결 기구이다.
   정답및해설

   정답 및 해설 ③
   산지 위판장과 산지 수집도매상은 수집·분산기구이다.

4. 수산물 유통의 특성으로 옳은 것을 모두 고른 것은?

```
ㄱ. 유통경로가 복잡하고 다양하다.
ㄴ. 생산의 불확실성, 부패성으로 인해 가격의 변동성이 크다.
ㄷ. 동일 어종이라도 다양한 크기와 선도를 가지고 있다.
```

① ㄱ
② ㄱ, ㄴ
③ ㄴ, ㄷ
④ ㄱ, ㄴ, ㄷ

정답 및 해설 ④

5. 수산물 유통구조의 특징으로 옳지 않은 것은?

① 최종 소비자 시장이 집중되어 있다.
② 유통업체는 대부분 규모가 작고 영세하다.
③ 유통이 다단계로 이루어져 있다.
④ 동일 어종인 경우에도 연근해·원양·수입 수산물에 따라 유통방법이 다르다.

정답 및 해설 ①

최종소비자시장이 전국에 분산되어 있다.

6. 수산물 도매시장의 시장도매인 제도에 관한 설명으로 옳지 않은 것은?

① 도매시장의 개설자로부터 지정을 받고 수산물을 매수 또는 위탁받아 도매하거나 매매를 중개하는 영업을 하는 법인을 말한다.
② 시장도매인은 해당 도매시장의 도매시장법인·중도매인에게 수산물을 판매하지 못한다.
③ 현재 부산공동어시장, 노량진수산물도매시장, 대구북부수산물도매시장 등에서 운영 중이다.
④ 도매운영주체에 따라 도매시장법인만 두는 시장, 시장도매인만 두는 시장, 도매시장법인과 시장도매인을 함께 두는 시장으로 구분할 수 있다.

정답 및 해설 ②③

② 원칙적으로 시장도매인은 해당 도매시장의 도매시장법인·중도매인에게 수산물을 판매하지 못한다. 그러나 예외적으로 거래의 특례에 의해 거래가 가능하다.

③ 중앙도매시장에서는 도매시장법인만이 운영주체이지만, 지방도매시장은 시장도매인도 운영주체가 될 수 있다.(부산공동어시장은 지방도매시장)

7. 우리나라 수산물 소비의 동향 및 특징으로 옳지 않은 것은?
① 대중 선호어종은 고등어, 갈치, 오징어 등이다.
② 소득이 높아짐에 따라 질보다는 양을 중시하게 된다.
③ 수산물 안전성 문제가 소비자의 관심사로 부각되고 있다.
④ 1인가구의 증가 등으로 가정간편식(HMR)이 많이 출시되고 있다.

> **정답 및 해설** ②
> 소득이 높아짐에 따라 양보다는 질을 중시하게 된다.

8. 유통업자가 안정적으로 수산물을 확보하기 위해 활용하고 있는 거래관행은?
① 전도금제　　　　　　　　　② 위탁판매제
③ 외상거래제　　　　　　　　④ 경매·입찰제

> **정답 및 해설** ①
> 전도금 : 선지급금

9. 수산물 전자상거래의 장점으로 옳지 않은 것은?
① 운영비가 절감된다.
② 유통경로가 짧아진다.
③ 시간·공간적으로 제약이 있다.
④ 소비자와 생산자 간의 양방향 소통이 가능하다.

> **정답 및 해설** ③
> 시간·공간적으로 제약이 없다.

10. 수산물 공동판매의 장점으로 옳지 않은 것은?
① 출하량 조절이 용이하다.
② 운송비를 절감할 수 있다.
③ 가격 교섭력을 높일 수 있다.
④ 유통업자 간의 판매시기와 장소를 조정하는 방법이다.

> **정답 및 해설** ④

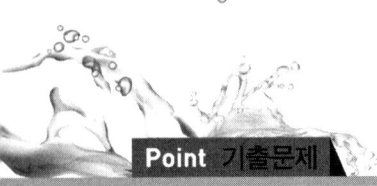

11. 수산물 가격이 폭등하는 경우 정부의 정책수단으로 옳은 것을 모두 고른 것은?

> ㄱ. 수입확대 ㄴ. 수매확대
> ㄷ. 비축물량 방출

① ㄱ ② ㄱ, ㄷ
③ ㄴ, ㄷ ④ ㄱ, ㄴ, ㄷ

정답 및 해설 ②

수매확대 시 시장에 공급물량이 축소되어 수요초과현상을 가져온다.

12. 20kg 고등어 한 상자의 각 유통경로별 가격을 나타낸 것이다. 이때 소매점의 유통마진율(%)은?

> ○ 생산가격   30,000원   ○ 수산물위판장 32,000원
> ○ 도매상   36,000원   ○ 소매점   40,000원

① 10 ② 15
③ 20 ④ 25

정답 및 해설 ①

13. 수산물 소비지 도매시장의 기능으로 옳지 않은 것은?

① 유통분산 기능 ② 양륙진열 기능
③ 가격형성 기능 ④ 수집집하 기능

정답 및 해설 ②

양륙진열 기능 : 생산지 어항의 산지위판장에서 행해진다.

14. 수산물 도매상에 관한 설명으로 옳은 것은?

① 최종 소비자의 기호 변화를 즉시 반영한다.
② 주로 최종 소비자에게 수산물을 판매한다.
③ 수집시장과 분산시장을 연결하는 역할을 한다.

④ 전통시장 등의 오프라인과 소셜커머스와 같은 온라인도 해당된다.

정답 및 해설 ③

①②④는 소매상이다.

15. 유용한 통계정보를 얻기 위한 바람직한 수산물의 유통경로는?

① 생산자 → 산지 위판장 → 소비자
② 생산자 → 객주 → 소비자
③ 생산자 → 수집상 → 도매인 → 소비자
④ 생산자 → 횟집 → 소비자

정답 및 해설 ①

중간상이 개입되지 않은 상태의 정보가 유용한 정보라면 ①이 옳다.

16. 활꽃게의 유통에 관한 설명으로 옳지 않은 것은?

① 산지유통과 소비지유통으로 구분된다.
② 일반적으로 계통출하보다 비계통출하의 비중이 높다.
③ 활광어와 비교하여 산소발생기 등 유통기술이 적게 요구된다.
④ 근해자망, 연안자망, 연안개량안강망, 연안통발 등에 의해 공급된다.

정답 및 해설 ②

일반적으로 활어는 비계통출하가 보통이지만 활꽃게는 계통출하가 일반적이다.

17. 갈치 선어의 유통에 관한 설명으로 옳지 않은 것은?

① 유통에는 빙장이 필요하다.
② 대부분 산지 위판장을 통해 출하된다.
③ 선도 유지를 위해 신속한 유통이 필요하다.
④ 주로 어가경영인 대형기선저인망어업에 의해 공급된다.

정답 및 해설 ④

갈치어업은 영세한 어업인에 의해 운영되고 있다.

18. 냉동오징어의 유통특성에 관한 설명으로 옳은 것을 모두 고른 것은?

> ㄱ. 대부분 산지 위판장을 통해 유통된다.
> ㄴ. 유통과정상 냉동시설이 필요하다.
> ㄷ. 활어에 비해 가격이 낮다.
> ㄹ. 수산가공품 원료 등으로도 이용된다.

① ㄱ, ㄴ
② ㄴ, ㄷ
③ ㄱ, ㄴ, ㄹ
④ ㄴ, ㄷ, ㄹ

정답 및 해설 ④

일반적으로 냉동오징어 출하는 산지 위판장을 경유하지 않는다.

19. 수산가공품의 유통이 가지는 특성이 아닌 것은?
① 일반식품의 유통경로와 유사하다.
② 소비자의 다양한 기호를 만족시킬 수 있다.
③ 수송은 용이하나 공급조절에는 한계를 지닌다.
④ 냉동품, 자건품, 한천, 수산피혁 등 다양하다.

정답 및 해설 ③

수산가공품은 공산품으로서 공급조절이 용이하다.

20. 마른멸치의 유통과정에 관한 설명으로 옳지 않은 것은?
① 자숙가공을 통해 유통된다.
② 주로 기선권현망어업에 의해 공급된다.
③ 대부분 산지 수집상을 통해 소비자에게 유통된다.
④ 생산자로부터 소비자에게 직접 유통되기도 한다.

정답 및 해설 ③

마른멸치는 유통규모가 커서 대부분 도매시장에서 경매를 통해 분산되고 있다.

21. 수산물 수출입 과정에서 분쟁이 발생할 경우 심의하는 국제기구는?
① FTA
② FAO

③ WTO   ④ WHO

정답 및 해설 ③

WTO

WTO는 무역의 장벽을 낮추고 각종 공산품과 농·수산물, 교육 등 각종 서비스 산업의 자유로운 이동을 추구한다.

22. 수산물 소비자의 정보를 수집하여 취향조사, 만족도조사, 분석, 관리, 적절한 대응 등에 활용하는 방법은?

① POS(Point Of Sales)
② CS(Consumer Satisfaction)
③ SCM(Supply Chain Management)
④ CRM(Customer Relationship Management)

정답 및 해설 ②

고객만족 CS(Consumer Satisfaction)
재화나 서비스 상품을 구입한 고객에게 제공하는 사후 관리 서비스

23. 수산물 유통체계의 효율화의 수산물유통산업의 경쟁력 강화에 관하여 규정하고 있는 법률은?

① 수산업법
② 수산자원관리법
③ 공유수면관리 및 매립에 관한 법률
④ 수산물 유통의 관리 및 지원에 관한 법률

정답 및 해설 ④

수산물 유통의 관리 및 지원에 관한 법률
제1조(목적) 이 법은 수산물 유통체계의 효율화와 수산물유통산업의 경쟁력 강화에 관하여 규정함으로써 원활하고 안전한 수산물의 유통체계를 확립하여 생산자와 소비자를 보호하고 국민경제의 발전에 이바지 함을 목적으로 한다.

24. 유통과정에서 선어와 비교하여 냉동수산물이 갖는 장점으로 모두 고른 것은?

| ㄱ. 연중 소비 | ㄴ. 낮은 가격 | ㄷ. 선도 향상 |

① ㄱ
③ ㄴ, ㄷ
② ㄱ, ㄴ
④ ㄱ, ㄴ, ㄷ

정답 및 해설 ②

냉도수산물은 선어에 비해 신선도가 낮다.

25. 수산물 선물시장에 관한 설명으로 옳지 않은 것은?

① 위험관리기능을 제공한다.
② 계약이행보증을 위한 증거금제도가 있다.
③ 미래의 현물가격에 대한 예시기능을 수행한다.
④ 현물 및 선물 가격 간의 차이를 스왑(swap)이라고 한다.

정답 및 해설 ④

베이시스(basis)

선물가격은 현물가격에다 현물을 미래의 일정시점까지 보유하는 데 들어가는 비용을 포함하여 결정되어야 하므로 선물과 현물과는 가격차이가 발생하게 되는 데 이러한 차이를 베이시스라고 한다.

제6회 기출 문제

1. 국내 수산물 유통에서 통용되고 있는 거래관행이 아닌 것은?

① 선물거래제 ② 전도금제
③ 경매·입찰제 ④ 위탁판매제

정답 및 해설 ①

선물거래

선물(futures)거래란 장래 일정 시점에 미리 정한 가격으로 매매할 것을 현재 시점에서 약정하는 거래로, 미래의 가치를 사고 파는 것이다.

2. 수산물 유통 특징 중 가격변동성의 원인에 해당되지 않는 것은?

① 생산의 불확실성 ② 어획물의 다양성
③ 높은 부패성 ④ 계획적 판매의 용이성

정답 및 해설 ④

수산물유통은 ①②③ 등의 이유로 계획적 판매가 어렵다.

3. 강화군의 A영어법인이 봄철에 어획한 꽃게를 저장하였다가 가을철에 노량진 수산물도매시장에 판매하였을 때, 수산물 유통의 기능으로 옳지 않은 것은? (단, 주어진 정보로만 판단함)

① 운송기능 ② 선별기능
③ 보관기능 ④ 거래기능

정답 및 해설 ②

① 강화에서 노량진으로 운송
③ 저장 : 보관기능
④ 거래 : 판매

4. 수산물 유통의 상적 유통기능은?

① 운송기능 ② 보관기능
③ 구매기능 ④ 가공기능

정답 및 해설 ③

상적유통기능

소유권 이전 기능이며, 사고 파는 구매기능이다.

5. 다음 중 공영도매시장에 관해 옳게 말한 사람을 모두 고른 것은?

> A : 법적으로 출하대금을 정산해야 할 의무가 있어.
> B : 도매시장법인과 시장도매인을 동시에 둘 수 있어.
> C : 시장에 들어오는 수산물은 원칙적으로 수탁을 거부할 수 없어.

① A, B
② A, C
③ B, C
④ A, B, C

정답 및 해설 ④

공영도매시장

A : 정산소가 운영되고 경매 후 즉시 정산이 의무화되어 있다.
B : 시장법인은 도매시장법인과 시장도매인이 있다.
C : 원칙적으로 수탁을 거부할 수 없으며, 예외적인 수탁거부는 가능하다.

6. 수산물산지위판장에 관한 설명으로 옳지 않은 것은?

① 주로 연안에 위치한다.
② 수의거래를 위주로 한다.
③ 양륙과 배열 기능을 수행한다.
④ 판매 및 대금결재 기능을 수행한다.

정답 및 해설 ②

산지위판장 거래 : 경매가 원칙

7. 소비지 공영도매시장의 경매 진행절차이다. ( )에 들어갈 내용으로 옳은 것은?

> 하차 → 선별 → (ㄱ) → (ㄴ) → 경매 → 정산서 발급

① ㄱ: 판매원표 작성, ㄴ: 수탁증 발부
② ㄱ: 판매원표 작성, ㄴ: 송품장 발부
③ ㄱ: 수탁증 발부, ㄴ: 판매원장 작성
④ ㄱ: 수탁증 발부, ㄴ: 송품장 발부

정답 및 해설 ③

8. 다음에서 (ㄱ) 총 계통출하량과 (ㄴ) 총 비계통출하량으로 옳은 것은? 단, 주어진 정보로만 판단함)

○ 통영지역 참돔 10kg이 (주) 수산유통을 통해 광주로 유통되었다.
○ 제주지역 갈치 500kg이 한림수협을 거쳐 서울로 유통되었다.
○ 부산지역 고등어 3,000kg이 대형선망수협을 거쳐 대전으로 유통되었다.

① ㄱ: 100kg, ㄴ: 3,500kg
② ㄱ: 500kg, ㄴ: 3,100kg
③ ㄱ: 3,000kg, ㄴ: 600kg
④ ㄱ: 3,500kg, ㄴ: 100kg

정답 및 해설 ④

계통출하 : 수협조합의 연계된 조직을 통한 유통

9. 다음은 국내 양식 어류의 생산량(톤, 2018년)을 나타낸 것이다. (   )에 들어갈 어종은?

참돔 < 숭어 < (   ) < 넙치

① 민어
② 조피볼락
③ 방어
④ 고등어

정답 및 해설 ②

2018년 국내 양식 어류의 생산량 순서
돌돔 < 참돔 < 숭어 < 조피볼락 < 넙치

10. 선어 유통에 관한 설명으로 옳은 것을 모두 고른 것은?

> ㄱ. 활어에 비해 계통출하 비중이 높다.
> ㄴ. 선도 유지를 위해 빙장이 필요하다.
> ㄷ. 산지위판장에서는 일반적으로 경매 후 양륙 및 배열한다.
> ㄹ. 고등어 유통량이 가장 많다.

① ㄱ, ㄴ
② ㄱ, ㄷ
③ ㄱ, ㄴ, ㄹ
④ ㄱ, ㄷ, ㄹ

정답 및 해설 ③

ㄷ은 활어유통에 대한 설명이다.

11. 최근 국내 수입 연어류에 관한 설명으로 옳은 것을 모두 고른 것은?

> ㄱ. 수입량은 선어보다 냉동이 많다.
> ㄴ. 주로 양식산이다.
> ㄷ. 유통량은 양식 조피볼락보다 많다.
> ㄹ. 대부분 노르웨이산이다.

① ㄱ, ㄴ
② ㄱ, ㄷ
③ ㄱ, ㄴ, ㄹ
④ ㄴ, ㄷ, ㄹ

정답 및 해설 ④

수입 연어는 선어 상태에서 수입된다.

12. 냉동 수산물 유통에 관한 설명으로 옳은 것은?

① 산지위판장을 경유하는 유통이 대부분이다.
② 유통 과정에서의 부패 위험도가 높다.
③ 연근해수산물이 대다수를 차지한다.
④ 냉동창고와 냉동탑차를 주로 이용한다.

정답 및 해설 ④

① 냉동 수산물은 일반적으로 산지위판장 경매를 통한 유통을 하지 않는다.
② 18^0C 이하의 냉동상태로 유통되므로 부패위험도는 낮다.

③ 원양수산물(참치 등)이 대부분이다.

13. 수산가공품 유통의 장점이 아닌 것은?
① 수송이 편리하다.
② 수산물 본연의 맛과 질감을 유지할 수 있다.
③ 저장성이 높아 장기보관이 가능하다.
④ 제품의 규격화가 용이하다.

정답 및 해설 ②
수산가공품은 가공과정에서 독특한 맛과 질감을 첨가할 수 있다.

14. 양식 넙치의 유통에 관한 설명으로 옳지 않은 것은?
① 국내 양식 어류 생산량 중 가장 많다.
② 주로 횟감용으로 소비되며, 대부분 활어로 유통된다.
③ 공영도매시장보다 유사도매시장을 경유하는 경우가 많다.
④ 최대 수출대상국은 미국이며, 대부분 활어로 수출되고 있다.

정답 및 해설 ④
2019년 물량 기준으로 넙치의 수출국은 중국, 일본, 미국, 베트남 순이다.

15. 다음 (   )에 들어갈 옳은 내용은?

> 수산물의 공동판매는 (ㄱ) 간에 공동의 이익을 위한 활동을 의미하며, (ㄴ)을 통해 주로 이루어진다.

① ㄱ: 생산자,　ㄴ: 산지위판장
② ㄱ: 유통자,　ㄴ: 공영도매시장
③ ㄱ: 유통자,　ㄴ: 유사도매시장
④ ㄱ: 생산자,　ㄴ: 전통시장

정답 및 해설 ①
공동판매 : 생산자 간의 연대 협력을 통한 공동판매를 실시한다.

16. 수산물 전자상거래에 관한 설명으로 옳지 않은 것은?

① 유통경로가 상대적으로 짧아진다.
② 구매자 정보를 획득하기 어렵다.
③ 거래 시간·공간의 제약이 없다.
④ 무점포 운영이 가능하다.

정답 및 해설 ②
전자상거래는 구매자가 자기정보를 제공한 후 구매를 하므로 구매자 정보획득이 쉽다.

17. 다음 (ㄱ) ~ (ㄹ) 중 옳지 않은 것은?

> 패류의 공동판매는 (ㄱ)가공 확대 및 (ㄴ)출하 조정을 할 수 있으며, (ㄷ) 유통 비용 절감과 (ㄹ)수취가격 제고에 기여 할 수 있다.

① ㄱ
② ㄱ, ㄴ
③ ㄴ, ㄷ, ㄹ
④ ㄱ, ㄴ, ㄷ, ㄹ

정답 및 해설 ①
공동판매는 생산자 간의 연대이지 가공유통업체가 관여하는 것이 아니다.

18. 국내 수산물 가격 폭락의 원인이 아닌 것은?

① 생산량 급증
② 수산물 안전성 문제 발생
③ 수입량 급증
④ 국제 유류가격 급등

정답 및 해설 ④
가격의 하락은 공급량의 증대와 수요량의 감소에서 기인한다. 국제유가가 급등하면 가공업체의 운영비가 급등과 생산업체의 생산비가 올라서 공급량이 감소하므로 가격이 폭등할 수 있는 요인이다.

19. 수산물 산지단계에서 중도매인이 부담하는 비용은

① 상차비
② 양륙비
③ 위판수수료
④ 배열비

정답 및 해설 ①
상차비 경매가 완료된 후(중도매인이 소유권을 이전 받은 후)의 비용으로 중도매인이 부담한다.

20. 올해 2월 제주도산 넙치 산지가격은 코로나19 영향으로 kg당 9,000원이었으나, 드라이브 스루 등 다양한 소비촉진 활동의 영향으로 7월 현재는 12,000원으로 올랐다. 그러나 소비지 횟집에서는 1년 전부터 kg당 30,000원에 판매되고 있다. 그렇다면 현재 제주산 넙치의 유통마진율(%)은 2월보다 얼마만큼 감소했는가?

① 3%포인트　　　　　　　　　　② 5%포인트
③ 10%포인트　　　　　　　　　　④ 20%포인트

> **정답 및 해설** ③
> 산지 매출가격 : 9,000원에서 12,000원으로 인상
> 소비지(횟집) 매출가격 : 30,000원 그대로
> * 1년 전 유통마진 : (30,000 - 9,000) / 30,000원 = 70%
> * 현재 유통마진 : (30,000 - 12,000) /30,000원 = 60%

21. 오징어 1상자(10kg) 가격과 비용구조가 다음과 같다. 판매자의 (ㄱ)가격결정방식과 그에 해당하는 (ㄴ)가격은?

> ○ 구입원가: 20,000원　　　　○ 시장평균가격: 23,000원
> ○ 인건비 및 점포운영비: 2,000원　　○ 소비자 지각 가치: 21,500원
> ○ 희망이윤: 2,000원

① ㄱ: 원가중심가격결정, ㄴ: 22,000원
② ㄱ: 가치가격결정, ㄴ: 23,500
③ ㄱ: 약탈자 가격결정, ㄴ: 25,000원
④ ㄱ: 경쟁자 기준 가격결정, ㄴ: 23,000원

> **정답 및 해설** ④
> ① 원가중심 : 24,000원
> ② 가치가격 : 21,500원
> ④ 경쟁자 기준 가격결정(시장가격) : 23,000원

22. 경품이나 할인쿠폰 등을 제공하는 수산물 판매촉진활동의 효과는?

① 장기적으로 매출을 증대시킬 수 있다.
② 신상품 홍보와 잠재고객을 확보할 수 있다.
③ 고급브랜드의 이미지를 구축할 수 있다.

④ PR에 비해 비용이 저렴하다.

> **정답 및 해설** ②
>
> 경품 등의 판촉물 제공은 시장초기 진입시 유통업체가 선택하는 단기적 마케팅 정책이다.

23. 전복의 수요변화에 관한 내용이다. (　　)에 들어갈 옳은 내용은?

> 가격이 20% 하락하였는데 판매량은 30% 늘어났다. 수요의 가격탄력성은 (ㄱ)이므로 전복은 수요 (ㄴ) 이라고 말할 수 있다.

① ㄱ: 0.75,　ㄴ: 비탄력적　　② ㄱ: 1.0,　ㄴ: 단위탄력적
③ ㄱ: 1.5,　ㄴ: 탄력적　　　④ ㄱ: 1.75,　ㄴ: 탄력적

> **정답 및 해설** ③
>
> 수요의 가격탄력성 = 판매량의 변화액/가격의 변화액 = 30%/20% = 1.5(1보다 커서 탄력적)

24. 수산식품 안전성 확보 제도와 관련이 없는 것은?

① 총허용어획량제도(TAC)　　② 수산물원산지표시제도
③ 친환경수산물인증제도　　　④ 수산물이력제도

> **정답 및 해설** ①
>
> 총허용어획량제도(TAC)
> 하나의 단위자원(종)에 대한 어획량 허용치를 설정하여 생산자에게 배분하고, 어획량이 목표치에 이르면 어업을 종료시키는 제도이다. 자원보전을 위한 국제적 협력제도

25. 수산물 유통정보의 조건이 아닌 것은?

① 신속성　　　　② 정확성
③ 주관성　　　　④ 적절성

> **정답 및 해설** ③
>
> 유통정보는 객관성을 가져야 한다.

제7회 기출 문제

1. 수산물 유통의 특성으로 옳은 것을 모두 고른 것은?

| ㄱ. 유통 경로의 다양성 | ㄴ. 어획물의 규격화 |
| ㄷ. 구매의 소량 분산성 | ㄹ. 낮은 유통마진 |

① ㄱ, ㄴ 　　　　　　　　　② ㄱ, ㄷ
③ ㄴ, ㄹ 　　　　　　　　　④ ㄷ, ㄹ

정답 및 해설 ②

▶ 수산물 유통의 특성
1. 수산물의 종류와 기능의 다양성
2. 강한 부패성 및 변질성
3. 생산물의 규격화 및 균질화의 어려움
4. 유통구조가 복잡하고 유통경로의 다양성
   수확 후 품질관리가 어려운 품목일수록 유통마진이 크고, 생산어가의 수취율은 떨어진다.
5. 수산물 소량 분산성 형태
6. 출하시기와 출하량 조절곤란
7. 가격의 변동성이 크다.
8. 생산자의 시장 교섭력의 취약성
9. 부피와 중량이 가치에 비해(부피가 크고 무거운 편)유통비용이 크다.
10. 어업생산자의 다수 영세성와 분산성

2. 수산물 물적 유통 활동에 해당되지 않는 것은?

① 금융 　　　　　　　　　② 운송
③ 정보전달 　　　　　　　④ 보관

정답 및 해설 ①

물적 유통활동

　물적 유통활동은 운송(수송)·포장·하역·보관·가공·정보전달 기능 등을 수행하는 활동으로 생산물 자체의 이전에 관한 활동이다.

　물적 유통활동 : 운송활동, 보관활동, 정보활동, 기타 부대적 물적 유통활동 등으로 세분화할 수 있다.
　1) 운송활동 : 생산지와 소비지 등과 같은 장소의 거리를 연결시켜주는 활동
　2) 보관활동 : 수산물 생산 집중시기와 연중 소비시기 등과 같은 시간의 거리를 연결시켜주는 활동

3) **정보활동** : 수산물의 생산 동향이나 산지와 소비지시장에서 가격동향, 소비지 판매동향 등과 같은 생산과 소비의 정보거리를 연결시켜 주는 활동

4) **기타 부대 물적 유통조성활동** : 수산물 운반과 관련되는 상·하차 등과 같은 하역활동, 수산물의 보관 및 판매를 위해 포장하는 포장활동, 수산물 운반과 보관의 효율성을 높이기 위한 여러가지 규격화 활동, 물적 유통의 촉진을 도모하기 위한 수산상품의 표준화활동, 유통가공활동 등이 있다.

3. 수산물 유통기구에 관한 설명으로 옳은 것은?

① 상품 유통의 원초적 형태는 생산자와 소비자의 간접적 거래로 이루어져 왔다.
② 유통단계가 단순하다.
③ 유통기능은 세분화되며 고도화되고 있다.
④ 수산물 매매는 가능하나 소유권 이전은 불가능하다.

정답 및 해설 ③

4. 수산물 상적유통기구에서 간접적 유통기구에 해당되지 않는 것은?

① 수집기구   ② 소비기구
③ 수집 및 분산 연결기구   ④ 분산기구

정답 및 해설 ②

수산물의 간접적 유통기구의 종류

가. 수집기구
  1) 전국에서 생산되는 소량 수산물의 산지위판장이나 산지수집도매상(산지원료판매업자)에 의해 수집되어 수산물 가공업체나 수산물 수출업체에 유통되는 경우에 이를 유통기구는 수집기구로서 역할과 기능을 수행하는 것이다.

나. 분산기구
  1) 수산물의 생산과 소비에 있어 생산이 단위적으로 대량인데 비해서 소비는 단위적으로 소량인 경우도 많다.
  2) 분산기구로서의 유통기구는 우리주변의 일반 소비재 제품이 최종 소비자에게 전달되는 경우에서 잘 나타난다.

다. 수집·분산 연결기구
  1) 대량생산에 대한 대량소비
    가) 대부분의 원료품은 생산자로부터 실수요자에게 직접적으로 유통되어 그 사이에 복잡한 유통기구는 형성되고 있지 않다.
  2) 소량생산에 대한 소량소비

가) 소량생산에 대한 소량소비의 경우 생산자와 소비자가 직접적으로 연결되는 것은 어려움이 많다.

나) 소량·분산적 소비에 연결되기 위해서는 이를 수집하고 분산시킬 수 있는 유통기구가 필요한 것이다.

예) 노량진 수산물도매시장은 소비지 도매시장으로 전국으로부터 수집된 수산물을 경매한 후 도매상과 소매상을 통해 소비자들에게 분산시키는 역할을 하고 있다.

5. 수산물 유통과정에서 취급 수산물의 소유권을 획득하여 제3자에게 이전시키는 활동을 하는 유통인은?

① 매매 차익 상인　　　　　　　　② 수수료 도매업자
③ 대리상　　　　　　　　　　　　④ 중개인

정답 및 해설 ①

수산물 유통과정에 있어 취급 수산물의 소유권 보유여부에 따라 매매차익 상인과 수수료 상인으로 구분할 수 있다.

1. 매매차익 상인 : 취급수산물의 소유권을 획득하여 이것을 제3자에게 이전 시키는 활동을 하는 상인이다.
   가. 소매상 : 상품판매의 상대가 소비자인 매매차익 상인이다.
   나. 도매상 : 상품판매의 상대가 상업기관인 매매차익 상인이다.
      1) 도매상의 역할 : 수집시장과 분산시장을 연결
2. 수수료 상인 : 수산물을 판매하고자 하는 사람으로부터 위탁을 받아 매매활동을 대신하고 이에 따른 대가로서 수수료를 받는 상인이다.
   가. 수수료 도매업자 : 자신의 명의로 판매한 후 정해진 수수료를 받는 상인, 판매하는 수산물의 소유권을 보유하지 않는다.
   나. 대리상 : 수산물의 명의를 자신이 아닌 판매를 위탁한 위탁자의 명의로 판매한 후 정해진 수수료를 받는 상인이다.
   다. 중개인 : 수수료 도매업자나 대리상과 같이 자신이 직접적으로 수산물을 취급하면서 매매활동에 개입하여 자신이 직접적으로 수산물을 취급하면서 매매활동에 개입하여 대금결재나 재고부담 기능 등과 같은 유통기능은 수행하지 않고 매매당사자를 연결시킨 다음에는 거래에서 빠져나가는 성격을 지니고 있다.

6. 수산물 산지시장의 기능이 아닌 것은?

① 거래형성 기능　　　　　　　　② 양육 및 진열 기능
③ 생산기능　　　　　　　　　　　④ 판매 및 대금결제 기능

정답 및 해설 ③

산지시장의 기능
1. 거래형성 기능
2. 판매 기능
3. 양륙과 진열기능
4. 대금결제 기능
5. 그 밖의 기능

7. 객주에 의하여 위탁 유통되는 수산물 판매 경로는?

① 생산자 → 객주 → 도매시장 → 도매상 → 소매상 → 소비자
② 생산자 → 도매시장 → 객주 → 도매상 → 소매상 → 소비자
③ 생산자 → 위판장 → 객주 → 도매상 → 소매상 → 소비자
④ 생산자 → 도매시장 → 객주 → 소매상 → 소비자

정답 및 해설 ①

객주경유 유통

생산자→ 객주→ 유사 도매시장→ 도매상→ 소매상→ 소비자

8. 활어의 산지 유통단계에 해당되지 않는 것은?

① 생산자 ② 수집상
③ 위판장 ④ 소매점

정답 및 해설 ④

활어 및 선어의 유통경로
1. 우리나라 수산물의 유통경로
   가. 일반적인 유통과정
   (연근해 수산물은 수협 위판장에서 경매를 거쳐 소비지의 도매시장을 통한 경로)
2. 유용한 통계정보를 얻기 위한 바람직한 수산물의 유통 경로
생산자 - 산지위판장 - 소비자

9. 꽃게 유통의 특징에 관한 설명으로 옳은 것은?

① 대부분 양식산이다.
② 주로 자망과 통발 어구로 어획한다.

③ 어류에 비하여 특수한 유통설비가 많이 필요하다.
④ 서해안에서 어획되며 연도별로 어획량의 변동은 없다.

정답 및 해설 ②

자연산 활 꽃게
(1) 꽃게(민꽃게 제외)는 우리나라에서 상업적인 양식을 하지 않으므로 전량 자연산이다.
(2) 시장판매에서는 수조를 거의 이용하지 않는다.
(3) 수협의 산지위판장을 경유하는 계통출하 비중이 평균적으로 약 60% 내외이며, 나머지 약 40%는 산지수집상 등으로 비계통 출하를 한다.
(4) 활꽃게의 생산량은 대략 70~80% 정도이다.
(5) 어획한 후에도 해수 없이도 일정 기간을 살 수 있기 때문에 일반적인 활어유통에서 필요한 온도조절기, 산소공급기 등과 같은 특수설비가 다른 수산물에 비해 비교적 덜 요구된다.

10. 우리나라 굴(oyster)의 유통구조에 관한 설명으로 옳지 않은 것은?

① 자연산 굴은 통영 및 거제도를 중심으로 생산되며 수협을 통해 계통 출하된다.
② 양식산 생굴은 주로 산지 위판장을 통해 유통된다.
③ 양식산 굴은 주로 박신 작업을 거쳐 판매된다.
④ 가공용 굴은 주로 산지 위판장을 거치지 않고 직접 가공공장에 판매된다.

정답 및 해설 ①

굴
(1) 자연산의 생산비중은 약 10%(2011년 8.2%)이며, 양식산은 약 90%(2011년 91.8%)이다.
(2) 자연산 굴의 전체 생산량 중에서 약 5~7% 정도만 수협의 산지위판장을 통해 계통 출하되고 있고 나머지는 산지의 수집상에 의해 출하되고 있다.
(3) 양식산 굴은 수협의 산지위판장을 통해 계통출하 되는 비중이 2011년에 58.6% 정도에 달했다.
(4) 양식산 굴은 생굴로 유통될 때에는 주로 산지의 수협위판장을 통하지만, 가공용 등의 원료로 판매될 때는 수협의 산지위판장을 경유하는 비중이 낮아진다.
(5) 가공용 양식 굴은 비계통으로 출하되는 경우가 많다. 특히, 양식산 굴은 주로 박신작업을 거친 생굴을 상장하여 판매하는 경우가 많으며, 석화상태로는 거의 취급하지 않는다.

11. 선어의 유통구조 및 경로에 관한 설명으로 옳은 것은?

① 선도 유지를 위하여 냉동법을 이용한다.
② 원양 어획물의 유통경로이다.
③ 대부분 수협을 통하지 않고 유통된다.

④ 산지 유통과 소비지 유통으로 구분된다.

정답 및 해설 ④

선어의 유통경로에는 산지유통단계와 소비지 유통단계가 있지만 최근 대형소매점의 확산에 따라 거래물량이 증가되면서 대형소매점 자체적으로 도매기능을 전담하는 경로를 거치는데 자체조달인 머천다이징 경로(산지⇒ 대형판매점)와 벤더 경로로 구분된다.

12. 냉동 수산물의 유통구조 및 특성에 관한 설명으로 옳지 않은 것은?

① 수협을 통하여 출하한다.
② 부패하기 쉬운 수산물의 보존성을 높인다.
③ 선어에 비해 선도가 낮고 질감이 떨어진다.
④ 유통을 위해 냉동 저장시설은 필수적이다.

정답 및 해설 ①

냉동수산물 유통경로

비계통, 냉동 필수, 냉동수산물은 양륙되거나 수입된 이후에 바로 소비되지 않고, 일단 냉장·냉동 창고에서 보관(-18℃ 이하), 냉동탑차도 필수 유통수단이다.

1. 원양 냉동수산물 : 100% 냉동수산물, 원양어업회사가 일반 도매상들에게 입찰 통해 판매된다.
2. 수입 냉동수산물 : 수입단계에서 냉동 컨테이너 필요. 국내 반입 이후, 냉장·냉동창고와 냉동탑차로 유통된다.
   가. 원양산 냉동명태 : 원양업자가 반입 후 입찰·분산을 통해 소비지로 유통
   나. 원양산 냉동오징어 : 연근해산은 산지위판장에서 경매 후 80%가 유통 및 가공업체를 통해 판매, 20%는 소비지 도매시장을 통해 유통

*선어의 장점 : 냉동수산물에 비해 선도가 높다.

13. 수산물 전자상거래에서 판매업체의 장점이 아닌 것은?

① 판촉비의 절감
② 시공간적 사업영역 확대
③ 제품의 표준화
④ 효율적인 마케팅 전략수립

정답 및 해설 ③

수산물 전자상거래의 특징

1. 유통경로가 기존 상거래에 비해 짧다.
2. 시간·공간의 제약이 없다.
3. 판매 점포 불필요하다(운송비를 절감 X).
4. 고객 정보 획득이 용이하다. (쌍방향)

5. 쌍방향 통신을 통해 1:1이 가능하다.
6. 소자본에 의한 사업이 가능하다.
7. 유통비용이 절감된다.
8. 실시간 고객 서비스가 가능하다.
9. 경매·입찰 등 다양한 거래 방식으로 활용이 가능하다.
10. 소비자가 시장을 주도하는 특징을 가지고 있다.

14. 수산물 가격결정 방식에 관한 설명으로 옳은 것은?

① 한·일식 경매방식은 네덜란드 경매방식과 유사하다.
② 한·일식 경매방식은 동시호가식 경매이다.
③ 네덜란드식 경매방식은 상향식 경매이다.
④ 영국식 경매방식은 하향식 경매이다.

정답 및 해설 ②

수산물가격을 형성하는 방식, 즉 물건값을 부르는 방법 (호가)에 따라 경상식 경매와 경하식 경매 방식으로 나뉜다.

① 영국식 경매방식(The English Auction) ; 최고가 구두 호가 경매라고도 하며, 가장 일반적으로 많이 이용되고 있는 경매방식으로 상향식 경매방식이다. 이는 매수자들은 그들의 호가를 자유롭게 상향조정할 수 있으며 아무도 호가가 없을때 최고 호가자가 경매물건을 매수하는 경매방식이다.

② 네덜란드식 경매방식(The Dutch Auction) ; 하향식 경매방식 매도자가 최고 호가부터 점차 가격을 낮추어 가다가 매수희망자가 나오면 최초의 매수 희망자에게 일매도하는 가격 결정방법

③ 한·일식 경매방식(The Korea-Japan Auction) ; 기본적으로 영국식 경매방식과 같이 상향식 경매이지만 영국과는 달리 경매참가자들이 거의 동시에 입찰가격을 제시하는 동시호가가식 경매라는 점에서 독특한 방식을 취하고 있다. 즉, 한·일식 동시 호가경매는 경매 참가자가 경쟁적으로 가격을 높게 제시하면서 경매사는 그들이 제시한 가격을 공표하는 역할을 하면서 경매를 진행 시킨다. 이때 주로 사용되는 방법이 수지 호가방법으로 손가락을 이용하여 가격표시를 하는 것이다.

15. 수산물의 유통 효율화에 관한 설명으로 옳은 것은?

① 유통성과를 유지하면서 유통마진을 줄이면 유통효율은 감소한다.
② 유통성과를 줄이면서 유통마진을 늘리면 유통효율은 증가한다.
③ 유통성과가 유통마진보다 크면 유통효율은 증가한다.
④ 유통구조가 노동집약적이거나 복잡할수록 유통효율은 증가한다.

정답 및 해설 ③

▶ 유통효율을 향상시키는 방법

유통효율 = 유통성과/유통마진

유통성과/(유통비용 + 유통이윤)

1. 유통마진을 일정하게 하고 유통효율을 향상시키는 방법
2. 유통마진을 증가하지만 마진증가 이상으로 유통효율을 향상시키는 방법
3. 유통성과를 일정하게 하고 유통마진을 축소시키는 방법
4. 유통성과는 감소하지만 성과 감소이상으로 유통마진을 축소시키는 방법

16. 유통업자 A는 마른 멸치 한 상자를 팔아 5,000원의 이익을 얻었다. 이 이익을 얻는데 상자당 보관비 1,000원, 운송비 1,000원 포장비 1,000원이 소요되었다고 한다. 이때 유통마진은 얼마인가?

① 2,000원 ② 5,000원
③ 7,000원 ④ 8,000원

정답 및 해설 ④ 유통마진= 유통비용(유통경비) + 유통이윤(상업이윤)

17. 활광어 가격이 10% 하락하였는데 매출량은 5% 증가했다. 이에 관한 설명으로 옳은 것은?

① 공급이 비탄력적이다.
② 수요가 비탄력적이다.
③ 수요는 탄력적이나 공급이 비탄력적이다.
④ 공급은 탄력적이나 수요가 비탄력적이다.

정답 및 해설 ②

수요의 탄력성

㉠ 수요가 탄력적이면 그 탄력성은 1보다 크고 수요가 비탄력적이면 탄력성이 1보다 작다.
㉡ 탄력적인 수요 : 가격의 변동 정도보다 수요량의 변동이 큰 것
㉢ 비탄력적인 수요 : 가격의 변동 정보보다 수요량의 변동이 적은 것
㉣ 탄력적 수요를 갖는 상품 : 대체로 그 용도가 구매의 필요성과 습관성에 좌우되지 않으며 또한 쉽게 대체될 수 있는 많은 대체품을 갖는 품목에 속한다. 이런 상품에 대한 소비자의 반응은 가격변화에 민감하다.
㉤ 비탄력적 수요를 갖는 상품 : 흔히 필수품과 대체성이 적은 품목에 속한다. 소비자들은 이들 상품을 갖지 않으면 안되고 가격이 변동해도 상대적으로 수요는 덜 민감하다.

18. 산지단계에서 중도매인 유통 비용에 해당되는 것은 모두 고른 것은?

> ㄱ. 위판수수료　　ㄴ. 운송비　　ㄷ. 어상자대
> ㄹ. 양육 및 배열비　　ㅁ. 저장 및 보관비용

① ㄱ, ㄴ, ㄷ　　② ㄱ, ㄴ, ㄹ
③ ㄴ, ㄷ, ㅁ　　④ ㄷ, ㄹ, ㅁ

정답 및 해설 ③

산지단계
1. 생산자 비용
 가. 위판수수료　나. 양륙비, 배열비
2. 중도매인 비용
 가. 선별비, 운반비, 상차비　나. 어상자대
 다. 저장 및 보관비용　라. 운송비

19. 수산물 마케팅 전략이 아닌 것은?
① 상품개발(product)　② 가격결정(price)
③ 유통경로결정(place)　④ 콜드체인(coid chain)

정답 및 해설 ④

수산물 생산자의 마케팅 활동으로서 중요한 것으로는 수산물의 상품개발, 가격결정, 유통기구와 유통경로결정, 판매촉진 활동 등이 있다.

20. 수산물 이력 정보에 포함되지 않는 것은?
① 상품 정보　② 생산지 정보
③ 소비자 정보　④ 가공업체 정보

정답 및 해설 ③

21. 음식점 A는 추어탕에 국내산과 중국산 미꾸라지를 섞어 판매하고 있다. 섞음 비율이 중 국산보다 국내산이 높은 경우, 추어탕의 원산지 표시방법으로 옳은 것은?
① 추어탕(미꾸라지: 국내산과 중국산)

② 추어탕(미꾸라지: 국내산과 중국산을 섞음)
③ 추어탕(미꾸라지: 중국산과 국내산)
④ 추어탕(미꾸라지: 중국산과 국내산을 섞음)

정답 및 해설 ②

영업소 및 집단급식소 설치·운영자의 원산지 표시방법
1. 원산지는 음식명 또는 원산지 표시대상 바로 옆이나 밑에 표시한다. 다만, 원산지가 같은 경우에는 다음 예시와 같이 일괄하여 표시할 수 있다.
    예) 우리 업소에서는 "국내산 넙치"만을 사용합니다.
2. 원산지의 글자크기는 메뉴판이나 게시판 등에 적힌 음식명 글자크기와 같거나 그보다 커야 한다.
3. 원산지가 다른 2개 이상의 동일품목을 섞은 경우에는 섞은 비율이 높은 순서대로 표시 한다.
    예1) 국내산의 섞음 비율이 수입산보다 높은 경우 : 넙치, 조피볼락 등
        - 조피볼락회(국내산과 일본산 섞음)
    예2) 국내산의 섞음 비율이 수입산보다 낮은 경우 : 낙지볶음
        - 일본산과 국내산을 섞음
4. 넙치, 조피볼락 및 참돔 등을 섞은 경우 각각의 원산지를 표시한다.
    - 모듬 회(넙치 : 국내산, 조피볼락 : 일본산, 참돔 : 중국산)
5. 원산지가 국내산일 경우에는 "국내산" 또는 "국산"으로 표시하거나 해당수산물이 생산된 특별시·광역시·특별자치시·특별자치도명이나 시·군·자치구 명으로 표시할 수 있다.
6. 수산물 가공품을 사용한 경우에는 그 가공품에 사용된 원료의 원산지를 표시한다. 다만, 수산물 가공 완제품을 구입하여 사용하는 경우 그 포장재에 적힌 원산지를 표시할 수 있다.
7. 수산물과 그 가공품을 조리하여 판매 또는 제공할 목적으로 냉장고 등에 보관·진열하는 경우에는 제품포장재에 표시하거나 냉장고 앞면 등에 일괄하여 표시한다.

22. 수산물 유통 관련 국제기구에 해당되지 않는 것은?
① WTO ② FAO
③ WHO ④ EEZ

정답 및 해설 ④

국제기구
1. FTA : 자유 무역 협정(Free Trade Agreement)의 줄임말로, 국가 간에 관세 등 무역장벽을 낮추는 협정이다.
2. FAO : 국제식량농업기구 FAO(Food and Agriculture Organization) 국제연합에서 가장 오래된 상설 전문기구이다.
3. WTO : 세계무역기구(World Trade Organization)
    관세 및 무역에 관한 일반협정(GATT) 체제를 대신하여 1995년부터 세계 경제질서를 규율해가고 있는

　　새로운 국제기구이다.
　4. WHO : (유엔의)세계보건기구 World Health Organization

23. 수산물 유통정책의 주요 목적이 아닌 것은?
① 수산물 가격의 적정화　　　　② 수산물 유통의 효율화
③ 수산물 가격의 안정화　　　　④ 안전한 수산물의 양식 생산

정답 및 해설 ④
수산물 유통정책의 목적
1. 유통효율의 극대화
2. 가격안정
3. 가격수준의 적정화
4. 식품안전성의 확보

24. 소비지 유통정보에 해당되지 않는 것은?
① 농수산물유통공사의 가격정보　　② 노량진수산시장의 가격정보
③ 부산공동어시장의 가격정보　　　④ 부산국제수산물도매시장의 가격정보

정답 및 해설 ③

25. 수산물 가격 및 수급 안정정책 중 정부 주도형에 해당되는 것은?
① 비축제도　　　　　　　　② 유통협약제도
③ 자조금제도　　　　　　　④ 관측사업제도

정답 및 해설 ①
수산물 가격 및 수급 안정 정책
1. 정부주도형 : 수산비축 사업
2. 민간협력형 : 수산업관측사업, 유통협약사업, 자조금제도

제8회 기출 문제

1. 수산물 유통의 거리와 기능 관계를 연결한 것 중 옳지 않은 것은?
   ① 장소 거리 - 운송 기능
   ② 시간 거리 - 보관 기능
   ③ 품질 거리 - 선별 기능
   ④ 인식 거리 - 거래 기능

   정답 및 해설 ④

   소비자와 판매자를 만나게 하여 구매와 판매 기능을 수행하여 거래 기능을 한다.
   제품을 구매하여 포장 및 보관하고 재고를 유지하며 물품의 장소를 유지하며 물품의 장소적 이동을 통하여 수송기능을 수행한다.

2. 수산물 거래관행에 관한 설명으로 옳지 않은 것은?
   ① 위탁판매제란 수협위판장에 수산물을 판매·위탁하는 제도이다.
   ② 산지위판장에서는 주로 경매·입찰제가 실시된다.
   ③ 연근해수산물은 수협위판장을 경유하여 판매해야만 한다.
   ④ 원양선사는 대량으로 생산된 원양어획물 판매를 위한 입찰제를 실시하고 있다.

   정답 및 해설 ③

   ③ 연근해수산물은 산지 위판장에서 경매

3. 수산물 유통경로가 다양하고 다단계로 이루어지는 이유로 옳지 않은 것은?
   ① 수산물 생산이 계절적으로 행해진다.
   ② 조업어장이 해역별로 집중되어 있다.
   ③ 연세한 어업인이 전국적으로 분포되어 있다.
   ④ 수산물은 부패하기 쉽다.

   정답 및 해설 ②

   1) 어업생산이 계절적으로 행해지고 있으므로 계절마다 어획되는 어장이 다르고 또한 어획량에도 차이가 있다.
   2) 어군이 형성되는 어장도 조업 해역별로 분산되어 있으므로 어획한 수산물을 실은 어선이 입항하는 곳도 지역별로 다양하다.
   3) 연안어업, 근해어업, 원양어업, 양식업 등과 같이 다양한 형태와 규모의 생산자가 전국적으로 분포되어 있다.

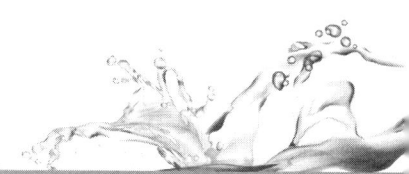

4. 수산물 유통 활동 중 물적유통 활동에 관한 설명으로 옳지 않은 것은?
   ① 수산물의 보관 및 판매를 위한 포장 활동
   ② 수산물의 양륙 및 상·하차 등 물류 활동
   ③ 수산물 소유권 이전을 위한 거래 활동
   ④ 산지와 소비지를 연결시켜 주는 운송 활동

   > **정답 및 해설** ③
   > 물적 유통활동은 운송(수송)·포장·하역·보관·가공·정보전달 기능 등을 수행하는 활동으로 생산물 자체의 이전에 관한 활동이다.
   > 1) 운송활동 : 생산자와 소비지 등과 같은 장소의 거리를 연결시켜주는 활동
   > 2) 보관활동 : 수산물 생산 집중시기와 연중 소비시기 등과 같은 시간의 거리를 연결시켜주는 활동
   > 3) 정보활동 : 수산물의 생산 동향이나 산지와 소비지시장에서 가격동향, 소비지 판매동향등과 같은 생산과 소비의 정보거리를 연결시켜주는 활동
   > 4) 기타 부대 물적 유통조성활동 : 수산물 운반과 관련되는 상 하차 등과 같은 하역활동, 수산물의 보관 및 판매를 위해 포장하는 포장활동, 수산물 운반과 보관의 효율성을 높이기 위한 여러 가지 규격화 활동, 물적 유통의 촉진을 도모하기 위한 수산상품의 표준화 활동, 유통가공활동 등이 있다.

5. 수산물 산지위판장에서 발생하는 유통비용에 관한 설명으로 옳지 않은 것은?
   ① 위판장에 접안한 어선에서 생산물을 양륙·반입할 때 양륙비가 발생한다.
   ② 양륙한 수산물의 경매를 위한 위판장에 진열하는 배열비가 발생한다.
   ③ 수산물을 입상하여 경매할 경우 추가로 작업비가 발생한다.
   ④ 모든 수산물 산지위판장에서는 동일한 수수료율이 발생한다.

   > **정답 및 해설** ④
   > 1) 수협 조합원의 생산물을 위탁판매한다.
   > 2) 경매를 통해 가격을 결정 한다.
   > 3) 어장과 가까운 연안에 위치한다.

6. 수산물 경매사가 최고가를 제시한 후 낙찰자가 나타날 때까지 가격을 내려가면서 제시하는 방식은?
   ① 상향식 경매 방식   ② 하향식 경매 방식
   ③ 동시호가식 경매 방식   ④ 최고가격 입찰 방식

   > **정답 및 해설** ②

7. 수산물도매시장의 구성원에 관한 설명으로 ( )에 들어갈 옳은 내용은?

> ○ (ㄱ)이란 농수산물도매시장 개설자에게 등록하고, 수산물을 수집하여 농수산물 도매시장에 출하하는 영업을 하는 자를 말한다.
> ○ (ㄴ)이란 농수산물도매시장에 상장된 수산물을 직접 매수하는 자로서 중도매인이 아닌 가공업자, 소매업자 등의 수산물 수요자를 말한다.

① ㄱ: 산지유통인, ㄴ: 매매참가인
② ㄱ: 산지유통인, ㄴ: 시장도매인
③ ㄱ: 도매시장법인, ㄴ: 매매참가인
④ ㄱ: 도매시장법인, ㄴ: 시장도매인

정답 및 해설 ①

8. 수산물 산지위판장의 중도매인이 지불해야 하는 유통비용이 아닌 것은?

① 상차비
② 어상자대
③ 위판수수료
④ 저장·보관비

정답 및 해설 ③

③ 위판수수료, 배열비, 양육비는 생산자 비용에 해당된다.

9. 활어 유통에 관한 설명으로 옳은 것을 모두 고른 것은?

> ㄱ. 일반적으로 살아있는 수산물을 '활어' 라고 한다.
> ㄴ. 활어는 최종 소비단계에서 대부분 '회'로 소비한다.
> ㄷ. 활어의 산지 유통은 대부분 수협 위판장을 경유한다.
> ㄹ. 소비자들은 활어회보다 선어회를 선호한다.

① ㄱ, ㄴ
② ㄱ, ㄹ
③ ㄴ, ㄷ
④ ㄷ, ㄹ

정답 및 해설 ①

1) 자연산 활어가 양식산 활어에 비해 가격이 높은 이유다.
2) 육질 또한 양식산 활어에 비해 좋다.(질감)는 소비자들의 높은 선호도 때문이다.

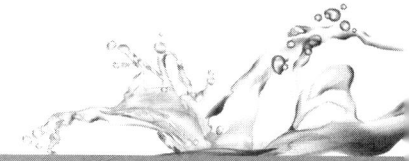

10. 양식산 넙치의 유통 특성에 관한 설명으로 옳지 않은 것은?
   ① 주요 산지는 제주도와 완도이다.
   ② 대부분 유사도매시장을 경유한다.
   ③ 최대 수출대상국은 일본이며, 주로 활어로 수출된다.
   ④ 해면양식어업 전체 품목 중 생산량이 가장 많다.

   정답 및 해설 ④
   1) 대부분이 양식산이다.
   2) 우리나라의 남해안과 제주도 지역에서 주로 양식한다.
   3) 산지에서 계통출하 비중과 비계통출하 비중은 절반씩이다.
   4) 대부분유사도매시장을 경유 최대수출상대국은 일본이다.(2012년기준)

11. 선어 유통에 관한 설명으로 옳지 않은 것은?
   ① 선어란 저온보관을 통해 냉동하지 않은 수산물을 의미한다.
   ② 전체 수산물 유통량의 50% 이상이다.
   ③ 우리나라 연근해에서 어획된 것이 대부분이다.
   ④ 선도유지가 중요하며, 신속한 유통이 필요하다.

   정답 및 해설 ②
   1) 선어(신선 냉장어)는 어획과 동시에 신선 냉장처리 혹은 저온보관을 통해 냉동하지 않은 원어상태와 수산물을 말하며 살아 있지않다는 점에서 활어와 구분된다.
   2) 선어는 신선한 어류를 의미하며 신선냉동, 냉동수산물, 생선, 생물 등과같은 다양한 호칭을 가지고 있다.
   3) 선어의 장점은 냉동수산물에 비해 선도가 높다.
   4) 선어는 주로 우리나라 연근해에서 어획된 것이 대부분이다.
   5) 우리나라 선어 생산량은 99% 이상 점유한다.
   6) 대부분이 산지수협을 통해서 유통되고 있다.

12. 냉동수산물 유통에 관한 설명으로 옳은 것을 모두 고른 것은?

   ㄱ. 어획된 수산물을 동결하여 유통하는 상품형태를 의미한다.
   ㄴ. 선어에 비해 유통 과정에서의 부패 위험도가 낮다.

　　　ㄷ. 수협 산지위판장을 경유하는 경우가 대부분이다.
　　　ㄹ. 냉동 창고와 냉동 탑차가 필수적 유통수단이다.

① ㄱ, ㄴ, ㄷ　　　　　　　　　　② ㄱ, ㄴ, ㄹ
③ ㄱ, ㄷ, ㄹ　　　　　　　　　　④ ㄴ, ㄷ, ㄹ

정답 및 해설 ②

1) 어획한 수산물을 동결하여 유통하는 상품형태를 의미
2) 장기보관을 가능토록 하면서 우리나라 수산물 소비증가와 손실 절감은 물론이거니와 국제적인 수산물 교역을 확대하는 계기가 되었다.
3) 냉동수산물은 부패하기 쉬운 수산물의 보장성을 높여서 운반보관(저장) 소비를 편리하게 한다. 냉동수산물은 유통과정 중에서 부패하여 가치가 떨어지거나 버려지는 등의 비경제적 비효율적 현상을 덜 수 있는 이점이 있다.

13. 수산가공품의 유통에 관한 설명으로 옳지 않은 것은?

① 부패를 억제하여 장기간의 저장이 가능하다.
② 가공정도가 높을수록 일반 수산물 유통과 유사하다.
③ 수송이 편리하고, 공급조절이 가능하다.
④ 위생적인 제품생산으로 상품성을 높일 수 있다.

정답 및 해설 ②

1) 부패억재를 통해 장기저장이 가능하다.(냉동품, 소건품, 염장품 등)
2) 수송이 편리하고 공급을 조절할 수 있다.
3) 소비자의 기호를 만족 시킬 수 있다.
4) 안전 생산을 통해 상품성을 높일 수 있다.

14. 수입 연어류 유통에 관한 설명으로 옳은 것은?

① 대부분 활수산물이다.　　　　② 대부분 양식산이다.
③ 대부분 러시아산이다.　　　　④ 대부분 유사도매시장을 경유한다.

정답 및 해설 ②

1) 주로 양식산이다.　　　　2) 유통량은 양식 조피볼락보다 많다.
2) 대부분이 노르웨이산이다.

15. 수산물 공동판매의 장점으로 옳은 것을 모두 고른 것은?

> ㄱ. 투입 노동력이 증가한다.
> ㄴ. 유통비용을 절감할 수 있다.
> ㄷ. 가격교섭력을 높일 수 있다.
> ㄹ. 유통업자 간의 판매시기를 조절할 수 있다.

① ㄱ, ㄴ　　　　　　　　　　② ㄱ, ㄹ
③ ㄴ, ㄷ　　　　　　　　　　④ ㄷ, ㄹ

정답 및 해설 ③

1) 위험분산
2) 유통에 전문성이 있는 협동조합의 마케팅 능력의 혜택을 받을수 있다.
3) 거래교섭력이 제고
4) 대량거래의 유리성과 판매와 수송 등에서 규모의 경제를 얻을 수 있다.
5) 품질관리를 공정하고 엄격하게 수행함으로써 품질을 높일 수 있다.

16. 수산물 소비지 도매시장의 기능으로 옳지 않은 것은?

① 양륙기능　　　　　　　　　② 수집기능
③ 분산기능　　　　　　　　　④ 가격형성기능

정답 및 해설 ①

소비지 도매시장의 기능

1) 가격형성기능　　2) 수집 집하 기능　　3) 유통분산 기능　　4) 대금결제 기능

17. 수산물 전자상거래에 관한 설명으로 옳은 것은?

① 유통경로가 상대적으로 길다.　　　② 거래 시간과 공간의 제한이 없다.
③ 구매자 정보를 획득하기 어렵다.　　④ 홍보 및 판촉비용이 증가한다.

정답 및 해설 ②

1) 유통거리가 짧다.　　2) 거래대상지역에 제한이 없다.　　3) 시간제한이 없다.
4) 고객정보수집이 쉽다.　　5) 소자본창업이 가능하다.　　6) 장소의 제한이 없다.

Point 기출문제

18. 조기의 수요변화로 ( )에 들어갈 옳은 내용은?

> 조기 가격이 10% 하락함에 따라 수요가 5% 증가하였다. 이 때 조기 수요의 가격탄력성은 (ㄱ)로 조기는 수요 (ㄴ) 이라고 말할 수 있다.

① ㄱ: 0.2, ㄴ: 탄력적
② ㄱ: 0.2, ㄴ: 비탄력적
③ ㄱ: 0.5, ㄴ: 탄력적
④ ㄱ: 0.5, ㄴ: 비탄력적

정답 및 해설 ④

가격탄력성 = Δ수요량 변화/Δ가격변화 = $\frac{5\%}{10\%}$ = 0.5%

※수요의 가격탄력성 Ed 의 크기

탄력성 값	가격변화율에 대한 수요량의 변화율	표현방법
Ed = 0	가격이 아무리 변해도 수요량은 불변이다.	완전 비탄력적
0 < Ed < 1	가격변화율에 비해 수요량의 변호율이 작다.	비탄력적
Ed = 1	가격변화율과 수요량의 변화율이 같다.	단위 탄력적
1 < Ed < ∞	가격변화율에 비해 수요량의 변화율이 크다.	탄력적
Ed = ∞	가격변화가 거의 없어도 수요량의 변화는 무한대다.	완전 탄력적

19. 수산물의 가격 변동폭을 증가시키는 원인으로 옳지 않은 것은?

① 계획생산의 어려움
② 어획물의 다양성
③ 강한 부패성
④ 정부의 수매비축

정답 및 해설 ④

④ 정부의 수매비축은 시장정책과 수급조절을 위한 것이다.

20. 수입 대게의 각 유통단계별 가격(원/kg)을 나타낸 것이다. 도매상의 유통마진율(%)은? (단, 유통비용은 없다고 가정한다.)

> ○ 수입업자 24,000원   ○ 도매상 40,000원   ○ 횟집 60,000원

① 30
② 40
③ 50
④ 60

정답 및 해설 ②

유통마진율 (판매가격−구매가격)/판매가격× 100 $\frac{24,000}{60,000}×100=40\%$

도매가격마진 = 도매가격−출하자 수취가격 = 40,000−16,000= 24,000

출하자마진 = 출하자수취가격 − 생산자 수취가격 40,000−24,000=16,000

21. 수산물 할인쿠폰이나 즉석 경품 등을 제공하는 판매촉진 활동의 장점에 관한 설명이 아닌 것은?

① 판매 홍보에 효과적이다.
② 잠재고객을 확보할 수 있다.
③ 브랜드의 고급화에 도움이 된다.
④ 소비자의 대량 구매 심리를 자극한다.

정답 및 해설 ③

22. 수산물 상표에 관한 설명으로 옳은 것을 모두 고른 것은?

> ㄱ. 읽었을 때 불쾌한 느낌이 없어야 한다.
> ㄴ. 수출품 상표는 해당국 언어로 발음할 수 있게 한다.
> ㄷ. 긴 문장으로 오래 기억에 남게 한다.

① ㄱ, ㄴ
② ㄱ, ㄷ
③ ㄴ, ㄷ
④ ㄴ, ㄹ

정답 및 해설 ①

23. 해양수산부는 수산물 소비확대를 위해 "어식백세 캠페인"의 일환으로 수산물 소비촉진 사업자를 공모하였다. 해당사업 판촉활동에 관한 것을 모두 고른 것은?

> ㄱ. 홍보(publicity)
> ㄴ. 상표광고(brand advertising)
> ㄷ. 기초광고(generic advertising)
> ㄹ. 기업광고(corporate advertising)

① ㄱ, ㄴ
② ㄱ, ㄷ
③ ㄴ, ㄷ
④ ㄴ, ㄹ

정답 및 해설 ②
수산물을 통해 건강한 음식문화를 만들어가는 해양수산부의 수산물 소비캠페인 어식백세입니다

24. 수산물 정보를 체계적으로 수집하기 위한 것이 아닌 것은?
   ① 판매시점 정보시스템(POS System)
   ② 바코드(Bar Code)
   ③ 공급망관리(SCM)
   ④ 전자문서교환(EDI)

   정답 및 해설 ③
   공급망관리(SCM), 공급사슬관리, 유통 총공급망 관리

25. 수산물 가격 및 수급안정을 목적으로 시행하는 유통정책이 아닌 것은?
   ① 수산업관측사업
   ② 어업보험제도
   ③ 정부비축사업
   ④ 자조금제도

   정답 및 해설 ②
   ② 어업보험제도 는 어업노동자의 피해를 지원하는 사업이다.

제9회 기출 문제

1. 수산물 유통의 특성에 관한 설명으로 옳지 않은 것은?

① 유통 경로가 길고 다양하다.
② 영세 유통기업이 많으며, 유통비용이 높다.
③ 가격의 변동성이 작고 안정적이다.
④ 강한 부패성으로 선도유지가 어렵다.

정답 및 해설 ③

수산물 유통의 특성
① 유통 경로가 복잡하고 길고 다양하다.   ② 생산물 규격화 및 균질화의 어려움
③ 가격의 변동성   ④ 수산물 구매의 소량 분산성 형태
⑤ 어업생산자와 다수 영세성와 분산성   ⑥ 출하시기와 출하량 조절곤란

2. 수산물 유통 활동에 관한 설명으로 옳지 않은 것은?

① 수산물 유통 활동은 유통의 효율성을 제고하는 것이다.
② 상적 유통 활동은 소유권 이전, 상거래 활동, 유통 금융활동을 포함한다.
③ 물적 유통 활동은 운송, 보관, 정보전달 활동을 포함한다.
④ 수산물 유통 활동은 대량 유통이 일반적이다.

정답 및 해설 ④

수산물 유통활동이란 수산물의 생산과 소비의 거리를 연결시켜주기 위하여 수행하는 여러 가지 활동을 의미한다. 수산물 유통활동은 크게 수산물 소유권이전에 관한 활동인 상적 유통활동과 수산물 자체의 이전에 관한 활동인 물적 유통활동으로 구분한다.

ㄱ. 상적 유통활동에는 상거래활동 중심으로 이를 지원하여 주는 활동까지를 포함하여 생산 물의 소유권을 이전활동이다.
ㄴ. 물적 유통활동은 운송(수송), 포장, 하역, 보관, 가공, 정보전달 기능 등을 수행하는 활동으로 생산물 자체의 이전에 관한 활동이다.

3. 소비자가 수산물 유통에서 기대하는 효과가 아닌 것은?

① 올바른 상품 제공   ② 구매 편익 증대
③ 적정 가격 제공   ④ 생산 증대 지원

정답 및 해설 ④

유통기대효과

1) 유통마진의 절감
2) 독점화로서 협동조합을 통해 시장 교섭력 재고
3) 민간 유통업자의 시장지배력 견제
4) 초과이윤 억제
5) 수산물 출하시기의 조절용이

4. 다음 ( )에 들어갈 내용으로 옳은 것은?

① ㄱ: 수집, ㄴ: 분산, ㄷ: 수집·분산연결
② ㄱ: 분산, ㄴ: 수집, ㄷ: 수집·분산연결
③ ㄱ: 수집·분산연결, ㄴ: 수집, ㄷ: 분산
④ ㄱ: 수집·분산연결, ㄴ: 분산, ㄷ: 수집

정답 및 해설 ①

5. 소비지 도매시장의 기능이 아닌 것은?

① 수집 집하 기능   ② 가격 형성 기능   ③ 대금 결제 기능   ④ 양륙 진열 기능

정답 및 해설 ④

소비지 도매시장의 기능: 수집 집하 기능, 가격 형성 기능, 대금 결제 기능, 유통분산기능

6. 수산물 도매시장의 구성원에 해당되지 않은 것은?

① 도매시장 법인   ② 시장 도매인   ③ 중도매인   ④ 소비지 유통인

정답 및 해설 ④

① 도매시장 법인: 수산물도매시장의 개설자로부터 지정을 받고 수산물을 위탁받아 상장하여 도매하거나 이를 매수하여 도매하는 법인을 말한다.

② 시장 도매인: 농수산물 도매시장 또는 민영 농수산물 도매시장의 개설자로부터 지정을 받고 농수산물을 매수 또는 위탁 받아 도매하거나 매매를 중개하는 영업을 하는 법인

③ 중도매인: 수산물도매시장, 수산물공판장, 또는 민영수산물도매시장의 개설자의 허가 또는 지정을 받아 상장된 수산물을 매수 또는 위탁 받아 도매하거나 매매를 중개하는 영업

7. 수산물 유통 경로로 옳지 않은 것은?
① 생산자 → 산지 수협위판장 → 산지 중도매인 → 소비지 수협공판장 → 소비지 중도매인 → 도매상 → 소매상 → 소비자
② 생산자 → 직판장 → 소비자
③ 생산자 → 전자상거래 → 소비자
④ 생산자 → 도매시장 → 객주 → 도매상 → 소매상 → 소비자

정답 및 해설 ④
④ 객주유통경로 생산자 → 객주 → 유사도매시장 → 도매상 → 소매상 → 소비자

8. 산지 시장에서 수산물을 직접 구매한 후 도매상에 판매 및 도매시장에 상장 기능을 하는 조직은?
① 산지 수집상 ② 산지 위탁상 ③ 산지 유통센터 ④ 반출상

정답 및 해설 ①
산지유통인의 기능: 수집ㆍ출하 기능, 정보전달 기능, 산지개발 기능

9. 냉동수산물의 유통에 관한 설명으로 옳지 않은 것은?
① 일반적으로 섭씨 영하 18도로 유통된다. ② 계통출하방식을 따른다.
③ 주로 원양어획물의 유통형태이다 ④ 선어유통에 비해 비용이 많이 든다.

정답 및 해설 ②
비계통, 냉동필수, 냉동수산물은 양륙되거나 수입된 이후에 바로 소비되지 않고, 일단 냉장ㆍ냉동 창고에서 보관(-18℃이하), 냉동탑차도 필수 유통수단이다.
원양 냉동수산물: 100% 냉동수산물, 원양어업회사가 일반 도매상들에게 입찰 통해 판매된다.

10. 국내산 고등어의 유통에 관한 설명으로 옳지 않은 것은?
① 수협 위판장으로 양육된다.
② 주로 냉동형태로 유통된다.
③ 총허용어획량(TAC) 품목으로 계통출하 된다.
④ 산지 시장의 유통단계를 거친다.

정답 및 해설 ②

① 선어 고등어의 일반적인 유통경로는 수협의 산지위판장에서 대부분 양륙되는 계통 출하를 따른다.
② 선도유지를 위하여 대부분 빙장을 이용하고 있다.
③ 국가가 정책적으로 총 생산량을 규제하는 총허용어획(TAC)에 해당되는 어종이다.
④ 대형선망어업이 전체 고등어의 생산량의 약 90% 정도 어획
⑤ 우리나라의 대표적인 선어유통 품목에는 고등어와 갈치가 있다.
⑥ 크기에 따라 갈사, 갈고 갈소고, 소소고, 소고, 중고, 대고 등으로 구분하며 대개 중고, 소고, 소갈은 식용으로 이용

11. 수산물 가공품의 유통에 있어 장점에 해당되는 것을 모두 고른 것은?

| ㄱ. 장기 저장이 가능하다 | ㄴ. 유통의 범위가 넓어진다. |
| ㄷ. 규격화가 어렵다. | ㄹ. 상품성 및 기호성을 높일 수 있다. |

① ㄱ, ㄴ, ㄷ   ② ㄱ, ㄴ, ㄹ   ③ ㄱ, ㄷ, ㄹ   ④ ㄱ, ㄷ, ㄹ

정답 및 해설 ②

수산가공품은 저장, 수송, 상품성 면에서 적재물의 파손·오손·분실 등의 방지, 운송수단의 운용효율성이 매우 높고 포장이 간단하고 포장비가 절감한 장점이다.

12. 수산물 유통상품 중 어단에 관한 설명으로 옳은 것은?

① 작은 판에 연육을 붙여 찐 상품
② 꼬챙이에 연육을 발라 구운 상품
③ 다시마로 연육을 말아서 만든 상품
④ 연육을 공 모양으로 만들어 기름에 튀긴 상품

정답 및 해설 ④

어단(魚團) : 경단 모양의 둥근 생선묵 튀김

13. 양식장 활어의 유통 특징에 관한 설명으로 옳지 않은 것은?

① 자연산 활어에 비해 대체로 낮은 시장가격을 형성한다.
② 주로 사매매방식으로 출하된다.
③ 선어에 비해 유통비용이 높다.

④ 넙치보다 조피볼락의 유통비중이 높다.

> **정답 및 해설** ④
> 활어의 유통경로은 자연산 활어가 양식산 활어에 비해 가격이 높은 이유 자연산 활어는 양식산 활어에 비해 상대적으로 드물다. 육질 또한 양식산 활어에 비해 질감이 좋다.
> 활넙치은 대부분 양식산이며 우리나라의 남해안과 제주도 지역에서 주로 양식
> ※ 대부분 유사도매시장(민간도매시장)을 경유

14. 권현망 어업에 의해 생산되는 수산물 유통 어종은?
① 멸치　　　② 오징어　　　③ 정어리　　　④ 고등어

> **정답 및 해설** ①
> 고정된 그물에서 건져 올리는 정치망외에도 멸치를 잡는 방식에 여러 가지가 있으나 어산2척이 그물을 양쪽에서 끌고 멸치 떼를 쫓아가면서 잡는 대향 기선권현망 어업

15. 수산물 전자상거래의 활성화를 저해하는 요인이 아닌 것은
① 생산의 불확실성　　　② 수산가공품의 증가
③ 높은 운송비 부담　　　④ 반품 시 처리의 어려움

> **정답 및 해설** ②
> 거래가능 품목이 제한, 표준화·등급화 미흡, 가격이 불안정, 규모의 경제실현 어려움, 교환이나 환불처리의 어려움, 보안의 문제점 및 높은 수수료

16. 수산물 공동판매의 유형이 아닌 것은?
① 공동수송　　　② 공동선별　　　③ 공동조업　　　④ 공동계산

> **정답 및 해설** ③
> 생산자가 협동조합을 통해 공동출하를 함에 있어서는 무조건 의탁, 평균판매, 공동계산 등의 원칙을 전제로 한다.

17. 수산물 공동판매의 효과가 아닌 것은?
① 규모의 경제 실현　　　② 거래 교섭력의 향상
③ 거래비용 증대　　　④ 안전적인 판로 확보

정답 및 해설 ③

위험을 분산, 유통에 전문성이 있는 협동조합의 마케팅 능력의 혜택을 받을 수 있다. 공동출하 함으로써 거래교섭력이 제고 될수 있다. 대량거래의 유리성과 판매와 수송 등에서 규모의 경제를 얻을 수 있다. 개별적으로 힘든 품질관리를 공정하고 엄격하게 수행함으로써 품질을 높일 수 있다

18. 수산물 산지 위판장의 주된 가격 결정 방법에 해당되는 것은?

① 상대매매 ② 경쟁매매 ③ 경매매 ④ 연속매매

정답 및 해설 전 정답

위탁수수료는 산지위판장마다 다르다. 경매를 통해 가격을 결정한다.

19. 산지 유통과정에서 중도매인이 부담하는 비용에 해당되는 것은?

| ㄱ. 어상자대 | ㄴ. 위판수수료 | ㄷ. 선별비 | ㄹ. 운송비 |

① ㄱ, ㄴ, ㄷ   ② ㄱ, ㄴ, ㄹ   ③ ㄱ, ㄷ, ㄹ   ④ ㄱ, ㄷ, ㄹ

정답 및 해설 ③

중도매인 비용: 선별비, 운반비, 상차비, 어상자대, 저장 및 보관비용, 운송비

20. 우리나라의 4월 갈치 소비량이 5,000톤이었으나, 5월에는 가격이 마리당 1만원에서 1만 4천원으로 상승하여 소비량이 4,000톤으로 감소한 경우, 수요의 가격탄력성은?

① 0.5 ② 1.0 ③ 1.5 ④ 2.0

정답 및 해설 ①

21. 다음의 고등어 가격(원/kg) 자료를 이용한 소매 마진의 산출식과 금액은?

| ○ 소매가격 3,000원 | ○ 도매가격 2,000원 |
| ○ 출하자 수취가격 1,500원 | ○ 중도매가격 2,500원 |

① 소매가격 – 중도매가격, 500원   ② 소매가격 – 도매가격, 1,000원
③ 소매가격 – 출하자수취가격, 1,500원   ④ 중도매가격 – 도매가격, 500원

정답 및 해설 ①

22. 수산물 마케팅믹스의 4P가 아닌 것은?

① 유통(place)　② 상품(product)　③ 포장(packaging)　④ 가격(price)

정답 및 해설 ③

마케팅믹스의 4P와 4C(구성요소)

기업관점(4P): PUSH	고객관점(4C): PULL
유통경로(place)	편리성(Convenience)
가격전략(price)	고객의 비용(Cost To The Customer)
상품전략(product)	고객가치(Customer Value)
촉진전략(Promotion)	의사소통(Communication)

23. A씨는 지하철에서 스마트폰 앱(App)으로 수산물을 주문·결제하고 귀가 도중 근처 대형마트에서 해당 상품을 수령하였다. 이에 해당되는 거래방식은?

① B2B　② B2G　③ O2O　④ C2C

정답 및 해설 ③

① B2B: 기업이 기업을 대상으로 각종 물품을 판매하거나 서비스를 제공하는 전자상거래
② B2G: 기업과 정부기관이 전자상거래를 이용하여 물건을 거래하거나 정보를 주고받는것을 말한다.
③ O2O: 온라인과 오프라인이 결합하는 현상을 의미하는 말
④ C2C: 소비자와 소비지 간에 전자상거래

※ 1) P2P: 개인과 개인 간의 전자상거래　　2) G2C: 정부와 소비자 간의 전자상거래
　 3) C2B: 소비자와 기업 간의 전자상거래　　4) B2E: 기업 내 전자상거래(기업 내부적 차원)
　 5) B2C: 기업과 소비자 간의 전자상거래(기업과 이를 이용하는 소비자 사이, 홈쇼핑, 홈뱅킹)
　 6) G2B: 정부와 기업 간의 전자상거래

24. 수산물 가격 및 수급안전 정책으로 옳은 것은?

① 자조금지원제도　　　　　　② 수산산물이력제도
③ 지리적표시제도　　　　　　④ 식품안전관리인증기준

정답 및 해설 ①

① 수산물 가격 및 수급안전 정책
    ㄱ. 정부주도형: 수산비축사업
    ㄴ. 민간협력형: 자조금제도, 수산업관측사업, 유통협약사업
② 수산물의 식품안전성을 확보하기 위해 도입된 제도
    ㄱ. 수산물안전성 조사제도   ㄴ. 식품안전관리인증기준(HACCP)제도
    ㄷ. 수산물 원산지 표시 제도   ㅁ. 수산물이력제도
    ㅂ. 친환경수산물인증제도

25. 수산물 유통의 정부지원 자금이 아닌 것은?
① 시장현대화 자금   ② 어선구입자금
③ 유통 자조금   ④ 유통업자의 시설자금

정답 및 해설 ②

제11회 기출 문제

1. 수산물 유통의 특성으로 옳지 않은 것은?

① 유통경로가 다양하다.
② 가격의 변동성이 크다.
③ 생산물의 선도유지가 용이하다.
④ 계절적으로 생산 및 출하량의 차이가 크다.

정답 및 해설 ③

유통경로가 복잡하고 유통경로의 다양하다. 생산물 규격화 및 균질화의 어려움 가격의 변동성이 크다. 구매의 소량분산성, 생산자의 시장 교섭력의 취약성

2. 우리나라 수산물 유통의 현황에 관한 설명으로 옳지 않은 것은?

① 유통마진이 큰 편이다.
② 냉동수산물은 수협위판장을 통해 대부분 유통되고 있다.
③ 선어의 선도유지를 위해 빙장을 필수로 하고 있다.
④ 산지의 유통정보 수집을 위해 부산공동어시장 가격정보 등을 활용하고 있다.

정답 및 해설 ②

3. 수산물의 상적 유통기능이 아닌 것은?

① 판매기능　　　　　　　　② 구매기능
③ 저장기능　　　　　　　　④ 교환기능

정답 및 해설 ③

1. 상적유통(상류)는: 마케팅, 매매, 소유권이전등 예 도매업, 소매업, 중개업, 무역업등
2. 물적유통(물류): 운송, 보관, 하역, 포장, 유통가공, 물류정보, 물류관리 등 예 운송업, 창고업, 하역업 등

4. 다음에서 계통출하에 해당하는 것을 모두 고른 것은?

> ㄱ. 주문진 수산회사는 활오징어 200마리를 주문진 횟집에 판매하였다.
> ㄴ. 제주 채낚기어선 선주는 갈치 500상자를 제주수협을 통해 판매하였다.

ㄷ. 통영 영어조합법인은 고등어 700상자를 통영수협의 산지위판장을 통해 위탁판매하였다.

① ㄱ, ㄴ
② ㄱ, ㄷ
③ ㄴ, ㄷ
④ ㄱ, ㄴ, ㄷ

정답 및 해설 ③

5. 농수산물 유통 및 가격안정에 관한 법률상 매매참가인의 정의이다. ( )에 들어갈 내용을 순서대로 옳게 나열한 것은?

> 농수산물도매시장의 개설자에게 신고를 하고, 상장된 농수산물을 직접 매수하는 자로서 중도매인이 아닌 ( )·소매업자·( ) 및 ( ) 등 농수산물의 수요자를 말한다.

① 가공업자, 수출업자, 소비자단체
② 가공업자, 수입업자, 생산자 단체
③ 생산업자, 수출업자, 소비자단체
④ 생산업자, 수입업자, 생산자 단체

정답 및 해설 ①

6. 수산물 소비지 도매시장에 관한 설명으로 옳지 않은 것은?

① 산지로부터 수산물을 수집 및 집하한다.
② 경매된 수산물은 소비지 시장 등으로 유통 및 분산한다.
③ 상장된 수산물은 중도매인의 경매를 통해 가격이 결정된다.
④ 경매가 완료되면 중도매인은 산지 출하자에게 당일 대금결재를 완료한다.

정답 및 해설 ④

소비지 도매시장의 기능
1. 수집 기능: 산지시장으로부터 수산물 수집
2. 분산기능: 도시 수요자에게 유통
3. 가격형성기능: 경매, 입찰 등
4. 대금결재기능: 현금으로 신속하고 확실한 결재기능

7. 수산물의 물적 유통활동에 해당하는 것을 모두 고른 것은?

| ㄱ. 이동 활동 | ㄴ. 보관 활동 |
| ㄷ. 하역 활동 | ㄹ. 소유권 이전 활동 |

① ㄷ, ㄹ
② ㄱ, ㄴ, ㄷ
③ ㄱ, ㄴ, ㄹ
④ ㄱ, ㄴ, ㄷ, ㄹ

정답 및 해설 ②

물적유통(물류): 운송, 보관, 하역, 포장, 유통가공, 물류정보, 물류관리 등 예 운송업, 창고업, 하역업 등
소유권 이전 활동은 상적유통 활동

8. 수산가공품 유통에 관한 설명으로 옳은 것을 모두 고른 것은?

| ㄱ. 제품의 규격화가 어렵다. |
| ㄴ. 최근 연제품 원료는 대부분 국내산 수산물로 조달하고 있다. |
| ㄷ. 위생적이고 안전한 제품 생산을 통해 상품성을 높일 수 있다. |
| ㄹ. 수산물을 가공하여 유통하면 부패 억제를 통해 장기간 저장이 가능하다. |

① ㄱ, ㄹ
② ㄷ, ㄹ
③ ㄱ, ㄴ, ㄷ
④ ㄴ, ㄷ, ㄹ

정답 및 해설 ②

부패 억제를 통하여 장기 저장이 가능하며 소비자의 기호에 만족시키며 공급을 조절할 수 있다.

9. 국내 양식산 활어 유통에 관한 설명으로 옳지 않은 것은?

① 최근 생산량이 가장 많은 품종은 넙치이다.
② 최종 소비단체에서는 주로 횟감용으로 판매한다.
③ 산지단체에서는 대부분 산지위판장을 거쳐 계통출하된다.
④ 도매단계에서는 공영도매시장보다 유사도매시장을 경유하는 물량 비중이 크다.

정답 및 해설 ③

활어유통은 넓은 공간(수조) 활어차, 산소공급기. 온도조절기 등 전문 설비를 갖추어야 한다.

10. 국내산 고등어의 생산 및 유통에 관한 설명으로 옳은 것은?

① 어획된 고등어는 크기에 따라 이용처가 다양하다.

② 도매단계에서는 유사도매시장을 경유하는 비중이 크다
③ 현재 총허용어획(TAC) 대상 품목에서 제외되어 있다
④ 제주도, 남해안을 중심으로 근해채낚기어업을 통해 가장 많이 어획되고 있다.

정답 및 해설 ①

① 어획된 고등어는 크기에 따라 갈사, 갈고, 갈소고, 소소고, 소고, 중고, 대고 등으로 구분한다

11. 냉동수산물의 유통에 관한 설명으로 옳지 않은 것은?
① 일반적으로 섭씨 영하 3~5도로 유통된다.
② 보관 및 저장기간이 길어 유통경로가 다양하게 나타난다.
③ 주로 원양산 및 수입산 수산물이 냉동 형태로 유통된다.
④ 동일 어종일 경우 냉동수산물은 선어에 비해 가격이 낮은 경향이 있다.

정답 및 해설 ①

1. 냉동수산물의 유통을 위하여 냉동창고, 운송은 주로 냉동탑차에 의해 이루어진다
2. 냉동수산물은 대부분수협 위판장에 거쳐지 않는다.
3. 냉동수산물은 동결 상태로 유통된다

12. 기업과 소비자간 수산물 전자상거래에 관한 설명으로 옳은 것은?
① 소비자는 재판매를 주요 목적으로 구매한다.
② 인터넷을 주요 판매 경로로 이용하는 거래이다.
③ 기업과 소비자가 쌍방향 판매 및 구매를 할 수 있는 거래이다.
④ 생산자를 제외한 수산물 유통경로 상의 모든 기업이 전자상거래의 참여자이다.

정답 및 해설 ②

13. 수산물 공동판매의 목적이 아닌 것은?
① 유통비용 절감   ② 출하량 조절
③ 가격 교섭력 재고   ④ 상품의 단일 등급화 용이

정답 및 해설 ④

수산물 공동판매목적: ① 유통비용 절감   ② 출하량 조절
　　　　　　　　　　③ 가격 교섭력 재고   ④ 어획물가격재고 안정 유지

14. 수산물 전자상거래에 관한 설명으로 옳지 않은 것은?
① 거래 시간과 공간의 제약 극복
② 소비자 의견 반영 편리
③ 유통단계의 축소
④ 판매 경쟁 과열 해소

> **정답 및 해설** ④
> 무점포 운영이 가능하며 실물시장거래에 비해 구매자 정보를 파악하기 용이하다.
> 저렴한비용, 판매거점 불필요, 고객정보 수집용이, 즉각적인 고객욕구 대응, 짧은 유통 채널, 시간 및 공간의 제약이 없음

15. 수산물 수요의 가격탄력성에 관한 설명으로 옳은 것은?

> 가격 탄력적이란 수요가 가격 변화에 민감하게 반응하여 가격의 변화율보다 수요의 변화율이 더 (　)을 의미한다. 일반적으로 고등어, 명태 등 대중성 수산물에 비해 전복, 민어, 대게 등 고급 수산물이 수요의 가격탄력성이 더 (　).

① 작음, 작다
② 작음, 크다
③ 큼, 작다
④ 큼, 크다

> **정답 및 해설** ④

16. 수산물 산지 유통단계에서 중도매인이 부담하는 비용이 아닌 것은?
① 위판수수료
② 어상자대
③ 선별비
④ 운송비

> **정답 및 해설** ①
> 생산자비용: 위판수수료, 양륙비, 배열비
> 중도매인 부담비용은: 상차비, 어상자대, 저장·보관비, 운송비

17. 수산물의 수요 및 공급 이론에 관한 설명으로 옳은 것은?
① 정상재는 소득이 증가하는 경우 수요가 증가하는 재화이다.
② 생산요소의 가격과 기술의 변호는 수요 변화의 직접적인 요인이 된다.
③ 가격이 하락하면 수요량이 늘어나고 수요곡선은 우상향한다.
④ '수요의 변화'는 해당 재화의 가격변화로 인한 수요곡선상의 이동을 말한다.

정답 및 해설 ①

정상재: normal good 소비자의 소득이 증가함에 따라 수요도 함께 증가하는 상품을 말한 다, 즉 수요의 소득탄력성이 0보다 큰 상품을 말한다. 반대되는 상품을 열등재가 있다.

열등재: 소득이 늘면 자연적으로 줄어드는 상품

기펜재(Giffens goods): 가격이 올라야 오히려 수요가 늘어나는 현상 가격과 수요량이 정비례하는것

18. 수산물 가격 변동에 관한 설명으로 옳지 않은 것은?
① 수산물은 공산품에 비해 가격 변동의 폭이 크다.
② 수산물은 수요와 공급이 가격의 변화에 비해 탄력적이다.
③ 거미집이론은 가격과 공급량의 주기적 변동을 설명하는데 이용될 수 있다.
④ 수산물 생산은 계절적 영향으로 연중 공급이 일정하지 않아 가격이 불안정하다.

정답 및 해설 ②

19. 수입산 연어의 유통단계별 가격은 다음과 같다. 도매업자의 유통마진율(%)은?

○ 수입업자: 15,000 원/kg
○ 도매업자: 30,000 원/kg
○ 횟집: 50,000 원/kg

① 30 ② 40
③ 50 ④ 70

정답 및 해설 ③

유통마진율 = (판매가격 − 구입가격) ÷ 판매가격 × 100

20. 백화점에서 다음과 같은 광고를 하고 있다. 구매력 있는 소비자들을 대상으로 하는 초기 고가전략은?

올해 첫 출하 꽃게 한 상자 30만 원

① 단수가격전략 ② 침투가격전략
③ 대등가격전략 ④ 스키밍전략

정답 및 해설 ④

④ 스키밍전략: 브랜드의 충성도가 높고 고급 이미지를 구축한 제품을 먼저 고가로 출시하여 제품의 이미지를 높게 유지하고자 초기 구매자를 대상으로 투자금을 회수하여 그 후 가격을 내리고 소비자층을 확대하는 전략

21. 대고객 커뮤니케이션 채널로서 소비자가 최종 구매 의사결정을 매장 내에서 결정하는 비율이 높게 나타나는 광고는?

① 옥외 광고 ② 스폰서십 광고
③ 이벤트 광고 ④ POP 광고

정답 및 해설 ④

④ POP (Point of Purchase)광고은 매장 내 진열대, 계산대, 판촉 행사 공간 등에 사용되는 홍보문구다.

22. 기업의 브랜드 자산을 결정짓는 요소에 해당하지 않는 것은?

① 브랜드 충성도 ② 브랜드 인지도
③ 브랜드 확장 ④ 브랜드 연상

정답 및 해설 ③

23. 수산물 마케팅 믹스에 해당하지 않은 것은

① 시장의 포지셔닝 ② 제품의 선택
③ 가격의 결정 ④ 유통경로의 결정

정답 및 해설 ①

마케팅 믹스 4P은 기업이 소비자에게 제품이나 서비스를 효과적으로 전달하기위해서 기본적인 구성은 제품(상품전략 Produet), 가격(가격전략 Price), 유통(유통경로 Place), 촉진(촉진전략 Promotion) 이다.

24. A영어조합법인은 최근 물류센터를 건립하여 소매점 사업을 진행하고 있다. 이때 해당하는 경영전략의 유형은?

① 전방통합 ② 후방통합
③ 인수합병 ④ 프랜차이즈

정답 및 해설 ①

25. 수산물 가격 및 수급안정정책에 해당하는 것을 모두 고른 것은?

> ㄱ. 지리적표시제도　　　　ㄴ. 수산업관측사업
> ㄷ. 정부비축사업　　　　　ㄹ. 자조금제도

① ㄱ, ㄷ　　　　　　　　　② ㄱ, ㄴ, ㄹ
③ ㄴ, ㄷ, ㄹ　　　　　　　④ ㄱ, ㄴ, ㄷ, ㄹ

정답 및 해설 ③

유통협약제도: 생산자나 유통업자들이 자발적으로협약에 따라 농산물이나 수산물과 같이 1차상품의 유통을 규제함

관측사업제도: 204년 1월2일 해양수산부와 정부출연연구기관인 한국해양수산개발원 간에 MOU를 체결하여 수산업관측센터를 설립하여 수산관측사업이 시작되었다.

비축제도: 정부주도형 정책으로 수산물의 원활한 수급조절과 가격안정을 위함

자조금제도: 자조금은 생산단체가 판로확대, 수급조절, 가격안정 등 자체공동활동을 위하여 그 구성원들이 자율적으로 납입하는 금액으로 조정하는 재원

수산물유통론

초판 인쇄 / 2015년 8월 30일
10판 발행 / 2026년 1월 05일
편저 / 윤희복
발행인 / 이지오
발행처 / 사마출판
주소 / 서울시 중구 퇴계로45길 19 충일빌딩 402호
등록 / 제301-2011-049호
전화 / 02)3789-0909
팩스 / 02)3789-0989

저자와의 협의에 의해 인지 첩부를 생략합니다.

정가 25,000원

- 이 책의 모든 출판권은 사마출판에 있습니다.
- 본서의 독특한 내용과 해설의 모방을 금합니다.
- 잘못된 책은 판매처에서 바꿔 드립니다.